건설 디지털
트랜스포메이션

디지털이 가져온 건설 산업의

건설 디지털 트랜스포메이션

트랜스포메이션

디지털이 가져온 건설 산업의 새로운 표준

지은이_
키무라 슌 Shun Kimura
닛케이 아키텍처 Nikkei Architecture
옮긴이_
조재용·김정곤·김성현

에이퍼브

일러두기

1. 이 책은 『建設DX デジタルがもたらす建設産業のニューノーマル』 일본어판의 우리
   말 번역이다.
2. 외래어는 외래어표기법에 따랐으나 인명·회사명·지명의 독음은 원어 발음을 존중
   해 그에 따르고, 관용적인 표기와 동떨어진 경우 절충하여 실용적인 표기로 하였다.
3. 이 책은 일본어로 쓰였지만 영어 단어가 다수 사용되어, 용어의 영문 표기가 필요
   한 경우 번역문을 먼저 쓰고 영문을 첨자로 병기하였다.
4. 독자의 이해를 돕기 위한 옮긴이의 주는 첨자로 '_옮긴이 주', 각주에 '(옮긴이)'로
   표기하였다.
5. 본문에서 괄호 안의 설명은 모두 원서에 수록된 내용이다.

시작하며

코로나 쇼크로 가속화되고 있는 건설 디지털 트랜스포메이션(DX)

　한 번에 1,000명이 건너다니는 시부야 스크럼블 교차로와 도쿄를 대표하는 오피스 타운인 마루노우치, 화려한 일본 경제사회 활동의 중심 무대는 2020년 4월 7일 일본정부의 긴급사태 선언이 발령된 이후 완전히 활기를 잃었습니다.

　얼굴에 마스크를 하고 다른 보행자와의 거리를 세심하게 유지하면서, 엉망이 된 도시를 발 빠르게 사람들이 오고 갑니다. 지름이 불과 0.1마이크로미터밖에 되지 않는 바이러스가 과밀 도시 도쿄를 이렇게 격변시킬 것이라고 누가 상상할 수 있었을까요. 이 광경은 시대의 전환점을 상징하는 장면으로 우리의 뇌에 깊이 새겨졌습니다.

　2019년 말 중국 후베이성 우한시에서 나타나 전 세계에 만연한 COVID-19. 눈에 보이지 않는 그 존재는 지금 모든 산업에 강렬한 디지털 시프트(Digital Shift, 코로나 이후 디지털로 변환하고 이동하는 패러다임의 변화_옮긴이 주)를 불러오고 있습니다. 텔레워크나 재택근무가 강제 적용되면서, 비즈니스 채팅이나 웹 회의 등 디지털 도구가 급속히 보급되면서, 많은 기업이나 사업가들은 사업을 지속하기 위해 디지털 기술이 반드시 필요하다는 인식을 갖게 되었습니다. 감염 확대 방지라고 하는 당초의 틀을 넘어 사회 전체의 마인드가 디지털로 크게 전환되면서, 업무 효율화나 근로 방식에 대한 근본적인 재검토가 가속화되고 있습니다.

제조업과 비교하면 IT의 활용이나 다양한 근로 방식의 도입이 진행되지 않고 있어서 '아날로그 산업'의 대명사로 불리는 건설 산업도 이제는 이대로 있을 수 없게 되었습니다. 건물이나 교량을 만드는 건설 회사, 이들을 설계하는 건축 설계 사무소나 건설 컨설턴트 회사 등 주요한 주체들은 물론, 기자재 메이커나 건재·설비 메이커, 중장비 렌탈 회사에 이르기까지 건설 산업의 시스템을 형성하는 모든 기업이 거부할 수 없는 거대한 디지털의 파도에 노출되었습니다.

건설 산업이 안고 있는 3가지 '시한폭탄'

현재 건설업은 코로나 이전부터 디지털 기술을 적극적으로 도입하지 않으면 해결할 수 없는 3가지 '시한폭탄'을 안고 있습니다.

첫 번째, 2018년 4월 장시간 노동을 제한하는 것을 목적으로 하는 규제가 도입되었으며, 잔업시간의 상한을 '원칙적으로 월 45시간, 연 360시간'으로 정하고 연간 상한을 총 720시간, 월간 상한을 100시간 미만으로 설정하여, 이를 위반하는 기업에는 벌칙을 부과하는 엄격한 내용입니다. 장시간 노동이 기본인 건설업에는 5년간의 유예가 주어졌지만, 그것도 2024년 3월 말에 종료됩니다.

장시간 노동의 개선에 대해서는 제네콘 단체인 일본건설업연합회가 건설 현장의 '주휴 2일(4주 8일 현장 휴무)'을 2021년도 말까지 달성하겠다는 목표를 내세우고 있으나, 2019년도 시점에 주휴 2일을 달성할 수 있는 곳은 회원사 현장의 30%에 그치고 있는 상황입니다. 건설업의 근로 개혁의 길은 매우 험하다고 말할 수밖에 없습니다.

두 번째, 매년 발생하고 있는 건설기능자(장인)의 대량 퇴직 문제입니다. 일본건설업연합회가 2015년 3월에 발표한 '재생과 진화를 향한 건설업의 장기 비전'에서는 2014년도에 343만 명이었던 기능자 가운데 2025년까지 109만 명이 고령화에 의해 퇴직할 것이라는 충격적인 예상을 발표하고 있습니다.

세 번째, 2024년 무렵부터는 기능자뿐만 아니라 제네콘의 기술자도 감소하게 됩니다. '버블입사기수(1988~1992년 일본의 버블시기에 입사한 세대, 버블세대라고도 하며 호경기에 대량 입사하여 동기가 많은 것이 특징_옮긴이 주)'가 일제히 정년퇴직을 맞이하기 시작하는 것입니다. 회사에 소속되어 있는 기술자의 수에 따라 수주할 수 있는 공사의 양이 대략 정해지기 때문에, 경험이 풍부한 베테랑 기술자가 대량으로 빠져나가게 되면 기술력은 순식간에 저하될 우려가 있어서 매우 고민스러운 문제입니다.

건설 기술은 토목에서부터 건축 · 도시로 확대

인력 확보가 한층 어려워진 상황에서 장시간 노동을 줄이고, 또한 안전과 품질을 확보하면서 공사를 소화하고 수익도 올리기 위해서는 어떻게 해야 할까. '2024년 위기'라고도 불러야 할 이 까다로운 문제를 생산성 향상으로 커버하기 위하여 일부 제네콘 등에서는 지난 몇 년 동안 AI Artificial Intelligence(인공지능)나 IoT Internet of Things(사물인터넷), 로보틱스 Robotics(로봇공학) 등 최신 기술을 도입하고 시행착오를 거듭해 왔습니다.

건설업의 노동생산성은 버블 붕괴 시절부터 현재까지 침체가 계속되고 있으며 최근에 약간 상승하고 있지만, 과거 비슷한 수준이었던 제조업과는 현재 큰 차이를 보이고 있습니다. 이러한 배경에는 '단품수주생산'이나 '야외생산'과 같은 제조업에는 없는 건설업의 특징이 자리잡고 있습니다. 생산 활동의 효율화를 도모하는 데 있어, 무거운 핸디캡이 되는 이러한 건설업의 특징을 급속히 발전하고 있는 기술의 힘을 빌려서 극복하고자 의욕적으로 대처해 왔습니다.

필자가 2018년 10월에 기술한 『건설 테크 혁명 – 아날로그 건설 산업이 최신 테크놀로지로 다시 태어난다』에서는 건설공사의 국내 최대 발주자인 국토교통성이 2015년에 발표한 i-Construction이라고 불리는 시책이 계기가 되어 공공·토목 분야에서 급속하게 디지털화가 진행되는 모습을 리포트했습니다.

그로부터 불과 2년. 건설 테크(건설 × 최신 테크놀로지)가 일으키는 물결은 교량이나 도로를 만드는 토목뿐만 아니라 빌딩이나 주택을 만드는 건축 분야, 나아가 도시 개발이나 운영에 이르기까지 급속히 퍼지고 있습니다. 또한 생산성 향상뿐만 아니라 본업인 건설 사업과 병행하는 새로운 사업을 창출하려는 움직임도 눈에 띄고 있습니다.

디지털 기술을 통해 위기를 극복하고 새로운 비즈니스를 개척하고자 하는 움직임은 코로나를 경험하면서 가속화될 것입니다. '위드 코로나' 또는 '애프터 코로나'에서 가장 중요한 키워드로 떠오르고, 다양한 산업에서 봇물이 터지듯이 진행하기 시작한 것이 이 책에서 사용한 디지털 트랜스포메이션 Digital Transformation(이하 'DX')입니다. DX는 다양한 정의가 있지만 일본 경제산업성은 다음과 같이 정리하고 있습니다.

"기업이 비즈니스 환경의 급격한 변화에 대응하고 데이터와 디지털 기술을 활용하여 고객과 사회의 수요를 바탕으로 제품과 서비스, 비즈니스 모델을 변화시키는 동시에 업무 자체나 조직, 프로세스, 기업문화·풍토를 변혁하고 경쟁상의 우위성을 확립하는 것이다."

이 정의에 따라 다시 건설 산업을 바라보면 DX란 확실히 인재 부족이나 장시간 노동이라고 하는 구조적인 문제를 안고 있어서, 비즈니스 모델의 범용화에 오랫동안 고통받아온 이 산업을 위한 단어가 아닐까라는 생각이 듭니다.

잠자는 거대 산업의 각성

이 책의 목적은 전작『건설 테크 혁명』에서 불과 2년 만에 토목 업계를 석권하고 건축과 도시의 영역까지 급속히 퍼진 건설×테크놀로지의 지평을 골고루 그려내서 그 가능성과 가치를 명확히 하는 것입니다. 나아가서는 개별 업무의 디지털화에 그치지 않고, 디지털을 베이스로 건설 생산 프로세스 자체를 재구축하거나 건설업의 비즈니스 모델 자체를 재구성하는 '건설 디지털 트랜스포메이션'의 싹이 트고 있다고 할 수 있는 움직임을 면밀한 취재에 근거하여 독자 여러분에게 제시하고 싶습니다.

제1장에서는 건설 산업의 주요 주체인 대형 제네콘의 오픈 이노베이션 전략을 담당자 취재를 바탕으로 철저히 해부했습니다. 이어지는 제2장에서는 공사의 원격화와 자동화의 최전선을 리포트하고 있습니다. 제3장에서는 '건설 DX'의 기반이 되는 BIM Building Information Modeling 활용 사례와 정책 동향에 대하여 해설하였습니다.

또한 제4장에서는 3D 프린터를 이용한 새로운 건설 생산 방식의 가능성에 대하여 풍부한 해외 사례를 기초로 논하고 있습니다. 구조물의 모듈러화(규격화·표준화)를 베이스로 건설 회사의 비즈니스 모델을 변혁하려는 미국 카테라사의 도전은 제5장에 포함되어 있습니다.

제6장에서는 작업의 자동화나 고속화의 핵심이 되는 AI의 개발상황을 전작 '건설 테크 혁명'에 이어 추가 설명하고 있습니다. 지난 2년 동안 적용 폭이 크게 확대되었습니다. 제7장에서는 거대한 건설 산업을 무대로 도약을 꿈꾸는 스타트업 기업의 전략에 초점을 맞추었습니다.

그리고 제8장에서는 디지털 데이터를 활용한 새로운 도시개선의 방법으로 주목받고 있는 스마트시티를 주제로 하여, 건설 산업에 활용할 수 있는 범위에 대하여 검토합니다. 미국 구글 Google 이나 중국의 알리바바 Alibaba, 토요타 자동차 Toyota Motor Corporation 등 거대기업이 각축전을 벌이고 있는 스마트시티에서 건설 산업이 어떻게 관련되어 존재감을 보여줄지 묻습니다.

건설 산업을 지탱하는 경영자나 기술자는 말할 것도 없고, 건설 DX에서 사업 기회를 발견한 타 업종의 사업가들도 이 책을 참고해주시면 감사하겠습니다.

연간 약60조 엔의 건설 투자를 자랑하면서도 그 실상이 그다지 알려지지 않았던 '잠자는 거대 산업'은 디지털이라는 새로운 무기를 얻어 지금 각성하려고 하고 있습니다. 이 책을 통해 건설 산업 변혁의 순간에 함께하는 사람을 한 명이라도 더 늘릴 수 있다면 건설전문지의 기자로서 그 이상의 기쁨은 없을 것 같습니다.

2020년 10월 닛케이 크로스텍 · 닛케이 아키텍처

키무라 슌

옮긴이의 글

2016년 3월, 바둑 인공지능 프로그램 알파고가 인간 최고 실력자인 이세돌을 이긴 사건은 많은 사람들에게 충격을 안겨주었습니다. 이는 같은 해 1월에 스위스에서 개최된 세계경제포럼(다보스 포럼)의 핵심 의제였던 제4차 산업혁명의 신드롬을 단적으로 보여준 일례였으며, 그 이후에도 각종 세미나, 정책기조, 출판, 뉴스가 줄을 이어, 4차 산업혁명은 우리 사회의 최대 화두였습니다.

그러나 4차 산업혁명이라는 이슈는 2019년 12월 중국 우한에서 보고된 COVID-19와 함께 우리의 머릿속에서 잊혀지기 시작했습니다. 지금까지 한 번도 경험하지 못했던 강력한 사회적 거리두기는 우리 생활을 통째로 바꾸었습니다. 예를 들어 먼 미래에나 가능할 것이라고 여겨졌던 재택근무가 적용되기도 하고, 원격 강의, 원격 세미나 등 직접 대면으로만 가능하다고 여겨졌던 수많은 것들이 온라인으로도 가능하다는 것을 알게 되었습니다.

이렇게 전 세계를 흔든 사건들은 얼핏 관련성이 적어 보이지만, 자세히 살펴보면 공통점이 있습니다. 바로 다른 세상 이야기라고만 여겨지던 수많은 기술들이 매우 빠른 속도로 발전하여, 우리 생활을 바꾸고, 큰 영향을 줄 수 있다는 것을 체감할 수 있게 되었다는 점입니다. 과학자들만의 이야기라고 생각하던 인공지능은 이미 자율주행 등에서 활용하고 있으며, 영화의 특수 촬영 등에서도 일반적인 기술이 되었습니다. 대부분의 사람들이 스마트폰, 태블릿을 흔하게 가지고 있고, 지구 반대편의 일도 즉시 알 수 있을 만큼 원격 기술도 발전한 상황입니다. 개인용 3D 프린터를 통해 집 안에서 모형이나 부품을 만들 수도 있으며, 저렴한 가격에 손쉽게 드론을 날려볼 수도 있습니다.

그러나 화려한 기술들이 눈부신 발전을 거듭하는 상황에서도 우리의 건설 산업은 여전히 3D 산업, 로우 테크Low-Tech 산업이라는 불명예를 벗어나지 못하고 있습니다. 힘들지만 단순하게 반복하는 작업이 새벽부터 밤까지 이어지고 있으며, 세련되지 못한 재래식 공법이 주류를 이루고 있는 상황입니다. 그 결과 젊은층의 건설업 유입은 매우 부족하며, 기능노동자의 대다수는 외국인 근로자에 의존하는 상황이 되고 있습니다.

'선진국에서는 우리의 생활, 나아가 건설 산업에 영향을 줄 수 있는 기술들이 많이 개발되고 있을 것이다. 그 실태를 알고 싶다.' 건설업과 관련되어 있는 사람이라면 누구나 이러한 생각을 해보았을 것이라고 생각합니다. 이 책은 이러한 지식 욕구를 해결하는 데 도움을 주기 위해 로봇과 기술 강국으로 불리는 일본의 건설 산업에서 이루어지고 있는 다양한 기술 개발 이야기를 전달하고 있습니다.

이 책은 「Nikkei xTech」지의 기자이자 부편집장인 키무라가 수많은 인터뷰와 조사를 통해 작성한 「Nikkei Construction」 및 「Nikkei Architecture」지의 기사를 모아 2020년 11월에 발간했습니다. 「Nikkei xTech」지는 일본 건설업계에서 가장 수준 높은 조사와 분석을 통해 기사를 작성하는 곳으로 알려져 있으며, 저자인 키무라 또한 일본 교토대학에서 건축을 전공하고, 해당 분야의 이해도와 전문성이 매우 뛰어난 기자입니다.

이 책은 리모트 컨스트럭션, BIM, 3D 프린터, 모듈화, AI 등 일본 건설 산업 기술 개발의 최일선에서 이루어지는 크고 작은 도전과 노력의 이야기를 담고 있습니다. 이 책에서 언급하는 바와 같이 일본에서도 건설 산업에 이러한 기술 도입이 완성된 것은 아니며, 현재 진행형이라는 것을 잊어서는 안 될 것입니다.

이 책이 건설업에 관련되어 있는 많은 분들에게 기술 개발과 정책의 나침반이 될 것을 기대합니다.

2023년 2월

조재용, 김정곤, 김성현

차 례

Digital Transformation in Construction Industry

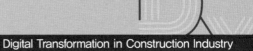

Digital Transformation in Construction Industry

제3장
BIM이야말로 건설 DB의 기반이 된다   117

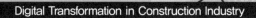

Digital Transformation in Construction Industry

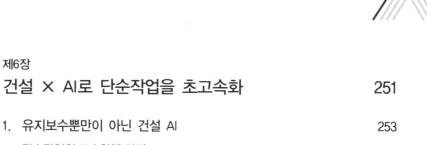

Digital Transformation in Construction Industry

Digital Transformation in Construction Industry

건설 산업을 이해하기 위한 기초 자료 ①

■ 건설 산업의 주요 플레이어

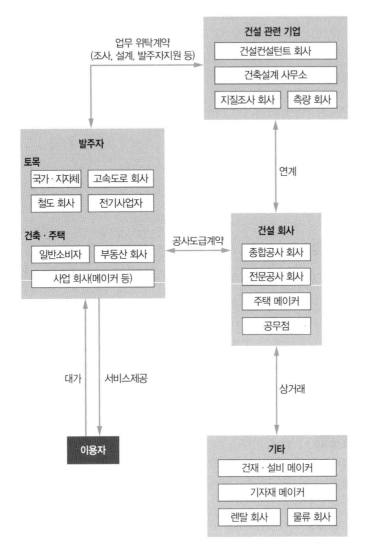

건설 산업은 시공을 생업으로 하는 건설 회사를 중심으로 다양한 플레이어로 구성된 범위가 넓은 산업이다.

자료 : 취재를 기초로 닛케이 아키텍처 작성

■ 건설업 허가업자의 대부분은 영세기업 또는 개인

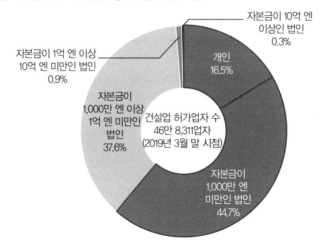

■ 건설업 허가업자의 대부분은 영세기업 또는 개인

자본금이 10억 엔 이상인 법인 0.3%

개인 16.5%

자본금이 1억 엔 이상 10억 엔 미만인 법인 0.9%

자본금이 1,000만 엔 이상 1억 엔 미만인 법인 37.6%

건설업 허가업자 수 46만 8,311업자 (2019년 3월 말 시점)

자본금이 1,000만 엔 미만인 법인 44.7%

건설업 허가를 받은 46만 8,311업자의 약 6할이 개인이거나 자본금 1,000만 엔 미만의 법인이다. 자본금 10억 엔 이상인 기업은 1,264사로 전체의 0.3%에 불과하다.

자료 : 국토교통성 자료에 기초하여 닛케이 아키텍처 작성

■ 건설업 취업자 수는 약 500만 명이며, 피크 시점보다 약 27%가 감소함

(만 명)

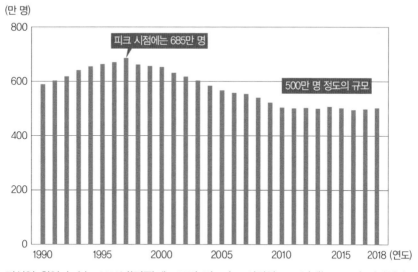

피크 시점에는 685만 명

500만 명 정도의 규모

건설업 취업자 수는 2018년(평균)에 503만 명, 피크 시점인 1997년에는 685만 명이었다.

자료 : 총무성

건설 산업을 이해하기 위한 기초 자료 ②

▌건설투자(명목)는 최근에 증가세로 반전하고 있다

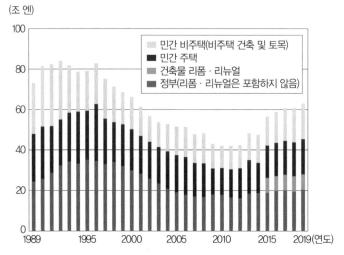

(조 엔)

범례:
- 민간 비주택(비주택 건축 및 토목)
- 민간 주택
- 건축물 리폼 · 리뉴얼
- 정부(리폼 · 리뉴얼은 포함하지 않음)

건설 투자의 피크는 1992년으로 약 84조 엔, 동일본 대지진의 복구사업과 도쿄 올림픽의 개최 등 최근에는 감소세에서 증가세로 반전하였다.

자료 : 국토교통성

▌건설 관련 지출은 세계 GDP의 약 13%를 차지함

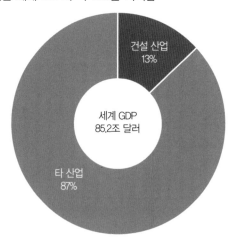

건설 산업
13%

세계 GDP
85.2조 달러

타 산업
87%

건설 산업은 세계 최대급의 산업 에코 시스템이며, 세계 GDP 총액의 약 13%를 차지하고 있다.

자료 : 맥킨지 & 컴퍼니

▌건설업의 부가가치 노동생산성은 최근 20년간 변화가 없다

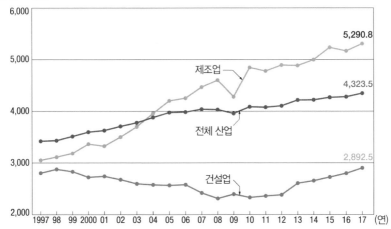

(엔/인·시간)

노동생산성은 실질 부가가치액(2011년 가격)을 '취업자 수×연간 총 노동시간'으로 나눈 값

자료 : 내각부, 총무성, 후생노동성

▌건설 회사 연구개발비 랭킹(2019년 결산)

순위	회사	연구개발비(백만 엔)	매출액(백만 엔)
1	카지마	15,777	1,305,057
2	타이세이 건설	13,539	1,409,523
3	오바야시구미	13,457	1,416,361
4	시미즈 건설	12,974	1,417,604
5	타케나카 공무점	9,122	1,053,897
6	세키스이 하우스	7,313	1,202,918
7	다이와 하우스 공업	7,127	1,975,150
8	마에다 건설공업	5,196	387,266
9	하세코 코퍼레이션	3,034	614,076
10	안도하자마	2,632	356,446

대형 건설 회사를 중심으로 호경기를 배경으로 연구개발비를 늘리고 있는 기업들이 증가하였다. 특히 디지털에 대한 투자가 증가하고 있다.

자료 : 닛케이 아키텍처에서 2020년 6~7월 실시한 조사를 바탕으로 작성

제네콘 연구 개발 2.0

1. 제네콘 × 스타트업 건설 테크 쟁탈전

2019년 4월 19일 저녁, 도쿄도 고토구에 있는 대형 건설 회사 타케나카 공무점의 도쿄 본점에 스타트업 기업의 경영자들이 잇달아 모여들고 있었다. 'TAKENAKA 액셀러레이터'의 설명회에 참가하기 위해서이다. 이 회사의 타니타니 무네카츠 부사장은 티셔츠를 입고 웃는 얼굴로 참가자들을 맞이하였다.

TAKENAKA 액셀러레이터란 타케나카 공무점과 함께 새로운 비즈니스에 도전하고 싶은 기업을 모집하는 프로그램이다. 대기업의 오픈 이노베이션을 지원하는 제로원 부스터(도쿄도 치요다구)와 공동으로 개최하였다. 서류 전형을 거쳐 2019년 9월 콘테스트를 실시해서 선정한 기업을 타케나카 공무점이 서포트하면서, 2020년 2월 발표회까지 제안을 충분히 다듬을 수 있도록 하였다. 타케나카 공무점 측은 내용에 따라서는 여기서 선정된 제안들이 타케나카 공무점의 신규 사업으로 발전할 수도 있다고도 밝혔다.

타케나카 공무점 기술본부장 무라카미 리쿠타 집행임원은 "설명회 후에 간담회에서는 많은 참가자들과 끊임없이 대화가 진행되어, 건배 잔을 내려놓은 이후에는 한 번도 입을 닫고 있을 수 없을 정도로 성황이었습니다."라고 설명했다.

총 응모건수 144건 가운데 선정된 것은 7건으로 파델아시아, 익스페리

서스, 에어프라이달, 팩토리움, 리베라웨어, 재팬헬스케어, 수변총연이 2020년 2월 25일 성과발표회에 진출했다. 리베라웨어와 같이 실내 점검용 소형 드론을 개발하는 기업에서부터 어깨 결림 등 근골격계 질환 예방시스템을 개발하는 재팬 헬스케어와 같은 헬스케어 스타트업까지 폭넓은 범위에 걸친 기업이 채택되었다.

견실한 사풍으로 유명한 타케나카 공무점이 제네콘답지 않은 대처를 시작한 것은 사외의 기술이나 아이디어를 도입해 기술혁신과 신규 사업 시작을 목표로 하는 '오픈 이노베이션'을 가속시키는 위함이었다. 그러나 과거에는 타케나카 공무점도 스타트업과의 익숙하지 않은 협업에서는 시행착오를 거듭할 수밖에 없었다.

'TAKENAKA 액셀러레이터'의 설명회에서 스타트업 기업과 기념 촬영
사진 : 닛케이 아키텍처

타케나카 공무점의 무라카미 집행임원은 "스타트업 분들과 우리는 일의 방식이 완전히 다르기 때문에 마음이 맞아 의기투합해도 다음에 무엇부

터 시작하면 좋을지 알 수 없는 것이 고민이었습니다. 초기에는 결혼을 위한 미팅파티에서 좋은 상대를 찾아 데이트는 했지만, 대화가 잘 진행되지 않는 듯한 상황이었습니다."라고 밝혔다. 무라카미 집행임원은 계속해서 다음과 같이 말했다. "제네콘들은 자신의 요청에 응해주는 회사가 협력 회사(하도급 회사)라는 인식이 강합니다. 이런저런 일들을 기한까지 부탁한다고 협력 회사에게 할당하는 것이 제네콘의 일이기 때문입니다. 그러나 이러한 감각으로 스타트업과 어울리면 일이 잘 풀리지 않습니다. 이와 같은 어색한 분위기가 TAKENAKA 액셀러레이터의 시작을 통해 해소되고 있습니다. 저를 포함하여 담당 사원들의 마인드가 바뀌고 있는 것입니다."

대형 제네콘은 연간 200억 엔 정도를 뿌린다

지금까지 건설 회사의 연구 개발이라고 하면 초고층 빌딩이나 장대교량, 대단면터널과 같은 빅 프로젝트 수주를 염두에 두고, 발주시기부터 역산하여 대학 등과 공동으로 요소기술과 공법을 준비하는 것이 일반적이었다. 즉 발주자에게 기술제안으로 타사보다 우위에 서기 위한 '무기'를 자사 내에서 또는 건축이나 토목 전문가와 공동으로 만들어가는 것이 연구 개발의 주요 목적이었다.

이를 '제네콘 연구 개발 1.0'이라고 정의한다면, 오픈 이노베이션을 축으로 한 현재의 건설 회사의 대처는 '제네콘 연구 개발 2.0'이라고 부를 수 있을 것이다.

건설회사가 로보틱스나 AI, IoT와 같은 첨단기술을 도입하면 공사 생산성을 비약적으로 높일 수 있을 것이다. 또한 미래의 먹거리가 될 수 있는 신규 사업을 발굴하기 위해서는 지금까지의 공동연구 상대만으로는 부족하기 때문에 다양한 분야의 연구기관, 스타트업 등과의 협업이 필수불가결하게 되었다. 지난 몇 년간 타 업종의 대기업들이 힘써온 오픈 이노베이션이 건설업계에도 드디어 본격화된 것이다.

■ 연구개발비는 매출의 증가와 함께 최근 몇 년간 급상승함

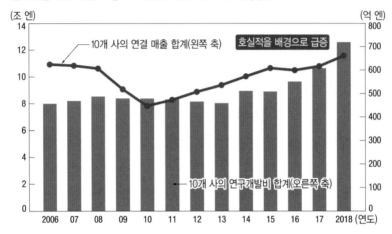

오바야시구미, 타이세이 건설, 카지마 건설, 시미즈 건설, 타케나카 공무점, 하세코 코퍼레이션, 고요 건설, 마에다 건설공업, 토다 건설, 미츠이스미토모 건설의 매출액과 연구개발비 합계액의 추이

자료 : 각사의 유가증권보고서를 토대로 닛케이 아키텍처가 작성

제네콘들은 각자 오픈이노베이션의 뒷받침이 되는 연구개발비를 과거와 비교하여 대폭으로 늘리고 있다. 대형 5사(오바야시구미, 카지마, 시미즈 건설, 타이세이 건설, 타케나카 공무점)와 하세코 코퍼레이션, 고요 건설, 토다 건설, 마에다 건설공업, 미츠이스미토모 건설을 추가한 제네콘 10개 사가 2018년도에 투자한 연구개발비는 약 714억 엔으로, 2013년도의 453억 엔과 비교하면 60% 가까이 급격히 증가하였다. 특히 오바야시구미와 시미즈건설은 현행 중기경영계획에 연간 200억 엔 정도를 연구개발에 투자하도록 하고 있다.

그러나 코로나 쇼크의 영향으로 2020년도 이후 건설 회사의 실적이 크게 악화되는 경우 그동안 좋은 매출 실적을 배경으로 각 사가 늘려오던 연구

개발 투자가 위축될 수 있다는 우려도 있다. 그렇지만 현재까지는 비블 붕괴 후 저조했던 제네콘의 연구 개발이 오픈 이노베이션이라고 하는 새로운 축을 얻어 오랜만에 활황을 보이고 있는 상황이다.

구조설계 AI를 히어로즈와 개발

오픈 이노베이션은 어떠한 성과를 내고 있는가. 여기서 타케나카 공무점의 대처를 자세하게 살펴볼 필요가 있다.

타케나카 공무점은 2017년에 체스와 비슷한 동양 게임인 장기 AI로 유명한 히어로즈HEROZ(도쿄도 미나코구)에 출자하여 건축물의 구조설계업무를 지원하는 AI 개발을 공동으로 추진했다. AI를 통해 설계업무에 적지 않게 존재하는 단순작업을 고속화하고, 이를 통해 확보된 시간을 고객과의 대화 또는 인간만이 할 수 있는 창조적인 일, 설계자의 워크 라이프 밸런스 향상으로 사용하는 것이 목적이었다.

구체적으로는 '리서치 AI', '구조설계 AI', '부재설계 AI'라고 부르는 3개의 AI를 설계 단계에 따라 구분하여 사용하고, 구조 설계에 존재하는 단순작업의 70%를 줄이는 것이다. 개발 리더는 높이 300미터의 초고층빌딩 '아베노하루카스(오사카시 아베노구)' 등의 구조 설계를 담당했던 타케나카 공무점 설계본부 어드밴스드 디자인부 구조설계시스템 그룹의 쿠시마 소이치로 부부장으로, 타케나카 공무점의 구조설계 에이스이다. 쿠시마 부부장은 "우리는 오픈 이노베이션을 통해 실무자 레벨에서 '실제 사용할 수 있는 AI'를 개발하는 것을 목표로 합니다."라고 말했다.

최초로 히어로즈와 추진한 것은 사내에 축적해 온 방대한 설계데이터의 정리였다. 타케나카 공무점 독자의 구조설계 시스템 '브레인BRAIN'으로 설계한 400개의 프로젝트, 기둥과 보 등 9만 개의 부재 정보에 대한 데이터베이스화를 진행하였다. 이 가운데 진행 중인 프로젝트와 비슷한 사례를 간단히 검색할 수 있도록 한 것이 '리서치 AI'다.

건축물 구조 설계의 초기 단계에서는 과거의 유사 사례를 참고하면서 검토를 진행한다. 그러나 전국 각지의 사무소로부터 그러한 정보를 모으는 데 많은 시간이 소요될 뿐만 아니라 경험이 적은 젊은 설계자는 어떠한 사례를 참조해야 할지 망설이게 되는데, 면적이나 층수, 스팬(기둥의 간격) 등 건물의 구조를 특징짓는 파라메터는 10~20개가 있는데 비교가 어렵기 때문이다.

그래서 '리서치 AI'는 10차원 이상의 파라메터를 2차원으로 압축하여 종합적으로 유사도가 높은 프로젝트를 나타낼 수 있도록 하였다. 기계학습의 일종으로 데이터의 집합을 유사도에 따라 분류하는 '클러스터링'을 활용한 것이다.

타케나카 공무점 기술연구소 첨단기술연구부 수리과학 그룹의 키노시타 타쿠야 주임은 "베테랑 설계자가 가지는 '감각'과 같은 것을 AI로 보완하여, 누구나 쉽게 유익한 정보에 도달할 수 있도록 합니다."라고 자부하였다.

계산 없이 '가정단면'을 만들어 낸다

기본계획 및 설계 단계에서는 의장설계자가 고객과 상담하여 결정한 건물의 볼륨과 공간의 배치에 따라 구조설계자는 철근 콘크리트(RC)조로 할지, 철골(S)조로 할지와 같은 구조방식을 검토하고, 기둥·보의 '가정단면'을 산출한다. 가정단면이란 말 그대로 가정 한 단면 사이즈를 가리킨다. 기둥과 보의 사이즈는 공간의 넓이나 층고에 영향을 주기 때문에 건축 디자인을 진행하는 데 있어서는 빠질 수 없는 정보이다. 그러나 건물의 디테일이 결정되어 있지 않은 단계에서 부재의 단면을 적당히 가정하는 것은 생각보다 어렵다. 가정단면의 산출은 구조설계자의 경험과 노하우가 요구되는 업무라고 할 수 있다.

그래서 등장한 것이 '구조설계AI'이다. 이것은 구조 계산을 하지 않고, 가정단면을 자동으로 추정하는 AI이다. 복수의 안을 간단하게 비교, 검토할 수 있어서 단시간에 구조 설계의 질을 높일 수 있다. 추정 정밀도는 상세설계에서 최종결정한 부재단면의 20% 이내로 하는 것이 목표이다.

개발에는 기계학습의 일종인 딥러닝을 이용하였다. 딥러닝은 뇌신경회로를 모사한 신경망을 컴퓨터상에 여러 층으로 구축하고 대량의 데이터를 입력하면 컴퓨터가 그 특징을 스스로 학습하여 미지의 데이터를 인식·분류할 수 있게 된다.

효율적으로 학습시키기 위해 AI에게 '교사 데이터'라고 불리는 정보를 주게 된다. 구조계획 AI의 학습에 이용한 교사 데이터는 데이터베이스에 등록된 25만 개의 부재에 대한 설계정보이다. 건물의 규모나 스팬, 위치 등에 따른 기둥·보의 단면 사이즈를 대량으로 학습한 AI는 '10층 건물의 각형 기둥의 단면은 이 정도'라고 순식간에 분석할 수 있다.

히어로즈의 이구치 케이이치 최고 기술책임자는 "과거 사례 가운데는 특수한 구조로 설계된 건물도 있습니다. 잘 분류해서 학습시키지 않으면, AI의 응답은 그러한 특수한 사례에 영향을 받아 잘못된 결과를 가져옵니다. 개발팀에서 사례를 정밀하게 조사해가면서 학습시키고 있습니다."라고 말했다.

세 번째로 설명할 '부재설계 AI'는 건물의 실시설계(상세설계) 시에 부재의 '그룹핑'을 지원하는 도구이다.

기둥이 모두 같은 단면이라면 시공성은 높겠지만, 쓸 데 없는 부분에도 재료를 사용하게 되므로, 경제성이 나빠지기 쉽다. 반대로 재료의 수량을 줄이려고, 단면 사이즈를 기둥마다 전부 바꾸면 이번에는 시공성이 나빠져 버린다. 그래서 구조설계자는 시공성과 경제성이 양립하도록 부재의 종류

■ 타케나카 공무점과 히어로즈가 개발하는 '리서치 AI'

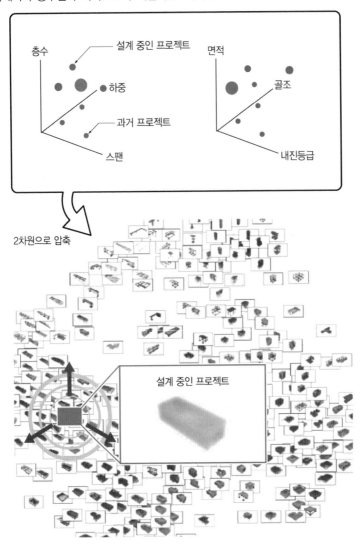

구조 설계에 관련된 다양한 파라미터(면적, 층수, 스팬, 내진 그레이드 등)가 있기 때문에, 설계 중인 프로젝트가 어떤 프로젝트와 유사한지 판단하기 어렵다. 그래서 다차원의 정보를 2차원으로 압축한다. 설계 중인 프로젝트와 종합적으로 유사도가 높은 프로젝트일수록, 근접하게 표시된다.

자료 : 타케나카 공무점의 자료를 활용하여 닛케이 아키텍처가 작성

를 그룹핑(정리)해야만 한다. '부재설계 AI'는 시공성과 경제성을 양립하는 방안을 도출하여 제시하고, 구조설계자의 의사결정을 지원한다.

타케나카 공무점의 쿠시마 부부장은 다음과 같이 말한다. "AI가 사람을 지원하고, 협동하는 존재로 자리매김하고, 새로운 구조설계의 방향성을 나타내고 싶습니다. 2020년도를 목표로 개발을 계속해나갈 것입니다."

타케나카 공무점과 히어로즈의 대처는 구조설계라는 건설업계의 외부에서는 알기 어려운 핵심 업무의 DX 사례로, 슈퍼 제네콘과 실력이 뛰어난 AI기업이 함께 동등하게 마주하고 있다는 점에서 매우 획기적이다.

실리콘 밸리에 계속하여 진출

제네콘과 스타트업 기업 등의 협업은 급속도로 확산되고 있다. 건축전문지 닛케이 아키텍처에 의한 2019년 6월 조사에서 답변한 건설 회사 58사의 약 50%가 오픈 이노베이션에 '이미 대처하고 있다' 또는 '대처 예정이다'라고 답변하였다. '향후 대처를 하고 싶다'라는 답변도 20%를 넘었다(조사 대상은 경영사항심사의 '건축일식공사'의 완성공사 금액이 100억 엔 이상인 건설 회사).

슈퍼 제네콘 시미즈 건설은 2020년 7월 16일, 국내외 벤처기업을 대상으로 100억 엔의 출자를 발표하였다. 니시마츠 건설은 2019년 11월 '거리만들기·인프라 분야'와 '환경·에너지 분야'를 대상으로 스타트업에 5년간 총 30억 엔의 투자를 발표하였다. 안도하자마 건설은 2019년 타케나카 공무점과 마찬가지로 액셀러레이터 프로그램을 실시하였다.

▌가정단면을 추정하는 '구조 계획 AI'

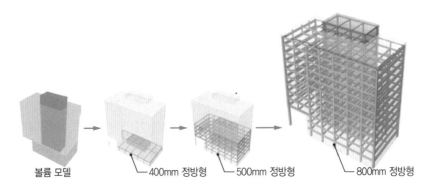

볼륨 모델 → 400mm 정방형 → 500mm 정방형 → 800mm 정방형

건물의 볼륨 모델을 토대로 구조프레임을 자동으로 생성하고, 건물의 규모나 스팬(기둥의 간격) 등에 따라 AI가 가정단면을 추정한다. 그림은 가정단면의 추정 과정에 대한 설명이다. 아래층에서부터 상부 층 방향으로 추정이 진행됨에 따라서 하층 기둥의 단면은 자동적으로 커진다.

자료 : 타케나카 공무점의 자료를 토대로 닛케이 아키텍처가 작성

▌실시설계를 서포트하는 '부재설계 AI'

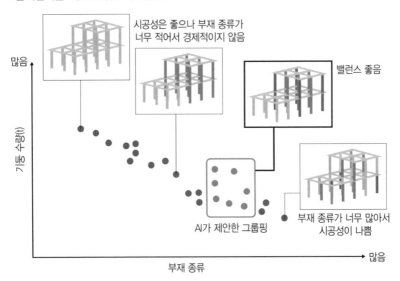

시공성은 좋으나 부재 종류가
너무 적어서 경제적이지 않음

밸런스 좋음

AI가 제안한 그룹핑

부재 종류가 너무 많아서
시공성이 나쁨

많음

기둥 수량(t)

부재 종류

많음

다양한 패턴으로 구조계산을 실시함. 구조안전성을 충족한 복수의 결과(그림 속의 점) 가운데, 비용이나 시공성을 감안하여, 부재의 종류가 적당한 개수로 수렴하도록 '그룹핑'된 안을 AI가 제시해준다.

자료 : 타케나카 공무점의 자료를 토대로 닛케이 아키텍처가 작성

2019년 2월에 오픈한 기술연구소 'ICI 종합센터'를 오픈이노베이션의 거점으로 역할을 부여한 준대형 제네콘 마에다 건설공업은 이전부터 스타트업과의 협업에 열심인 건설 회사 가운데 하나이다. 마에다 건설공업은 사회문제의 해결을 목표로 하는 벤처 등에 투자하는 'MAEDA SII Social Impact Investment'라고 부르는 제도를 2015년도부터 운영하고 있다. 이를 통해 지금까지 약 10개사에 투자를 진행하였다.

개별 기업에 대한 출자액은 비공개이지만, 2015년도부터 3년간 약 8억 엔을 투자하였다. 마에다 건설공업에서 ICI 종합센터장을 맡고 있는 미시마 테츠야 집행임원은 "스피드를 중요시하여, 센터에서 투자의사 결정을 할 수 있도록 하고 있습니다."라고 말했다. 출자 대상은 다양하다. 예를 들어 교토 니시진 직물의 기술을 살려 전도성의 은도금 섬유를 개발하는 미츠후지(교토부 세이카쵸)와는 셔츠형 웨어러블 센서 '하몬 hamon'을 통한 건설 현장의 일사병 대처 서비스를 진행하고 있다.

▋오픈 이노베이션에 관심을 보이는 건설 회사가 많다

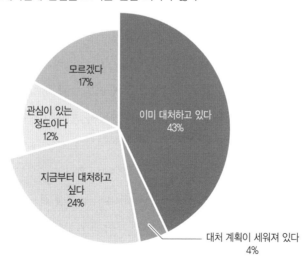

모르겠다
17%

관심이 있는
정도이다
12%

이미 대처하고 있다
43%

지금부터 대처하고
싶다
24%

대처 계획이 세워져 있다
4%

닛케이 아키텍처의 조사에 답변한 58개의 건설 회사 중 43%가 2019년 6월 시점에서 오픈 이노베이션에 대처하고 있다.

제네콘과 스타트업의 협업 무대는 국내에 그치지 않고 있다. 첨단 기술을 가진 기업을 다른 회사나 다른 업계에 앞서 발굴하기 위해 시미즈 건설이나 타케나카 공무점, 카지마 건설, 오바야시구미는 미국 실리콘 밸리에 사원을 상주시키고 있다.

실리콘 밸리에서 유익한 정보를 얻기 위해서는 현지의 커뮤니티에 들어갈 필요가 있다. 따라서 각 회사는 벤처 투자를 생업으로 하는 벤처 캐피탈 venture capital(이하 'VC') 등의 서포트를 얻으면서 정보수집과 인맥 구축을 진행하고 있다. 예를 들어 시미즈 건설은 2016년 도쿄와 실리콘 밸리 양쪽에 거점을 둔 DNX 벤처스의 펀드에 최대 100만 달러(약 11억 엔)의 투자를 결정하였다. 시미즈 건설 차세대 리서치센터 소장인 히라타 요시키 집행임원은 "수익을 올리는 것이 아니라, 정보 수집이 목적입니다."라고 말한다. 카지마 건설도 2018년 윌Wil사가 운영하는 펀드에 2,500만 달러(약 25억 엔)를 투자하고 지원을 받으면서 공사자동화에 도움이 될 기술을 찾고 있다. 카지마기술연구소장 후쿠다 타카하루 상무집행임원은 "구체적인 사명은 밝힐 수 없지만, 좋은 기업을 발견하기 시작했다."라고 말하였다.

이 외에도 시미즈 건설, 카지마 건설, 타케나카 공무점의 3사는 실리콘 밸리에서 기업의 오픈 이노베이션을 지원하는 미국 플러그 앤 플레이 Plug and Play사의 서포트도 받고 있다. 이 회사를 통해 이벤트를 개최하는 등 일본 건설 회사의 요구를 알리고, 미국의 스타트업들이 관심을 가지도록 하는 활동도 적극적이다.

플러그 앤 플레이에서 부동산·건설 부문의 디렉터로 근무하는 마일즈 타바비안은 "소프트뱅크의 펀드가 2년간 미국의 신흥 건설 회사 카테라Katerra에 8억 6,500만 달러의 투자를 결정하여 건설 분야에 관심이 집중되었습니다. 건설업에 배경이 없는 스타트업도 참가하기 시작했습니다."라고 말하였다(카테라에 관해서는 213쪽 참조).

건설 테크 전문 VC가 등장

건설 분야에 ICT Information & Communications Technology(정보통신기술) 등의 테크놀로지를 융합한 서비스나 흐름을 '건설 테크 Construction-Tech'라고 부른다. 실리콘 밸리에서는 건설 테크를 다루는 스타트업에 대한 투자를 전문으로 하는 벤처 캐피탈까지 등장하였다. 브릭 앤 모르타르 벤처스 Brick & Mortar Ventures (이하 'B&M')이다. 창업자인 다렌 벡텔은 세계적인 건설 회사 벡텔의 현 최고경영책임자 chief executive officer; CEO(이하 'CEO')의 동생이다. B&M은 2018년 1월에 처음으로 펀드를 설립한 이후 건설 테크를 다루는 수많은 스타트업에 투자해왔다.

벡텔 개인으로서도 2018년 11월에 미국 오토데스크에 8억 7,500만 달러(약 920억 엔)로 인수된 미국 플랜그리드 PlanGrid 등 건설 테크의 선구적인 기업에 출자하여 성장을 뒷받침해왔다.

B&M의 커티스 로저스는 "투자가들 사이에서 건설 테크의 관심이 급격히 높아지고 있습니다."라고 말한다(로저스와의 인터뷰는 328쪽 참조). B&M은 2019년 8월 13일, 건설 테크 투자에 특화된 이 회사의 펀드가 9,720만 달러(약 103억 엔)를 조달했다고 발표하였다. 창업한지 얼마 안 되는 기업을 중심으로 1개 사당 100만~400만 달러를 투자한다고 발표했다.

B&M의 펀드에는 오바야시구미도 투자하고 있다. 북미에서 현지법인을 가지고 있는 오바야시구미는 실리콘 밸리에서의 활동으로 다른 건설 회사보다도 한걸음 더 앞서고 있다고 자타 모두 인정하는 존재이다. 2018년 11월에는 미국 의류계 스타트업인 사이즈믹 홀딩스 Seismic Holdings에 투자하여 인공근육을 의복과 일체화한 '파워드 클로징'이라고 부르는 어시스트 슈트를 현장용으로 개발하고 있다. 세계 최대 규모의 비영리 독립연구기관인 미국 SRI 인터내셔널은 배근검사 시스템을 개발하고 있다.

■ 대형 건설 회사는 실리콘 밸리에서의 정보 수집을 강화

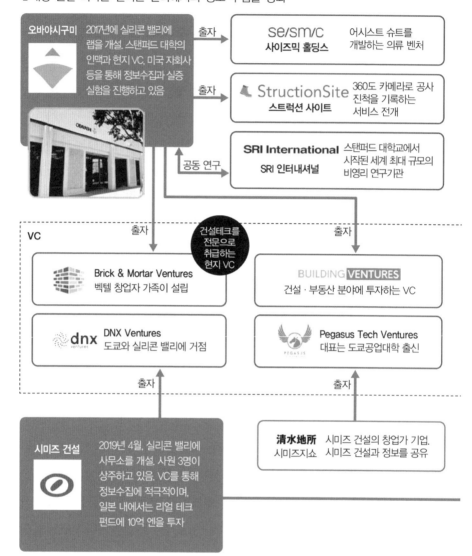

오바야시구미 2017년에 실리콘 밸리에 랩을 개설. 스탠퍼드 대학의 인맥과 현지 VC, 미국 자회사 등을 통해 정보수집과 실증 실험을 진행하고 있음

출자 → **se/sm/c 사이즈믹 홀딩스** 어시스트 슈트를 개발하는 의류 벤처

출자 → **StructionSite 스트럭션 사이트** 360도 카메라로 공사 진척을 기록하는 서비스 전개

SRI International SRI 인터내셔널 스탠퍼드 대학교에서 시작된 세계 최대 규모의 비영리 연구기관

공동 연구

VC

건설테크를 전문으로 취급하는 현지 VC

출자

출자

Brick & Mortar Ventures 벡텔 창업자 가족이 설립

BUILDING VENTURES 건설·부동산 분야에 투자하는 VC

dnx DNX Ventures 도쿄와 실리콘 밸리에 거점

Pegasus Tech Ventures 대표는 도쿄공업대학 출신

출자

출자

시미즈 건설 2019년 4월, 실리콘 밸리에 사무소를 개설. 사원 3명이 상주하고 있음. VC를 통해 정보수집에 적극적이며, 일본 내에서는 리얼 테크 펀드에 10억 엔을 투자

清水地所 시미즈지쇼 시미즈 건설의 창업가 기업. 시미즈 건설과 정보를 공유

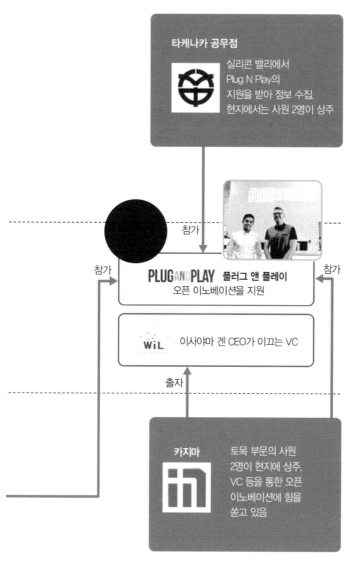

타케나카 공무점

실리콘 밸리에서
Plug N Play의
지원을 받아 정보 수집.
현지에서는 사원 2명이 상주

참가

PLUG AND PLAY 플러그 앤 플레이
오픈 이노베이션을 지원

참가

참가

WiL 이사야마 겐 CEO가 이끄는 VC

출자

카지마

토목 부문의 사원
2명이 현지에 상주.
VC 등을 통한 오픈
이노베이션에 힘을
쏟고 있음

실리콘 밸리에 진출해 있는 대형 건설사의 출자액 등을 표시했다(2019년 9월 시점).
VC에 대한 투자는 VC가 조성한 펀드의 투자액을 의미한다.

자료 : 취재를 토대로 닛케이 아키텍처 작성

오바야시구미에서 오픈 이노베이션 전략을 지휘하는 그룹 경영전략실의 호리이 타마키 경영기반이노베이션추진부장은 "기계화에 의한 생산성 향상 등은 긴급한 과제이며, 주춤거리고 있다 보니 미국의 배차 애플리케이션 우버Uber가 해외에서 택시업계를 석권했듯이, 타 분야에서 건설업에 진출하여 산업 구조를 바꿔버리는 사례가 나오지 않는다고 단정 지을 수 없습니다."라고 오픈 이노베이션을 추진하는 이유를 설명한다.

유망한 스타트업이나 기술을 자사에 끌어들이기 위한 움직임은 이제 막 시작되었다. 국내외를 무대로, 경쟁은 더욱 치열해질 것이다.

2. 건설 회사의 오픈 이노베이션 전략

지금까지 보았듯이 대형 건설 회사는 모두 연구 개발에 주력하고, 오픈 이노베이션을 통해 건설 산업의 장래를 개척하려 하고 있다. 공통된 테마는 본업인 건설 사업의 생산성 향상과 신규 사업의 창출이며, 디지털에 대한 투자가 열쇠가 된다. 여기서는 건설 산업을 주도하는 슈퍼 제네콘 5사와 함께 오픈 이노베이션에 특히 힘을 기울이고 있는 준대형 제네콘 마에다 건설공업의 전략을 각 사의 핵심 직원 취재를 토대로 살펴보고자 한다.

오바야시구미 △ 실리콘 밸리에서 '건설 테크 선두'

DATA　　　　　　　　매출 : 2조 730억 엔
(2020년 3월 기준)　　　당기순이익 : 1,130억 엔
　　　　　　　　　　　연구개발비 : 137억 엔

2019년도 연구 개발에 약 137억 엔을 투자한 오바야시구미. 건설기계 개발 등을 포함하면 최근에는 1년간 200억 엔 정도를 투자하고 있다. 2021년도까지 '중기경영계획 2017' 발표에 따라 이전보다 증가하기 시작하였다.

이 중기경영계획에서는 연구 개발과 성장분야 등에 5년간 4,000억 엔을 투자할 것을 밝히고 있다. 그 내역으로는 건설기술의 연구 개발에 1,000억 엔, 공사기계·사업용 시설에 500억 엔, 부동산 임대사업에 1,000억 엔, 재생

가능에너지 사업 등에 1,000억 엔, M&A 등에 500억 엔이다.

'4개의 축'인 건축사업, 토목사업, 개발사업, 테크노사업(재생가능 에너지 등의 새로운 영역)을 더욱 확대시키는 것과 글로벌화에 대한 대응이 오바야시구미의 경영과제이다. 오바야시구미의 그룹회사는 120개 사까지 늘어나 있으며, 북미와 아시아를 중심으로 전 세계에서 사업을 전개하고 있다. 그 결과 국내는 물론, 해외에서도 통용되는 기술이 빠질 수 없게 되었다.

그렇다면 어떠한 체계로 연구 개발을 진행하고 있을까. 오바야시구미에서 기술본부장을 맡고 있는 카지타 나오키 상무이사에 따르면 2019년도부터 전체를 4개의 테마로 나누고, 연간 300건 정도의 개발을 추진하고 있다고 말한다. 테마의 첫 번째가 '최고 중요 테마'로 긴급한 과제인 생산성 향상 등에 집중적으로 투자하고 있다. 카지다 상무는 "BIM이나 로보틱스, 인프라 보수나 갱신에 관한 기술 개발 등이 최고 중요 테마에 해당합니다."라고 말했다.

두 번째 테마는 모든 고객의 수요에 대응하는 '부문별 테마'이다. 세 번째의 '기반 테마'는 최신 해석기술과 같이 제네콘이 건설 생산을 해 가는 데 있어 빠질 수 없는 기술의 개발이다. 마지막으로 '미래창조 테마'이다. 우주 엘리베이터나 차세대 모빌리티, 수소 에너지 등 미래 테크놀로지 연구 개발이 여기에 해당한다. 2019년 4월 1일에는 기술본부에 '미래기술창조부'라고하는 부서를 설치하였다. 여기서 취급하는 테마는 바로 우주 엘리베이터와차세대 모빌리티 등 20~30년 후를 내다본 움직임이다.

오바야시구미 그룹 경영전략실의 호리이 타마키 경영기반이노베이션추진부장은 "연구개발비의 20~30%를 '최고중요 테마'에, 60%정도를 '부문별테마'와 '기반 테마'에, 나머지를 '미래창조 테마'에 분배하는 형태이다"라고설명한다. 그중에서도 '최고 중요 테마'와 '미래창조 테마'는 오픈 이노베이션을 중시하고 있다.

오바야시구미의 기술연구소에 소속된 연구자는 160명 정도이다. 또한 건축, 토목, 테크노의 각 사업부에 소속하는 사원이 자유롭게 팀을 짜서, 개발을 진행한다. 사내에서 완결되는 것도 있고, 외부의 기술을 도입하는 경우도 있다.

북미에 자회사를 가진 장점을 활용한다

오바야시구미가 미국 실리콘 밸리에서 오픈 이노베이션에 주력하기 시작한 것은 2017년 무렵이다. 북미에 웹코Webcor나 크래머Kraemer North America와 같은 자회사를 가진 장점을 살려 미국 스탠포드 대학과 인맥이나 건설 분야를 전문으로 하는 현지 벤처 캐피탈 등을 통해 정보를 수집하고, 기반을 다져왔다.

현지에 마련한 '실리콘 밸리·벤처스&랩'에는 2019년 시점에서 2명의 사원이 주재하고 있다. 1명은 기술연구소의 직원이고, 다른 1명은 북미에서의 경험이 풍부한 사무담당자이다. 그리고 연구 개발 담당자가 필요에 따라 출장을 가는 체제를 취하고 있다.

지금까지 몇 가지 성과가 나타났다. 예를 들어 세계 최대 규모의 비영리 독립연구기관인 미국 SRI인터내셔널과 관계를 강화하고, 배관검사 시스템의 개발을 진행했다. SRI는 미국 애플사의 음성 어시스턴트 시리Siri의 베이스가 되는 AI를 개발한 것으로 알려진 회사이다.

2018년 11월에는 앞에서 설명한 바와 같이 미국 의류계 스타트업 기업인 사이즈믹 홀딩스에 투자하여 인공근육을 의복과 일체화한 '파워드 클로징'이라고 부르는 어시스트 슈트를 현장용으로 개발하고 있다. 호리이는 "개발 자체는 사이즈믹이 담당하고 있습니다. 우리는 조건 설정이라고 할까, 건설업 특유의 작업 움직임을 서포트하기 위해서는 무엇이 필요한가의 관점에서 의견을 제공하고 있습니다. 개발된 제품은 일단 오바야시구미의 현장에서 도입할 예정입니다."라고 말했다.

오바야시구미의 실리콘 밸리·벤처즈 & 랩에 건설한 배관검사 실험 설비

사진 : 닛케이 컨스트럭션

이 외에 미국 스트럭션사이트 StructionSite라는 스타트업에도 투자하였다. 이 회사는 360도 카메라를 가지고 걸어 다니는 것만으로 건설 현장의 모습을 기록하는 클라우드 서비스를 제공하고 있다. 정기적으로 현장기록을 확보해두면, 예를 들어 벽 안에 단열재가 들어가 있는지가 궁금하다면 보드 시공 후에도 간편하게 체크할 수 있다. BIM과의 연계도 용이하고, 사진 정리에도 도움이 된다.

오바야시구미의 오픈 이노베이션의 선봉장 역할인 호리이 경영기반이노베이션추진부장은 "배근 시스템을 예로 들면 실무 상대와 이야기해보면 '이 단계는 애초에 필요 없지 않은가', '다른 검사에서 체크할 수 있는 것이 아닌가.'와 같은 의견이 계속해서 나옵니다. 발상을 건설 산업의 고정관념에서 빠져나와 자유롭게 펼칠 수 있는 것이 실리콘 밸리에서 활동하는 장점의 한 가지입니다. 시나가와의 본사와 떨어져 있는 것도 효과가 있습니다. 일본에 있으면 아무래도 잡무에 붙들려 있게 됩니다."라고 말한다.

실리콘 밸리에서는 협업 상대를 찾기 위해, 벤처, 스타트업 기업을 모아 '오바야시 챌린지'라고 불리는 콘테스트를 1년에 1회 개최하고 있다. 제1회는 2017년에 개최되었으며, 13개 팀이 프레젠테이션을 진행하였다. 호리이는 "당시에는 건설 테크에 관한 이벤트를 찾아 볼 수가 없었습니다. 따라서 우리가 건설 분야 제1호라고 자부하고 있습니다."라고 말했다.

카지마 건설 △ 제네콘도 '지은 후'가 승부

DATA
(2020년 3월 기준)

매출 : 2조 107억 엔
당기순이익 : 1,032억 엔
연구개발비 : 164억 엔

2018~2020년도 중기경영계획에서 R&D에 합계 500억 엔을 투자할 것을 밝힌 카지마 건설의 연구 개발 최고 중점 테마는 인력부족을 배경으로 한 건설 현장의 생산성 향상이다.

건축 분야에서는 2018년에 '카지마 스마트 생산 비전'을 공표하고, '작업의 절반은 로봇과, 관리의 절반은 원격으로, 모든 프로세스를 디지털로'라는 목표를 2025년까지 실현하기 위한 방침을 제시하였다(66쪽 참조).

카지마 건설은 토목 분야에서 '쿼드 액셀A4CSEL'이라고 명명하여, 우선적으로 댐을 타깃으로 한 시공의 전 자동화를 추진하고 있다. 이를 위해서 글로벌 대형 건설기계 메이커인 코마츠사와 공동연구를 진행하고 있다. 오이타현의 오이타강 댐, 계속해서 후쿠오카현의 코이시하라강 댐의 건설 현장에서 실증 테스트를 거듭하였고, 아키타현의 나루세 댐의 건설 현장에 대대적으로 적용하게 되었다.

나루세 댐은 CSG Cemented Sand and Gravel댐으로, 23대의 중장비를 자동화하여 시공한다. 자동화한 중장비는 덤프트럭과 불도저, 진동롤러이다. 기본적으로는 3종류의 중장비를 1세트로 작업을 진행하게 된다. 현장 전체가 최

적이 되도록 중장비를 조합하면서 동시에 시공을 해야 한다. 그래서 시공계
획도 중요할 수밖에 없다. 카지마 기술연구소장인 후쿠다 타카하루 상무집
행임원은 "미래에는 토목 현장이 공장처럼 되었으면 좋겠습니다. 우선은 댐
에서 시작했지만, 댐공사의 자동화를 달성할 수 있으면, 당연히 다음은 다른
공종, 예를 들어 터널 공사 등으로 전개할 예정입니다"라고 의지를 밝혔다.

생산성 향상 외에 중시하고 있는 것이 고객이나 사회에 대한 가치 있는
서비스를 제공하는 것이다. 제네콘의 주 종목인 '건물을 만드는 것'뿐만 아
니라, 건물을 사용하여 어떠한 서비스를 제공할 수 있을까가 과제이다.

건물을 만든 후에도 고객과 파트너로서 함께 가면서, 얻어진 데이터를
사용하여 다양한 가치를 제공해 가는 것이다. 이러한 새로운 비즈니스 모
델을 구축하려고 한다. "그렇게 하려니 우리 회사의 능력만으로는 대응할
수 없게 되었습니다. 그래서 카지마 건설은 외부의 파트너나 그룹 회사와
연계를 중시하고 있습니다."라고 후쿠다 상무는 밝혔다.

코이시하라강 댐 본체 건설 공사의 현장에서, 카지마 건설의 '쿼드 액셀'에 의한 조성
작업을 관리실에서 지켜보는 모습

사진 : 오오무라 타쿠야

타 분야의 기업과 오픈 이노베이션에서 개발한 서비스에는 NEC 넷에스아이 NEC Networks & System Integration Corporation사와 공동으로 개발한 '네마모레 NEMAMORE'라는 병원용 서비스가 있다. 환자의 생체 데이터와 원내의 소리와 열, 빛 등의 데이터를 센서로 취득하고, 이를 바탕으로 에어컨과 조명 등을 자동 제어하여 환자에게 쾌적한 수면 환경을 제공하는 기술이다. 이처럼 IoT를 활용한 스마트 빌딩에 관한 기술을 발전시켜, 건물 이용자에게 최적의 환경을 제공할 수 있도록 노력하고 있는 것이다.

앞으로는 병원뿐만 아니라, 호텔 등 다양한 환경에도 적용할 수 있을 것 같다. 최근 오피스 빌딩을 중심으로 '웰빙 Wellness'을 키워드로 한 연구가 활발히 진행되고 있다. 신체의 건강뿐만 아니라, 마음의 건강을 포함하여 이용자에게 최선의 환경을 제공해 나가는 것은 COVID-19의 팬데믹 pandemic(세계적 대유행)을 경험한 사회에 있어서 큰 가치를 가질 것으로 생각된다.

실리콘 밸리와 싱가포르에 거점

건설업의 생산성 향상이든, 스마트 빌딩의 구축이든, 지금까지 건설 회사가 그다지 관련이 없었던 기업과도 이제는 협력할 필요가 있다. 이를 위해서는 사내에 최신 테크놀로지를 이해할 수 있는 인재가 필수불가결하다. 그래서 카지마 건설은 2018년에 기술연구소에 'AI × ICT 랩'이라는 새로운 조직을 마련하였다. AI, 최신 ICT(정보통신기술)에 정통한 인재를 모아, 사외에서 정보교환을 하면서 연구를 추진하고 있다. 내부에서도 인재육성을 도모하면서 또한 동시에 외부 조직, 예를 들어 이화학연구소 등에 직원을 보내 협업을 진행하면서 육성하는 시험을 시작했다.

이 외에도 첨단 기술을 국내외에서 탐색하기 위해 미국 실리콘 밸리에 거점을 마련하였다. 상주 인원은 2명으로, 토목 부문이 탐색의 중심이다.

실리콘 밸리의 커뮤니티에 들어가기 위해 벤처 캐피탈 펀드에 투자하고, 그들의 네트워크를 활용하면서 현지에 뿌리를 내리고 있다. 그래서 선택한 것이 벤처 캐피탈리스트인 이사야마 겐이 이끄는 월Wil 펀드에 2,500만 달러(약 5억 엔)를 투자한 것이다. 이 외에도 미국 플러그 앤 플레이사와도 계약하고 있다.

카지마는 실리콘 밸리뿐만 아니라 싱가포르에서도 오픈 이노베이션을 추진하고 있다. 카지마 건설은 1988년 싱가포르에 현지법인 Kajima Overseas Asia KOA사(당시)를 설립한 이래 주변 국가를 포함하여 많은 공사를 수행해 왔다. "앞으로 더욱 부가가치가 높은 공사를 수주하기 위해서는 연구 개발도 싱가포르에서 진행할 필요가 있다고 판단하여, 2013년 9월에 기술연구소의 싱가포르 오피스 KaTRIS를 개설하였다." 초기에는 2명 체제였으나, 현재에는 연구자가 수십 명까지 증가하였다.

싱가포르는 국토가 작기 때문에 금융, 무역, 첨단기술을 통한 국가 만들기에 힘을 쏟고 있다. 특히 디지털 기술에 관해서는 전 세계에서 인재를 모으고 있다. 건설 분야의 경우, BIM에 관한 체계 도입과 정착이 진행되고 있다. BIM을 설계부터 유지관리까지 일관되게 활용하는 IDD Intergrated Digital Delivery를 추진하고 있는 것으로 유명하다. 그런 싱가포르에서의 오픈 이노베이션은 실리콘 밸리와 달리 현지의 우수 대학과의 협업이 특히 중요하다. 2018년 카지마 건설은 싱가포르의 대표 우수 대학인 싱가포르국립대학NUS의 디자인환경학부와 공동연구를 위한 MOU를 체결하였다. 또한 싱가포르국립대학에 이어 우수한 대학인 난양이공대학과도 공동연구를 진행하고 있다.

대학과의 오픈 이노베이션과 함께 중요한 것이 정부기관이다. 싱가포르 정부는 연구 개발에 매우 열심이다. 이와 같이 싱가포르에서의 오픈 이노베이션은 대학과 정부의 대처가 중심이 되지만, 최근에는 싱가포르 정부가 벤처 기업 육성에 주력하고 있기 때문에 대학발 벤처 등과의 협업에 대해서도 검토를 진행하고 있다.

시미즈 건설 △ 벤처 투자 100억 엔 확보

DATA
(2020년 3월 기준)

매출 : 1조 6,982억 엔
당기순이익 : 989억 엔
연구개발비 : 132억 엔

시미즈 건설은 2020년 7월 16일, 국내외의 벤처 기업과 벤처 캐피탈 펀드를 대상으로 100억 엔의 투자 규모를 결정하였다. 시미즈 건설은 2015년 이래 유글레나로 유명한 바이오 벤처 뮤그레나(도쿄도 미나코구) 등이 운영하는 리얼텍 펀드에 10억 엔을, 미국 실리콘 밸리의 DNX 벤처 펀드에 1,000만 달러(약 1억 엔)를 투자하고, 협업 상대가 될 벤처 기업을 찾아왔다. 인력 부족으로 대표되는 건설업의 과제 해결을 도모하고, 나아가 새로운 비즈니스를 찾는 것이 목적이다.

100억 엔의 투자 규모를 결정함으로써 앞으로는 시미즈 건설의 사업과 시너지가 있을 스타트업 등에 스스로 투자하는 기업 벤처 캐피탈Corporate Venture Capital; CVC로서 활동의 폭을 넓혀갈 것이다. 출자 대상은 AI나 로보틱스, 드론, BIM/CIM 등의 기술을 보유한 얼리 스테이지(창업한 지 얼마 안 된 단계)의 기업과 함께 이들을 투자 대상으로 하는 펀드이다. 제1탄으로는 무선 통신기술을 개발하는 피코세라PicoCELA(도쿄도 츄오구)에 수 억 엔의 투자를 결정하였다. 협업을 통해 건설 현장의 ICT 기반을 강화하고, 디지털화를 가속한다. 이러한 결단을 내린 배경에는 다음과 같은 문제의식이 있었다.

벤처 투자를 담당하는 시미즈 건설의 차세대리서치센터소장 히라타 집행임원은 "우리의 주력 분야는 다양하지만, 첫 번째가 건설 산업입니다. 지금까지 우리가 투자해 온 프로젝트를 잘 분석해보면 우리가 정말로 자금을 투자하고 싶은 기업에 충분한 투자를 하지 못했다는 걸 알게 되었습니다. 벤처 캐피탈을 통한 투자 즉 리미티드 파트너 limited partner(이하 'LP')로서의 투자에는 한계가 있었습니다."라고 말했다.

그렇지만 히라타 집행임원은 "예를 들어 정보의 채널. 그들은 우리가 가지고 있지 않은 네트워크를 가지고 있으며, 개별 정보를 가지는 경우도 많습니다. 기업 가치 평가의 방법을 배우게 된 것도 장점입니다. 우리는 LP투자가이기 때문에 투자처 결정에는 관여할 수 없지만, 당사의 엔지니어가 기술이나 회사의 평가에 대해 협력하는 경우도 있었습니다." 라며, 벤처 캐피탈을 통해 얻은 지식이 크다고 말한다. 이렇게 축적한 노하우를 바탕으로 다음 단계로 나아가게 된 것이다.

100억 엔의 출자 규모 결정에 따라 시미즈 건설 프론티어 개발실 아래에 출자처의 선정이나 출자 후의 모니터링을 실시하는 벤처 비즈니스부와 출자 여부를 결정하는 벤처투자위원회를 신설하였다. 지금까지 벤처 투자를 담당했던 차세대 리서치 센터의 벤처 비즈니스 그룹에서 7명이 벤처 비즈니스부로 이동되었다.

시미즈 건설은 앞으로 벤처비즈니스부와 미국 실리콘 밸리에 마련한 '시미즈 실리콘 밸리 이노베이션 센터'를 통해 국내외의 벤처기업에 투자할 방침이다. 500억 엔을 투자하여 도쿄도 고토구 시오미에 건설하고 있는 대규모 이노베이션 센터가 오픈 이노베이션의 무대가 된다.

시미즈 건설 프론티어개발실 벤처비즈니스부의 타지 요이치 부장은 "신기술의 수요는 COVID-19의 감염확대를 계기로 더욱 높아질 것입니다." 라고 예측하고 있다. 인재부족 문제의 해결이나 생산성 향상을 위해 진행되고 있는 공사의 자동화·원격화는 코로나 시국에 작업자 간 거리를 확보함으로써 사회적 거리를 확보하는 데에도 도움이 되고 있다.

'건설 테크'의 지명도는 아직

시미즈 건설은 미국 실리콘 밸리에서 어떠한 활동을 하고 있는가. 현재 건축부문과 토목부문, 그리고 영업부문을 담당하는 3명이 상주하고 있으며, 스타트업 기업의 정보를 수집하고 있다. 시미즈 건설은 실리콘 밸리를 이노베이션 인재의 육성 거점으로도 활용할 예정이다.

물론 수요에 맞는 기술을 가진 스타트업을 찾는 것은 쉽지 않다. 시미즈 건설의 히라타 집행임원은 "일본의 건설 회사와 해외의 건설 회사는 상당히 업태가 다릅니다. 일본의 건설 회사는 단순히 건물이나 인프라를 만드는 것뿐만 아니라, 조사나 설계에서 완성 후의 메인터넌스까지 손을 대고 있고, 그렇기 때문에 연구 개발에도 힘을 쏟고 있습니다. 미국 벤처 캐피탈이나 스타트업에 이 부분을 이해시키는 데 고생하고 있습니다. 신소재부터 스마트시티까지 폭넓게 관심을 가지고 있다는 점을 전달하지 않으면, 좀처럼 우리가 원하는 기술이나 기업을 소개해주지 않습니다."라고 말한다.

미국 플러그 앤 플레이의 오피스. 수많은 일본 기업이 진출해있다.

사진 : 닛케이 컨스트럭션

시미즈 건설은 기업의 오픈 이노베이션을 지원하는 미국 플러그 앤 플레이사와도 계약하고 있으며, 협력을 받아 건설 테크를 확대하려고 하고 있다. 마찬가지로 플러그 앤 플레이사와 계약하고 있는 타케나카 공무점이나 카지마 건설과도 공동으로 이벤트를 개최하였다.

히라타 집행임원은 "시행착오를 통해 알게 된 것은 뛰어난 요소기술은 많지만, 그대로 사용할 수 있는 것은 별로 없다는 것입니다. 이 중에는 어시스트 슈트 assist suits처럼 입으면 바로 사용할 수 있는 것도 있지만, 대부분은 다른 기술과 조합하거나, 일본의 건설현장에 적합한 형태로 개량하는 노력이 필요합니다."라고 말했다.

따라서 스타트업과 본격적으로 협업을 진행하기 위해서는 단순히 출자만 하면 되는 것이 아니라, 그 전에 하나의 프로세스가 필요하다. 그것이 PoC Proof of Concept(개념실증)이다. 우선은 기술이나 서비스를 시험해보고, 과제를 부각시켜, 본격적인 협업으로 진행할지 여부를 판단하는 것이다.

시미즈 건설은 2019년 7월 시점에 20건 이상의 PoC를 실시하였고, 10건 이상이 현재 진행형으로 실시되고 있다고 말한다. 컴퓨테이셔널 디자인(컴퓨터를 구사한 설계수법) 외에 BIM이나 측량 기술, 드론 등 다방면을 대상으로 하고 있다. 히라타 집행임원은 "PoC는 건설 현장에서 하는 것이 베스트입니다. 실험실과는 스케일감이 전혀 다릅니다. 예를 들어 터널의 한 가운데는 온도와 습도가 외부와는 전혀 다른 어려운 환경입니다. 그런 까다로운 환경 하에서 기자재가 제대로 작동하는가, 카메라 영상을 AI가 인식할 수 있는가 등 현지에서 해보지 않으면 알 수 없는 것이 매우 많습니다."라고 하였다.

문제는 PoC에 드는 비용이 막대하게 증가해서는 안 된다는 것이다. 내용에 따라 다르겠지만, 1건당 수백만 엔부터 수천만 엔 단위를 필요로 하는 경우도 있다. 자사의 현장에 의뢰를 보내거나, 또는 건축 생산기술본부나 토목기술본부의 예산에서 돈을 마련하기도 한다. 히라타 집행임원은 "PoC를 거쳐 연구 개발이 더욱 진행되면 추가적인 비용이 발생하기 때문에 그 부분을 투자할 것인지 결정하게 된다."고 말했다.

'경험'에 의존하지 않고 재료를 개발

오픈 이노베이션의 상대는 스타트업만 있는 것은 아니다. 잘하면 1만 년의 수명을 가진 콘크리트를 만들 수 있을지도 모른다. 시미즈 건설은 홋카이도대학과 팀을 구성하여, '로직스 구조재'라고 불리는 신재료의 개발을 진행하고 있다. 이러한 시도는 '감과 경험'에 의존하는 종래의 콘크리트 연구방식과는 전혀 다른 것이다. 컴퓨터 시뮬레이션을 활용하여 신재료를 '논리적으로' 만들어내려는 것이다. 로직스는 논리 Logic와 차세대 Next Generation를 의미하는 영어 단어에서 유래한다.

지금까지 새로운 콘크리트 개발에는 혼화제(콘크리트의 성질을 개선하기 위한 약제)의 종류나 혼화재(혼화제와 마찬가지로, 콘크리트의 성질을 개선하기 위한 재료)의 양 등을 전문가가 경험에 기초하여 선택하고, 실험을 거듭하여 정답을 찾아야 했다.

로직스 구조재는 반대이다. 우선 분자나 시멘트 페이스트, 콘크리트, 구조체 등 다양한 스케일에서 나타나는 화학적·물리적 현상을 해명하고, 컴퓨터상에 모델화한다. 시간에 따라 변화하는 철근 콘크리트의 성질을 종합적으로 시뮬레이션 할 수 있다.

시미즈 건설기술연구소 건설기반기술센터의 츠치미 신토 주임연구원은 다음과 같이 설명한다. "시멘트 입자와 물이 어떻게 흡착되는가, 어떻게 공극구조를 형성하는가, 그 결과 압축강도는 어느 정도 발현되는가, 그리고 그 콘크리트를 사용한 구조물은 어떻게 거동하는가, 일련의 현상을 하나로 정리하여 취급할 수 있도록 한다." 이렇게 구축한 시뮬레이션 기술을 활용하여, 새로운 성능을 가진 재료를 효율적으로 찾아내는 것이다.

예를 들어 초대형 구조물이나 우주공간·심해구조물, 방사성 물질 보관시설 등 가혹한 조건에서 사용하는 콘크리트 개발이 진행될 가능성이 있다. 시미즈 건설 건설기반기술센터의 니시 타로 소장은 "경험이 도움이 되지 못하고, 실험도 어려운 분야에서 먼저 성과를 내고 싶습니다."라고 말했다.

▍콘크리트의 수수께끼를 시뮬레이션으로 밝힌다.

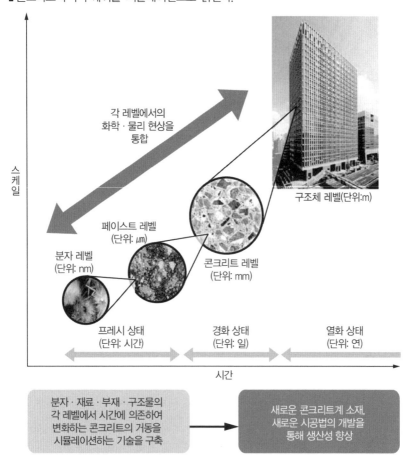

다른 스케일의 현상을 통합하여 다룰 수 있는 멀티 스케일 모델로서, 새로운 콘크리트 계열 재료의 개발을 목표로 한다.

자료 : 시미즈 건설의 자료를 토대로 닛케이 아키텍처 작성

생산성 향상에 도움이 되는 신재료도 만들 수 있을지 모른다. 양생기간이나 강도발현까지의 기간이 짧은 콘크리트가 탄생하면, 공기 단축으로 이어지게 된다. 또한 인장강도를 높여 철근을 생략할 수 있게 되면 번거로운 철근공사나 배근검사를 생략할 수 있을지도 모른다.

연구팀의 인적 구성은 매우 다양하다. 건축재료·구조뿐만 아니라, 나노구조의 해석을 담당하는 양자이론공학의 전문가부터 시뮬레이션 공학의 전문가까지 6개의 팀이 연계하여 움직이고 있다. 시미즈 건설은 제1단계로 설정한 2018~2020년도의 3년간 3억 엔을 투자하여, 시뮬레이션 기술을 완성시키고, 2021년도 이후 로직스 구조재와 새로운 구법·공법 개발에 돌입하였다. 시미즈 건설의 츠지 히로 주임연구원은 "이미 재밌는 지식과 새로운 현상이 발견되고 있습니다."라고 설명하였다.

재료 개발에서 DX 실천

자동차나 의약품 등 재료 개발의 최전선에서는 지난 몇 년 간 커다란 변화가 감지되고 있다. 바로 AI와 빅 데이터를 활용하려는 움직임이다.

새로운 재료를 개발하기 위해서는 요구되는 성능에 맞는 재료의 조성과 만드는 방법을 찾아야 한다. 전문가는 원소의 특징 등 재료에 관한 지식을 활용하여, 가설과 검증을 반복하여 개발을 진행하는 것이 일반적이었다. 단, 실제로는 시도할 수 없는 원소의 조합이 많다. 그래서 물질탐색에 AI를 사용하여, 지금까지 없는 재료 후보를 단시간에 예측하는 수법 '머티리얼 인포매틱스(MI)'가 주목받고 있는 것이다.

이렇게 재료 개발의 분야에서도 DX가 급속히 진행되고 있다. 시미즈 건설의 니시다 센터소장은 "타 분야에서는 시뮬레이션 기술 등을 활용하여 논리적으로 재료를 만들어내는 우리와 같은 시도가 이미 실현되고 있습니다. 건설업은 그에 비해 매우 뒤쳐져 있다고 생각됩니다. 콘크리트는 건설회사가 스스로 개발·제조하는 몇 안 되는 재료의 한 가지입니다. 우리는 제조회사는 아니지만, 제조회사에 가까운 시각에서 개발에 임하는 것이 중요합니다."라고 말했다.

타케나카 공무점 △ 연구 개발을 기민(agile)형으로

DATA
(2020년 3월 기준)

매출 : 1조 3,520억 엔
당기순이익 : 689억 엔
연구개발비 : 93억 엔

이 책의 서두에서 소개한 타케나카 공무점은 건축과 토목을 사업의 축으로 하는 다른 슈퍼 제네콘과는 다르게 건축만을 사업 영역으로 하고 있으며, 설계능력으로 정평이 나 있는 비상장기업이다. 과거에 이데미츠코산 Idemitsu Kosan이나 산토리 Suntory와 함께 '비상장3귀족'이라고 불리는 명문기업마저도 건축생산의 디지털화와 신사업 창출이라는 두 가지 테마로서 오픈 이노베이션에 임하고 있는 것이다.

타케나카 공무점이 2019년에 투자한 연구개발비는 93억 엔이었다. 건설사업의 호조를 배경으로 2018년 84억 엔이었던 연구개발비에 10억 엔을 추가하는 등 연구 개발에 힘을 쏟고 있는 것이다. 연구 개발의 선봉장 역할인 타케나카 공무점 기술본부장 무라카미 리쿠타 집행임원은 다음과 같이 말한다. "실증실험을 하는 데도 건설현장이 협력적입니다. 소장들이 로봇과 같이 완전히 새로운 기술에도 흥미를 가지고 대응해줍니다."

연구 개발은 기술본부와 기술연구소가 2인 3각으로 진행하고 있다. 기술본부가 전략과 계획을 세우고, 기술연구소가 개발을 실시한다. 그 후 기술본부가 성과를 권리화하여 활용한다. 구체적인 개발 프로젝트를 진행할 때에는 수요를 가진 설계본부나 생산본부가 혼합된 팀으로 임한다. 연구 개

■타케나카 공무점이 AI벤처 기업 등에 출자

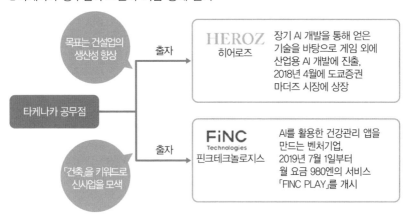

타케나카 공무점은 건설업의 생산성 향상과 신규 사업의 창출을 목표로 벤처 기업 등에 출자하고 있다.
자료 : 타케나카 공무점에 대한 취재와 각 기업의 발표 자료를 토대로 닛케이 아키텍처 작성

발의 진행방법에는 이전과 같은 '폭포형 Waterfall'뿐만 아니라, '애자일형 agile'을 도입하고 있는 듯하다. 무라카미 집행임원은 "이전과 같이 3개년 계획을 세워 개발을 시작하는 것이 아니라 우선 만들어 보는 것이다. 예를 들어 쓰레기청소 로봇을 시험 제작해보고, 건설 현장에서 사용해본다. 사용해보면 건설 현장으로부터 의견이 오기 때문에 이를 바탕으로 개량해나간다. 애자일형이 개발 스피드가 현격히 빨라진다."라고 말했다.

새로운 기술의 PoC는 메르세데스 벤츠 일본과 기획한 미래의 라이프 스타일 체험시설인 'EQ 하우스 EQ House' 등에서 집중적으로 실시하고 있다(133쪽 참조). 예를 들면 먹선로봇(건설 현장에서 기둥의 위치 등을 표시하는 작업을 담당하는 로봇)의 검증이나, MR Mixed Reality(복합현실)에 의한 완료 검사 등이다.

연구 개발에서 중점 테마는 여러 번 설명한 바와 같이 건설 사업의 과제 해결과 신사업의 창출이다. 전자에 대해서는 컴퓨테이셔널 디자인과 같은 고도의 설계수법 등을 들 수 있다. 후자에 대해서는 차세대 모빌리티가 주

요 타깃 중 하나이다. 무라카미 집행임원은 "어떤 SF영화에서 미래의 모빌리티가 빌딩 안으로 들어가고, 그대로 엘리베이터와 같이 건물 내를 이동하여, 회의실에 도착하는 장면이 있습니다만, 건물과 일체화한 모빌리티라는 것은 충분히 있을 수 있습니다."라고 하였다.

또다른 미래에 대한 투자 측면에서 힘을 쏟고 있는 것이 '건강'이다. 타케나카 공무점에서는 건축建築에서 건강健의 건자를 차용한 '건축健築'이라는 표어를 내걸고, 건강을 테마로 한 공간 만들기 등을 진행하고 있다. 2018년에는 건강관리 앱 사업 등을 전개하고 있는 헬스기술 벤처인 핀크 테크놀로지스 FiNC Technologies(도쿄도 치요다구)에 투자하였다. 벤처 투자와 캐피탈 펀드 투자는 기술본부의 관할이다. 핀크 테크놀로지스사 이외에는 지금까지 장기AI로 유명한 히어로즈에도 투자하고 있다(254쪽 참조).

실리콘 밸리에서는 로봇에 포커스

협업상대가 되는 스타트업 기업 등을 찾기 위해 미국 실리콘 밸리에도 진출하였다. 기업의 오픈 이노베이션을 지원하는 미국 플러그 앤 플레이 오피스에 사원 2명을 주재시키고, 눈에 띄는 기업이나 기술의 정보를 수집하고 있다. 정기적으로 '딜 플로우 세션Deal Flow Session'이라고 불리는 시간을 가지고 한 회사당 30분 정도에 걸쳐 기술 평가를 진행한다. 여기에는 현지 주재원뿐만이 아니라, 일본의 사업부문에서도 온라인 회의를 통해 사원들이 참가하고 있다.

실리콘 밸리에서 찾아낸 좋은 기술은 일본 건설 현장에 도입하고 있다. 예를 들어 2020년 3월에 미국 홀로빌더 HoloBuilder와의 협업을 발표하였다. 홀로빌더사는 건설 현장에서 촬영한 360도 사진을 정리, 공유하여 시공관리나 건물의 운용 등에 도움이 되는 서비스를 전개하고 있다. 타케나카 공무점은 이 서비스를 일본의 건설 현장에 맞는 형태로 수정할 예정이다.

무라카미 집행임원은 "이제야 돌아가는 걸 이해하게 되었습니다만, 실리콘 밸리를 방문한 초기에는 아무런 단서도 없었습니다. 우선은 일본무역진흥기구JETRO 사무소에 가고, 이어서 외국에 있는 일본은행 지점에 가서 '어디를 방문하는 것이 좋습니까'라고 묻고 다녔었습니다."라고 말했다.

플러그 앤 플레이 이외에도 2019년 1월에는 로봇 기술의 혁신과 상업화를 지원하는 미국 NPO 실리콘 밸리 로보틱스Silicon Valley Robotics와 건설 로봇 포럼을 수립하였다. 드론 등을 다루는 벤처들에게 참가를 요청하고, 관계를 강화하고 있다. "고생하면서 계속 대응하고 있으며, 최근에는 '오픈 이노베이션은 제네콘의 특기가 아닐까'라고 생각하고 있다. 원래 제네콘의 일은 서로 다른 일을 묶는 것이기 때문입니다."라고 무라카미 집행임원은 설명하였다.

타이세이 건설 △ 기계 × 야간으로 생산성 향상

DATA
(2020년 3월 기준)

매출 : 1조 7,513억 엔
당기순이익 : 1,220억 엔
연구개발비 : 135억 엔

2018~2020년도 중기경영계획에서 3년간 600억 엔을 기술 개발에 투자하기로 한 타이세이 건설은 생산성 향상, 그 가운데서도 로봇 기술의 개발을 적극적으로 추진하고 있다. 다양한 건설 로봇을 'T-iROBO'라고 명명하고 시리즈화하고 있는 것이 특징이다.

그 일례가 콘크리트 바닥 마무리 로봇이다. 바닥 마무리는 허리를 숙인 상태로 몇 시간이나, 경우에 따라서는 밤새도록 작업을 해야 하는 경우도 있어 매우 힘들다. 타이세이 건설에서는 이러한 고통스러운 작업을 차례로 자동화하고 있다. 타이세이 건설 기술센터장 나가시마 이치로 집행임원은 "저희는 철골 용접, 현장 청소, 철근 결속 등 몇 가지 로봇을 개발했습니다

만, 어떻게 건설 현장에서 사용하기 쉽게 하고, 보급시킬지가 중요합니다. 사내에서 활용의 폭을 넓히고, 나아가서는 렌탈 회사를 통해 건설업계에서 널리 사용했으면 좋겠습니다. 종류도 늘려갈 생각입니다.”라고 말했다.

이런 로봇들은 주로 건축 분야에서 활약이 기대되고 있다. 그렇다면 토목 분야는 어떠할까. 나가시마 집행임원은 “토목의 경우 대규모 공사이고, 반복 작업이 많습니다. 따라서 중장비를 자동화하고, 원격조작하거나, 이를 연계하는 방향으로 개발하고 있습니다.”라고 설명했다.

토목공사에서는 원래 다양한 작업에 많은 기계를 사용한다. 조성공사에서는 중장비로 지반을 평평하게 고르고, 성토에 진동이나 충격을 가해 단단히 다지는 작업을 하며, 터널 공사에서도 역시 기계를 많이 사용한다. 타이세이 건설은 이러한 부분을 자동화하여 효율을 높이고, 거기에 더해 안전성도 높이는 것이 올바른 방향이라고 생각하고 있다.

중장비의 자율운전에 착안

타이세이 건설이 추진하고 있는 테마 중 하나가 중장비의 ‘자율운전’이다. 캐터필러 재팬(요코하마 시)사와 공동으로 유압 굴삭기의 자동화를 진행하고 있다.

유압 굴삭기로 토사를 퍼서 덤프트럭에 적재하고 운반해서 내린다. 내려진 토사는 불도저로 밀고 진동 롤러(차체전방의 롤러로 지면을 굳히는 기계)로 다진다. 미리 영역을 지정하고 내용을 지시하는 것만으로 일련의 작업이 이루어질 수 있도록 하는 것이 목표이다. 타이세이 건설에서는 진동롤러의 자동화가 이미 실현되었기 때문에 현재는 CAN Controller Area Network 에 의한 전자제어가 가능한 기체를 활용하여, 유압 굴삭기의 자동화에 노력하고 있다(상세 내용은 103쪽 참조).

유압 굴삭기는 진동롤러에 비해 움직임이 복잡하기 때문에 개발이 어렵다. 예를 들어 토사를 퍼서 내릴 때 갑자기 하중이 제거되면 리바운드가 발생하기 때문에 제대로 제어할 필요가 있다. 중장비의 제어에는 AI 등을 활용하게 될 것이다. 덤프에 토사를 싣는 작업도 거칠고 엉성하게 이루어진다면 사용할 수가 없다. 모양을 보고 산 형태로 토사가 쌓이면, 평평하게 하는 등 세세한 기술 개발이 필요하게 된다.

중장비의 자동화가 진행되면 각각의 중장비에 오퍼레이터가 타지 않아도 된다. 즉, 한 사람이 복수의 중장비를 보고 있으면 충분하게 된다. 또는 어두워서 공사를 할 수 없는 야간에도 작업을 할 수 있게 된다. 다소 효율이 나쁘더라도 기계가 밤새 작업을 한다면 생산성이 비약적으로 높아질 가능성이 있다. 나가시마 집행임원은 "2025년에는 복수의 중장비가 연계하여 작업할 수 있도록 하고 싶습니다."고 말하였다.

중소기업과의 협력을 통한 기술 개발

타이세이 건설이 오픈 이노베이션을 본격적으로 시작한 것은 2017년 무렵이다. 기술 센터 가운데 '오픈 이노베이션 팀'을 설치하였다.

구체적인 성과를 내기 위해 오픈 이노베이션 팀이 사무국이 되어 진행하고 있는 것이 비즈니스 매칭이다. 설계나 건축, 토목의 각 본부로부터 해결하고 싶은 과제나 수요를 받아서, 이에 대응해줄 것 같은 '예리한 기술'을 가진 중소기업, 벤처 기업 등을 매칭하여 기술 개발을 진행한다. 기업정보에 대해서는 중소기업기반정비기구 등이 보유하고 있는 데이터를 활용하고 있다.

비즈니스 매칭을 통해 실용화된 기술 중의 하나가 아날로그 반도체 메이커인 SII 세미컨덕터(현 에이브릭)와 개발한 누수검지 센서이다. 2종류의 금속을 내장한 센서에 물방울이 닿으면 미약한 전력이 발생한다. 이를 축전·승압하여 무선으로 전파를 발신하여 누수 발생시간이나 위치를 알려주는 구조로, 귀찮은 배선이나 전원이 필요하지 않다. 주택이나 창고 등에서 저비용으로 설치할 수 있다.

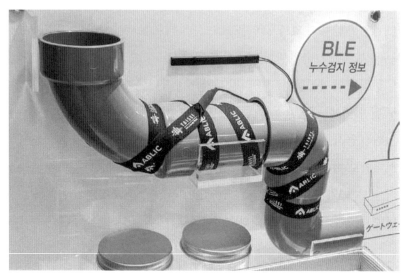

에이브릭사가 제품화한 '배터리 레스 누수 센서'를 배관에 설치한 이미지

사진 : 에이브릭

물방울만으로 발전하는 구조를 타이세이 건설이 만들고, 미약한 전력으로 신호를 보내는 기술과 조합하여 시스템화하였다. 이 제품은 에이브릭사가 2019년에 제품화하였다. 타이세이 건설의 그룹 회사가 간편하게 누수를 검지할 수 있는 기술을 요구하고 있었으며, 비즈니스 매칭으로 '협력'이 성공한 사례이다. 이 외에도 토목분야에서는 터널의 낙석 검지 시스템을 개발하였다. 카메라로 촬영한 굴착 현장의 이미지에서 낙석을 검지하고 경보하는 구조이다.

비즈니스 매칭 외에도 오픈 이노베이션에 흥미를 가지는 기업과 '도시와 건강'이라는 테마를 마련하여 브레인스토밍을 하면서 구체적인 기술 개발로 연결해가는 활동도 계속되고 있다.

마에다 건설공업 △ 주임연구원을 '프로듀서'라고 부른다

DATA
(2020년 3월 기준)

매출 : 4,878억 엔
당기순이익 : 143억 엔
연구개발비 : 55억 엔

현장 도입을 가속화하기 위해 기초연구부터 상품의 개발, 제조와 판매라고 하는 비즈니스의 가치 사슬 value chain 전부를 자사에서 수행하는 자전주의는 포기한다. 준대형 제네콘인 마에다 건설공업은 벤처기업 등과 오픈 이노베이션을 일찍부터 내세운 건설 회사다. 110억 엔을 투자하여, 2019년 2월 이바라키현 토리데시에 오픈한 기술연구소 'ICI 종합센터 ICI 랩'을 그 거점으로 자리매김하고 있다.

연간 연구개발비를 2018년도에 39억 엔, 2019년도에 55억 엔을 투자하여, 슈퍼 제네콘에는 미치지 못하지만, 해마다 그 액수를 늘려가고 있다. 연구 개발의 주요 테마는 크게 3가지가 있다.

첫 번째로 많은 제네콘에게 가장 중요한 테마인 생산성 향상이다. 건설 현장의 자동화를 추진하여 직원이 적어도 품질을 확보하면서 공사를 할 수 있도록 하는 것이 목표이다. 두 번째는 마에다 건설공업의 경영방침인 '탈도급'의 중심에 놓여진 concession(국가 등이 인프라를 소유한 채 민간기업에 운영권을 매각하는 사업방식)에 필요한 연구 개발이다. 그리고 세 번째는 목조건축물이나 ZEB(제로·에너지·빌딩)사업에 관한 기술 개발이다.

연구 개발을 진행함에 있어서 사내에서는 그 우선도에 따라 카테고리를 결정하고 있다고 한다. '카테고리1'은 회사로서 전략적으로 임하는 최중요 테마이다. 앞의 3가지 테마는 여기에 해당한다. 이어서 중요한 '카테고리2'는 사업부로부터의 요청에 기초한 연구 개발이다. 예를 들어 마에다 건설

공업은 도쿄외각 순환도로 도내구간의 지중확대부의 공사에서 우선교섭권자로 선정되었다. 그래서 이 공사에 관한 기술 개발은 극히 우선도가 높은 테마로 설정되어 있다.

연간 50개 사 정도로 좁힌다

마에다 건설공업에서는 센터개소 전부터 벤처기업 등과 협업에 주력해왔다. 현재는 1년에 3,000여 개 회사 정도의 정보를 모으고 있다. 단 이러한 정보는 옥석이 혼재되어 있기 때문에 이를 선별하고 나면 대체로 300~500여 개 사 정도로 줄어든다.

마에다 건설공업의 ICI종합센터장인 미시마 테츠야 집행임원은 "옥석을 가릴 때의 관찰력이 매우 중요합니다. 이러한 작업은 타사에 부탁할 수 있는 것이 아니기 때문에 관찰력이 뛰어난 인간을 키우면서 정보 수집을 진행하고 있습니다."라고 밝힌다.

그러면 옥석으로 가려낸 회사가 약 300개 사가 있다고 한다면 마에다 건설공업의 과제에 핀 포인트로 사용할 수 있거나, 가까운 장래에 사용할 수 있는 기술을 가지는 기업은 다시 10분의 1로 줄어든다. 이런 느낌으로 연간 50개 사 정도로 좁혀서 공동으로 연구 개발을 하거나 사업화 준비를 하고 있다고 한다.

정보수집의 루트는 주로 3가지이다. 스스로 다리품을 팔거나 벤처 캐피탈이나 은행으로부터 정보를 제공받는다. 또는 '공모'이다. 아이디어 콘테스트 등을 개최하여 유망한 기업을 찾고 있다. 센터 개소식에 맞추어 개최한 'ICI 이노베이션 어워드'는 그 대표적인 예라고 할 수 있다. 이 콘테스트에서는 벤처 기업으로부터 비즈니스 플랜을 모집하였으며, 응모자 가운데 독창성이나 사회에 기여하는 임팩트 등을 기준으로 5개 사를 선정하고 프레젠테이션을 진행하여, 최우수상을 결정하였다.

5개 사와는 각각 공동사업을 추진하는 것 외에, 자금 면에서 지원을 요청한 4개 사에 대해서는 투자를 검토하고 있다. 13쪽에서 언급한 바와 같이 마에다 건설공업에는 사회문제의 해결을 목표로 벤처 기업에 투자하는 프레임이 있다. ICI 종합센터가 설립되고 나서는 이 프레임을 센터로 이관하여, 보다 신속하게 투자처를 결정할 수 있게 되었다.

2019년에 마에다 건설공업이 개최한 비즈니스 콘테스트 'ICI 이노베이션 어워드'의 수상식. 중앙에서 마이크를 잡는 인물은 심사위원장인 마에다 소우지 사장

사진 : 닛케이 아키텍처

마에다 건설공업의 이러한 이벤트는 연 1, 2회 개최할 예정이다. 2020년 5월에는 COVID-19 대책을 테마로 온라인상에서 콘테스트를 개최하였다.

기술연구소 외에도 새로운 기술을 실증할 수 있는 필드를 마련하였다. 마에다 건설공업의 연결자회사인 아이치 도로 컨세션(아이치현 하나다시)사가 운영하는 유료도로를 '아이치 액셀러레이트 필드'라고 명명하여 활용할 수 있도록 하고 있다. 인프라 모니터링 기술이나 자동차의 승차감 개선을 위한 포장면의 상태를 파악하는 기술, 역주행 방지와 같은 도로운영에 관한 기술 등을 공모하고, 실제 구조물을 무대로 실증하는 대처로 이미 수십 건의 사례가 있다.

공룡 모형도 깎을 수 있는 목재 자동가공 기술

오픈 이노베이션의 성과는 다양하지만, 한 예로 목조건축물의 새로운 생산시스템을 들 수 있다. BIM 데이터를 바탕으로 로봇 암으로 CLT(직교집성판) 등의 목재로 자동으로 가공하는 기술로, 치바대학과 공동으로 개발하였다. 이 기술은 이미 사업화 직전까지 진행되어 있다(2019년 7월 시점). 개발한 시스템을 프리컷 메이커(목재가공 메이커)에 판매하거나, 프리컷 메이커와 함께 새로운 비즈니스 모델을 구축할 예정이다.

앞으로는 벤처기업이나 외부 연구기관과의 오픈 이노베이션을 담당하는 인재 육성이 과제이다. 지금까지는 제네콘의 기술연구소에서는 높은 전문성을 가진 인재를 배출하는 것이 중요했다. 그러나 앞으로는 어떠한 사회 과제를 해결할지 목표를 정하고, 거기에 필요한 기술을 모으고, 이들을 조합하여 완제품을 만드는 '프로듀서'와 같은 인재를 늘려나가야만 한다. 이러한 생각 아래 마에다 건설공업에서는 '연구원'이라는 호칭을 없애고, 종래의 주임연구원 클래스의 인재를 '프로듀서'로, 일반연구원은 프로젝트의 촉매가 된다는 의미를 포함하여 '카탈리스트'라고 부르고 있다.

ICI 종합센터에는 기술직이 70명 정도 있다. 이 중에 프로듀서나 카탈리스트라는 직함의 인재는 50명 정도이다. 이 외에는 '스페셜리스트'라고 불리는 연구원이 약 10명가량 있다. 스페셜리스트들은 매우 높은 전문성을 가진 연구원을 의미하며, 대상 분야는 종래와 같은 콘크리트나 토사뿐만 아니라 AI 등 넓은 범위를 대상으로 한다.

신규 사업이 기존 사업과 경합하고, 갈등을 빚게 하는 것은 아닐까. 미시

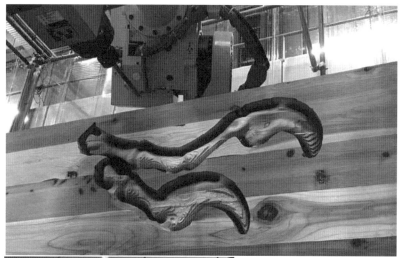

위의 그림은 로봇 가공기로 CLT(직교집성판)으로부터 공룡의 골격 표본의 형상을 잘라낸 모습. 아래의 그림은 완성한 골격 표본의 복제를 앞에 두고 취재에 응하는 마에다 건설공업의 미시마 테츠야 집행위원
사진 : 마에다 건설공업(위), 닛케이 아키텍처(아래)

마 집행임원은 "마에다 건설공업에서는 아직 그러한 일이 일어나지는 않았습니다만, 인적 자원이 한정되어 있기 때문에 사내에서 인력 쟁탈전이 발생하는 점은 괴롭습니다."라고 쓴웃음을 짓는다. 이어서 "ICI종합센터에

서는 프로듀서가 될 수 있는 인재를 늘리려고 하지만, 그러한 소양을 가진 사람을 사내에서 찾으면, 역시 건설 현장에서 일하고 있는 사원 가운데 우수한 사람을 뺏어오게 됩니다. 그러한 사람은 일반적으로 우수하고, 현장에서도 소중히 여기고 있습니다. 당연히 다른 사업부문에서도 그런 인재를 획득하고 싶다고 탐내고 있습니다. 저희도 항상 넘보고 있지만, 거의 실패하고 있습니다."라고 말하였다.

3. 제네콘 공동 전선, 업계재편을 불러올 것인가

'카지마 건설과 타케나카 공무점, 라이벌 관계에 있는 슈퍼 제네콘끼리 건설 로봇이나 IoT 기술의 개발에서 이례적으로 협업을 진행한다. 수주경쟁을 벌이고 있는 양 사가 2020년 1월 30일에 열린 회견에서 협업을 발표하여 화제를 불러일으켰다.

카지마 건설과 타케나카 공무점은 양 사가 개발한 건설 로봇을 상호이용하면서 개량을 실시하는 것 외에 건설 현장에서 자재 반송의 자동화나 건설 기계의 원격조작 등에도 공동으로 임한다고 발표하였다. 회견에서 양 사는 "다른 회사의 참가도 환영합니다."라고 호소하였다.

지금까지 해설한 것처럼 카지마 건설이나 타케나카 공무점과 같은 업계 대표 건설 회사는 최근 호실적을 배경으로 연구개발비를 대규모로 증가시키고 있다. 장래의 시장 축소와 인적 부족에 대비하여, 본업인 건설 사업의 생산성을 높이면서 새로운 사업의 축을 키우겠다는 생각이다. 특히 카지마 건설과 타케나카 공무점이 팀을 짜서 주력하는 건설 로봇의 개발, IoT 기술의 투자는 각 사에게 있어 매우 중요한 위치가 되고 있다.

과거에는 없었던 활기찬 제네콘의 연구 개발이지만, 몇 가지 근본적인 문제점도 안고 있다. 그중 한 가지가 투자금액의 규모이다. 건축·토목 양쪽을 다루고, 건설 산업에 군림하고 있는 오바야시구미나 카지마 건설, 시미즈 건설, 타이세이 건설의 상장 대형 4개 회사조차 연간 연구개발비는 겨우 200억 엔에 불과하다.

타 업계의 대기업과 비교하면 이 금액은 크게 뒤떨어진다. 자동차업계를 살펴보면 토요타 자동차가 2019년도 1년간 투자한 연구개발비는 약 1조 1,000억 엔이다. 토요타와 비교하는 것은 아무래도 무리가 있지만, 연결매출이 약 3조3,000억 엔의 스바루 자동차도 약 1,200억 엔의 연구개발비를 집행하고 있다. 이는 건설업계 상위 10개 사의 연구개발비 합계보다도 큰 금액이다. 이러한 상황을 고려하면 각 회사가 유사한 로봇을 각자 개발하는 것은 매우 비효율적이다.

또한 원도급회사인 제네콘에서 같은 기능이지만, 조작방법이 다른 로봇을 개별적으로 개발하게 되면 실제 그것들을 사용하여 공사를 진행하는 협력 회사(하도급 회사)들은 번거롭게 될 수밖에 없다. 사용할 수 있는 현장이 한정되면 규모의 경제가 작동하지 않아 로봇의 가격이 떨어지지 않고, 결과적으로 보급도 진행되지 않는다.

필자가 건설 로봇에 대해 취재하는 과정에서도, '곧 업계가 공동으로 대처하게 되지 않을까'라는 목소리는 이전부터 매우 많았다. 바로 그러한 이유에서 카지마 건설과 타케나카 공무점이 먼저 나서게 된 것이다.

협업에 관한 기본합의서의 계약기간은 2024년 3월까지이다. 카지마 건설 건축관리본부 부본부장 이토 히토시 상무집행임원은 다음과 같이 설명한다. "2024년 4월은 건설업계에 하나의 신기원이 될 것입니다. 잔업시간의 상한규제가 건설업에도 적용되기 때문입니다. 15% 정도 작업시간이 줄어드는 가운데 품질을 유지하기 위해서는 생산성 향상이 빠질 수 없습니다. 이 시간을 목표로 가능한 한 개발을 진행하여 성과를 내고 싶습니다."

자재 반송의 자동화 등이 개발 테마

양 사는 먼저 '장내반송관리시스템' 등의 개발에 착수했다. 이는 현장 내 기자재 반송을 자동화하는 시스템이다. AGV automated material handling system(무인반송차)를 비롯해 각 사의 로봇에 대응할 수 있도록 유연성을 중시하여 플랫폼의 개발을 진행하고 있다.

반송 로봇 자체와 함께 복수의 로봇을 일원 관리할 수 있는 클라우드 형 시스템의 개발에도 착수했다. 장내발송관리시스템과 연계하여 사용한다. BIM 데이터를 지도정보로써 활용하여 로봇의 원격제어 등을 실현할 생각이다.

이 주제들은 양사가 개별적으로 개발하고 있던 기술 가운데 중복되는 영역에 주목하여 선택하였다. 특히 건설업계 전체에서 공통화할 수 있는 것을 우선시한다.

왼쪽은 카지마 건설 관리 본부 부본부장의 이토 히토시 상무집행위원. 오른쪽은 타케나카 공무점 기술본부장의 무라카미 리쿠타 집행위원

사진 : 닛케이 아키텍처

추진체제도 정비하였다. 합동으로 '건설 RX 프로젝트'를 발족하여, 테마별 분과회를 설치하고, 기술 개발을 진행시킨다. RX란 '로봇화Robotics Transformation'의 약자이다. 회견 시점에서는 2개 분과회를 설치하고 있으며, 양 사는 향후 연계하는 테마를 더욱 늘려갈 예정이다.

타케나카 공무점 기술본부장 무라카미 집행임원은 "이번 협업을 계기로, 동종업계 타사는 물론, 로봇이나 IoT, 5G 등의 분야에 정통한 벤처기업과 해외기업 등 흥미를 가질 수 있는 기업과 함께 일하고 싶습니다."라고 어필하였다. 또한 토목 분야에서의 협업에 대해서는 "토목 분야의 개발 테마가 제시된다면, 그룹사인 타케나카토목을 통해 대처할 생각입니다."라고 말했다.

타워 크레인을 원격 조작

연구 개발 협업을 발표하고 4개월 반, 빠르게 성과가 나타났다. 카지마 건설과 타케나카 공무점은 2020년 6월 16일 건설기계 렌탈 대기업 액티오사, 카나모토사와 공동으로, 타워크레인을 원격 조작하는 시스템 '타와리모TawaRemo'를 개발했다고 발표하였다. 오사카에 준비한 전용 조종석에서 나고야에 설치한 대형 타워크레인을 조작하여 건축자재의 이동이나 적재, 인양 등의 작업을 할 수 있는 시스템이다.

타와리모는 타워크레인의 운전석과 거의 같은 환경을 지상에 재현한 것이다. 오퍼레이터가 앉는 의자나 복수의 모니터, 통신시스템 등으로 구성된다. 타워크레인의 운전석 주위에 설치한 복수의 카메라로 촬영한 영상은 통신기지국을 경유하여 지상의 콕피트로 송신되어 모니터에 표시된다. 건재 등 하중의 동작신호나 이상 신호도 모니터에 표시된다.

게다가 타워크레인에 붙은 자이로 센서로 실제의 진동이나 흔들림을 계

'타와리모'의 콕피트

사진 : 카지마, 타케나카 공무점

측하여, 콕피트에서도 타워크레인의 운전석의 상태를 실제와 똑같이 실감할 수 있도록 하고 있다.

통신회선은 NTT 도코모가 제공하는 '액세스 프리미엄(폐쇄 네트워크)'을 이용한다. 시스템의 보안성을 확보하고, 안심하고 원격조작할 수 있도록 설계하였다. 앞으로는 5G회선 도입을 검토할 예정이다. 카나모토가 개발한 통신 시스템 KCL Kanamoto Creative Line 도 사용함으로써 안전성을 높이면서, 딜레이 없는 원격 조작이 가능하게 되었다.

타워크레인을 조작하는 오퍼레이터는 일반적으로 지상에서 크레인 꼭대기에 있는 운전석까지 최대 약 30미터를 사다리를 사용하여 올라가야 한다. 게다가 운전석에 앉아있으면 작업을 개시하여 종료될 때까지 하루 종일 높은 곳에 있어야 한다. 오퍼레이터의 부담이 컸기 때문에, 작업 환경의 개선이 요구되어 왔다.

타와리모로 지상에 콕피트를 마련하면, 건설 현장 근처의 사무소나 원격지 등에서 타워크레인을 조작할 수 있다. 높은 곳의 운전석에 계속 있어야 하는 장소의 구속을 받지 않아도 되므로, 심신의 부담 경감으로 이어진다.

같은 장소에 복수의 콕피트를 준비하면, 경험이 적은 오퍼레이트에 대해 숙련 오퍼레이터가 옆에 앉아서 교육할 수도 있다. 이와 같이 베테랑으로부터 신인들에게 기능 전승이 쉽게 된다는 장점도 있다.

카지마 건설과 타케나카 공무점은 2020년 9월까지 양사의 작업소에서 관계부처와 협의하면서 시험운영을 반복할 예정이다. 그리고 콕피트의 증산과 타워크레인의 시스템 탑재를 진행할 예정이다. 2020년도 중에는 본격 운영을 목표로 하고 있다. 액티오사는 자사에서 보유한 타워크레인에 순차적으로 타와리모를 도입한다. 카나모토사는 콕피트와 통신시스템의 렌탈 시 운용보수를 담당한다.

카지마 건설과 타케나카 공무점은 협업에 대해 어디까지나 로봇 개발에 한정한 것으로 하고 있다. 2020년 1월 회견 시 타케나카 공무점의 무라카미 집행임원에게 양사가 보다 깊은 관계에 이를 것인가라고 물어보면, "그건 윗사람들에게 물어봐주십시오."라고 미소를 지으며 대답을 회피하였다.

그러나 필자는 이러한 움직임이 건설업계에 확산되면 양 사가 어떻게 될지는 제쳐 두고, 장래의 업계재편의 여지가 생길 수도 있다고 생각한다.

이대로 양 사에서 개발을 진행할지, 혹은 다른 건설 회사도 참가하게 될지는 제쳐두고, 지금까지 대형 공사에서 JV Joint Venture(공동기업체)를 짜거나, 개별 기술 개발로 일시적으로 협업하는 것밖에 없던 건설 회사가 포괄적으로 손을 잡는 의미는 크다. 인적 교류, 기술면의 교류가 진행되고, 서로의 기업 문화를 이해할 수 있는 기회가 증가하기 때문이다.

각사가 공통 플랫폼에서 같은 로봇을 사용하여 공사를 하게 되면, '건축은 단품생산'이라고는 하지만, 기업을 넘어 시공관리 방법이나 공법, 설계의 표준화·공통화가 진행될 것이다. 카지마 건설의 이토 상무는 회견에서 "로봇을 향한 시공방법이나 시공 유닛을 고려하고 있습니다. 로봇화를 추진함으로써 표준화가 진척될 것이라고 기대하고 있습니다."라고 발표하였다.

슈퍼 제네콘 1개 사 정도의 사람이 없어진다

물론 기업 간의 교류가 활발해지고, 공통 사항이 많아진다고 해서 그것이 업계재편의 방아쇠가 된다고까지는 말할 수 없을 것이다. 여기서 키워드가 되는 것은 역시 인구감소이다. 특히 생산연령인구(15~64세 인구)의 감소이다. 총무성에 따르면 2019년 4월 1일 시점에서 일본의 생산연령인구는 약 7,518만 명이다. 국립사회보장인구문제연구소의 추계에서는 2040년에 약 5,978만 명까지 감소할 것이라고 말하고 있다.

슈퍼 제네콘 5개 사의 2019년도 종업원 수는 합계 약 4만 3,000명이다. 만일 생산연령인구의 감소와 같은 페이스로 종업원 수가 줄어든다면 2040년에는 약 3만 4,000명이 된다. 앞으로 20년간 슈퍼 제네콘 1개 사 정도의 사람이 없어진다는 계산이 된다.

또한 앞으로 종업원 1인당 근로시간이 크게 감소하게 된다. 일본건설업연합회는 2021년도까지 건설 현장에서 주휴 2일을 실현하는 것을 목표로 제시하고 있으며, 2024년 4월 이후에는 건설업에도 시간외근로의 상한규제가 적용된다.

지금까지 과제가 되었던 기능자 부족 문제뿐만이 아니라, 기술자 등 인재 확보가 어려워지고, 근로시간의 단축도 진행된다. 현재와 같은 공사량을 높은 품질을 유지하면서 처리하는 것과 같은 어려운 문제를 업무 효율화에 의한 생산성 향상만으로 보완한다는 것은 상당히 어려울지도 모른다.

그렇게 되면 코로나 악재로 인해 예상되는 건설 회사의 실적 악화와 함께 업계 재편이 현실성을 갖게 된다. 많은 건설 회사가 경영파탄에 빠진 2000년대 전반을 제외하고, 업계 재편이라는 의미에서는 거의 무풍지대였던 건설업계에 드디어 재편의 조건이 갖추어진 것은 아닐까.

2020년 3월 9일에는 안도하자마나 토다 건설, 하세코 코퍼레이션과 같은 준대형·중형클래스의 건설 회사 20개 사가 공동으로 AI에 의한 화상인식 기술을 적용한 배근검사시스템의 개발을 발표하는 등 라이벌 관계에 있는 제네콘끼리도 손을 잡는 사례가 점차 늘어나고 있다.

덧붙여 말하면 카지마 건설과 타케나카 공무점의 협업 기한은 2024년 3월까지이지만, 상호 간에 이의를 제기하지 않으면 2039년 3월까지 계약을 연장하는 것으로 되어 있다. 바로 그 무렵에는 슈퍼 제네콘 1개 사 정도의 인재가 사라져 있을 것이다. 그때까지 양 사와 다른 슈퍼 제네콘, 그리고 준대형 이하의 건설 회사가 어떠한 수를 낼 것인가 주목할 수밖에 없다.

리모트 컨스트럭션

1. 시공관리의 원격화는 가능할까?

건설업에서 일하는 사람들의 원격근무 실시율은 23.3%로, 모든 업종의 평균보다도 4.6포인트 낮다. 대형 인재서비스 퍼슬 PERSOL 그룹의 싱크탱크 퍼슬 종합연구소가 COVID-19 감염 확대에 따른 정부의 긴급사태선언의 발령(2020년 4월 7일)을 맞이하여 실시한 조사에서 건설 산업의 디지털화가 뒤쳐진 것이 여실히 드러났다.

조사는 수도권을 중심으로 7개 도도부현에 긴급사태선언이 발령됨에 따라 퍼슬 종합연구소가 2020년 4월 10~12일에 실시한 것이다. 다양한 업종의 정사원 22,477명이 답변하였다.

건설업의 응답자 가운데 시공관리나 설계라고 하는 고도 업무에 관련되어 있는 기술직의 텔레워크 실시율은 약 26.3%였다. 건설 현장에서 일하는 기능자 등이 불과 5.9%인 것과 비교한다면 상대적으로 실시율이 높지만, 그렇더라도 전체 업종의 평균보다 낮은 수준이다.

시공관리란 원가와 노무, 공정, 안전, 품질 등을 관리하고, 공사 전체를 지휘하여 이익을 창출하는 중요 업무이다. 공사의 원도급회사인 제네콘의 핵심 업무이기도 하다. 이 조사에서 '텔레워크를 실시하고 있지 않다'라고 답변한 시공관리·설계 계열 기술직에게 이유를 물어보면(복수응답), 의외로 '텔레워크로 할 수 있는 업무가 아니다'가 45%로 가장 많았다.

건설업에서 일하는 기술자가 답변한 것처럼 시공관리의 텔레워크는 정말로 불가능한 것일까. 대답은 아니다.

▌건설업의 텔레워크 실시율은 전 업종의 평균 이하

순위	업종	종업원의 실시율(%)	회사로부터 권장·명령률(%)	조사 샘플 수 (명)
1	정보통신업	53.4	73.5	1,898
2	학술연구, 전문·기술 서비스업	44.5	58.2	188
3	금융업, 보험업	35.1	51.3	1,463
4	부동산업, 물품임대업	33.5	51.7	490
5	전기·가스·열 공급·수도업	30.8	50.7	334
6	제조업	28.7	44.0	6,592
7	생활관련 서비스업, 오락업	24.4	28.0	404
8	교육, 학습지원업	23.9	35.9	393
9	건설업	23.3	37.9	1,463
10	매매업, 소매업	21.1	32.5	2,115
11	숙박업, 음식서비스업	14.5	17.2	468
12	운송업, 우편업	12.1	20.3	1,469
13	의료, 간호, 복지	5.1	6.9	1,633
–	기타 서비스업	31.7	43.4	2,182
–	상기 이외의 업종	36.1	45.1	1,380
	전체	27.9	40.7	22,477

조사 실시 기간은 2020년 4월 10~12일이며, 대상은 정사원으로 한정. 샘플 수는 성별·연대의 보정을 위해 가중치 부여 후의 수치

자료 : 퍼슬 종합연구소의 자료를 기초로 닛케이 아키텍처 작성

확실히 시공관리에 포함되는 모든 업무를 완전하게 리모트화하는 것은 매우 어려울 것이다. 그러나 종래와 같이 많은 건설기술자가 건설 현장에 아침부터 저녁까지 붙어있지 않아도 공사 진척을 관리하거나 정보를 공유할 수 있

는 기술과 서비스는 급속하게 진화하고 있다. 키워드 중 하나가 현실세계를 가상공간에 모델화하여 활용하는 '디지털 트윈'이다.

동물 형태 로봇이 공사의 진척을 기록

개와 유사한 생김새의 로봇이 건설 현장을 돌아다니면서 머리 부분에 장착한 360도 카메라로 공사 상황을 꼼꼼하게 기록한다. 로봇이 촬영한 이미지를 볼 수 있으면 원격지에 있는 공사관계자도 간단하게 현장 상황을 파악할 수 있다. 또한 건재나 구조부재의 상태를 AI로 인식하고 공사의 진행을 자동으로 분석하고 공정표와 비교하여 간단히 문제를 분석하고 있다.

옛날이라면 실소할 것 같은 기술이 실용 단계에 접어들었다. 이 로봇은 소프트뱅크 그룹 산하의 미국 보스턴 다이나믹스Boston Dynamics가 개발한 4족

머리부에 360도 카메라와 라이다(LiDAR)를 부착하여 건설 현장의 정보를 습득하며 돌아다니는 사족보행형 로봇인 스팟

사진 : 홀로빌더

보행형 로봇인 스팟Spot이다. 360도 이미지를 기록하는 클라우드 서비스는 미국 실리콘 밸리의 스타트업 기업인 홀로빌더가 개발하였다. 건축물 등의 간단한 디지털 트윈을 쉽게 작성·활용할 수 있다. 예를 들어 캐나다의 유력 건설 회사 포머로Pomerleau는 약 46,000m²의 건축공사 현장에서 360도 카메라를 탑재한 스팟과 홀로빌더 서비스를 도입하였다. 공사의 진척관리나 공사 관계자의 정보 공유에 도움이 되는 촬영이나 기록을 자동화 하는 것으로 1주당 20시간 분의 단순 작업을 삭감할 수 있었다고 한다.

홀로빌더의 서비스를 사용하면, 내장의 시공 전(왼쪽)과 시공 후(오른쪽)를 간단하게 비교할 수 있다.

자료 : 홀로빌더

건설 현장에서는 공사가 진행됨에 따라 눈으로 확인할 수 없는 부분이 늘어나기 때문에 기술자가 자주 사진을 찍어 공사의 진행을 남길 필요가 있다. 일본에서는 전통적으로 일시나 장소, 작업 내용 등의 정보를 작은 칠판에 써서 함께 사진을 담는 방법이 적용되어 왔다(최근에는 국토교통성의 규제 완화에 따라 칠판이 디지털화된 전자칠판으로 보급되었다).

건설 현장에서 대량으로 촬영한 사진의 정리나 데이터의 기록, 자료 작성은 젊은 기술자가 담당하는 경우가 많고 장시간 잔업의 온상이 되고 있는 만큼 데이터 수집과 정리의 자동화가 가지고 올 효과는 매우 크다. 공사관계자 간의 데이터 공유가 용이해지는 것도 큰 장점이다. 지금까지는 애써 수집·정리한 데이터의 대부분이 유효하게 활용되고 있지 못했다.

스팟에 대해서는 보스턴 다이나믹스가 2020년 6월 16일에 온라인에서 발매하였다. 본체가격은 7만 4,500달러이고, 이 시점에는 미국 내에서만 구입할 수 있었다.

홀로빌더 서비스는 이미 2,000개 이상의 건설 회사가 이용하고 있다고 알려져 있다. 일본으로의 상륙도 시작되었다. COVID-19의 감염확대가 심각해지고 있던 2020년 3월 30일, 타케나카 공무점은 홀로빌더와 기술 개발을 연계한다고 발표하였다. AI에 의한 화상인식기능을 일본 건설 현장 용도로 개량하여, 화상으로부터 공사종별을 추정할 수 있도록 한다.

타케나카 공무점은 스팟과 조합하여 사용할 것이라고는 발표하지 않았지만, 로봇이나 드론으로 현장을 자동순회하여 취득한 이미지를 홀로빌더의 클라우드에서 공유하는 구상을 밝히고 있다.

건물의 3차원 모델에 재료와 비용, 품질이라고 하는 속성 데이터를 연계시키는 BIM(제3장 참조)과 360도 이미지를 연계시켜, 공사의 진행관리와 검사업무의 효율화에 적용할 생각이다.

오바야시구미는 미국 스타트업의 제품을 판매

다른 건설 회사들도 현실공간의 디지털트윈을 손쉽게 만들 수 있는 시공관리 SaaS Software as a Service를 모두 도입하고, 나아가 스스로 보급에 나서고 있다.

예를 들어 오바야시구미는 자사가 출자하고 있는 건설 테크계 스타트업 기업인 미국 스트럭션사이트가 미국에서 전개하고 있는 서비스를 일본 국내에서 판매하고 있다. 이 서비스에서는 360도 카메라로 촬영한 이미지나 동영상을 도면에 배치하여 관리가 가능하다. 이미지 위에 표시를 붙이고, '조명 수를 확인해주십시오' 등의 메시지로 지시를 하는 기능이나 BIM 모델과의 비교 기능도 갖추고 있다. 미국에서는 2020년 2월 시점에 150개 이상의 회사에서 이용하고 있어 실적은 충분하다.

비디오워크라고 불리는 기능을 사용하면 360도 카메라로 촬영한 사진을 보존·열람할 수 있을 뿐만 아니라, 건설 현장 내부를 이동하면서 촬영한 동영상을 자동으로 편집하여 현장의 모습을 연속 파노라마 사진으로 둘러볼 수 있다. 사용법은 간단하다. 시점과 종점을 지정하여 이동하면서 동영상을 촬영하면 클라우드상에 저장된다. 이후 스트럭션사이트의 AI가 동영상을 해석하여 약 1일 후에 도면상의 궤적을 출력하고, 연속 파노라마 이미지가 작성된다. GPS 전파가 들어오기 어려운 실내에서도 이미지 해석을 통해 정확한 궤적을 그릴 수 있다.

스트럭션사이트의 월 이용료는 5만 엔(동시에 5건의 프로젝트를 관리할 수 있는 계약인 경우)부터이다. 프로젝트 건수를 제한하지 않는 계약 등 수요에 따른 다양한 플랜이 있다.

지금까지 오바야시구미 그룹이 스트럭션사이트를 도입한 현장은 국내외 신축, 개수공사 등 다양하다. 2018년 9월에 스트럭션사이트에 투자한 이후, 이용하면서 기능 확충을 지원해왔다. 일본에서 판매를 시작한 것은 아시아·태평양 지역에 서비스를 보급하려는 목적이 있다. 건물의 유지관리나 부동산 관리 등의 분야에도 보급시킬 생각이다.

미국 스트럭션사이트의 서비스. 사진 상단에서 위치를 지정하여 지적사항을 기입하거나 팀 동료와 채팅할 수 있다.

자료 : 오바야시구미

미국 매터포트사의 서비스를 통해 내진보강 공사 전의 건물 내부를 3차원화하여, 작업 진행 과정 이미지를 생성

자료 : 타이세이 건설

타케나카 공무점이나 오바야시구미 외에도 건물정보를 3차원 모델화하고, 쉽게 공유할 수 있는 미국 매터포트Matterport사의 서비스를 타이세이 건설이 활용하고 있다. 관계자 간의 합의 형성이 용이해지고, 공사 협의에 필요한 시간이나 현지 조사의 시간을 단축할 수 있는 효과가 있다.

Column 점검·순회에도 사용할 수 있는 대형 로봇

미국 보스턴 다이나믹스사가 2020년 6월에 발매한 스팟Spot은 건설 현장 시공관리와 함께 측량이나 인프라의 순시, 점검 등에서 활용이 기대되고 있다.

카지마 건설은 터널 건설 현장에 스팟을 투입하여, 터널 내 순찰 등에서 사용했다.

사진 : 카지마 건설

스팟은 길이 1.1m, 폭 50cm, 높이 84cm의 4족보행형 로봇으로, 대형 개 정도의 사이즈이다. 중량은 32.5kg으로 배터리는 90분간 구동한다. 보행속도는 최고속도 초속 1.6m이며, 높이 30cm의 단차나 30도의 경사를 이동할 수 있으므로 계단이나 기복이 있는 지형도 원활하게 이동할 수 있다. 내장된 스테레오 카메라로 3차원 점군 데이터(3차원 좌표의 모임)를 생성하고, 주위를 맵핑하여 장애물을 회피하는 기능을 갖추고 있다. 순회루트를 설정하면 루트를 따라 자동으로 움직이게 하는 것도 가능하다.

츄부전력은 전력 설비의 순찰 등에 스팟을 적용하기 위해, 2020년 1월에 실증실험을 실시하였다.

사진 : 츄부전력

페이로드는 14kg이며, 용도에 따라 360도 카메라나 라이다^LiDAR, 암 등을 탑재할 수 있다. 보스턴 다이나믹스사는 전용 카메라나 라이다 등도 온라인을 통해 판매하고 있다. 보스턴 다이나믹스는 지금까지 기업이나 연구기관 등 150대가 넘는 스팟을 임대하여 발매를 위해 기능 실증과 개선을 진행해왔다. 건설현장이나 원자력 발전소의 폐로, 테마파크 등에서 시험적으로 이용되고 있다. 싱가포르에서는 코로나 팬데믹하에 공원을 순회 감시하는 데 사용되어 화제가 되었다.

일본에서는 카지마 건설과 타케나카 공무점 등의 제네콘 이외에, 츄부전력이 실증실험을 실시했다. 츄부전력은 실험 결과를 바탕으로 전력설비의 순시업무에 스팟을 본격적으로 이용하는 것을 검토하기 시작하였다.

카지마 건설의 '관리 절반의 원격화' 구상

'작업의 절반은 로봇과 함께', '관리의 절반은 원격으로', '모든 프로세스는 디지털로'라는 3개의 표어로 구성되는 '카지마 스마트 생산 비전'을 2018년 11월에 발표한 카지마 건설은 BIM 모델을 기반으로 사람과 자재, 건설기계, 로봇의 움직임을 실시간으로 표시하거나, 그 데이터를 분석할 수 있는 디지털 트윈 실현을 위한 기술 개발을 진행해왔다. 그 성과를 검증할 수 있는 시범 현장이 있다. 연면적 8만m²를 넘는 카나가와현 내의 복합 빌딩의 건설 현장이다. 카지마는 이 현장에 IoT 기술을 활용한 자재 위치·이동 모니터링 시스템 '3D 케이필드 K Field'를 도입하였다.

3D 케이필드의 구조는 다음과 같다. 건설 현장의 '동산'인 가설 자재나 기재, 기능자나 기술자에게 소형 발신기를, 현장 내 각층의 수신기를 각각 설치하여 Wi-Fi를 통해 획득한 위치 데이터를 클라우드 서버에 보낸다. 공사 사무소에서는 현장에 설치한 카메라의 영상과 합쳐서, 물건과 사람을 그 자리에 있는 것처럼 관리할 수 있다. 현장 안에서 작업하는 로봇의 가동 상황도 모니터링 가능하다. 기자재가 어디에 있는지, 누가 사용하고 있는지 몰라서 찾아다니는 시간이나 기자재를 놀리는 시간 낭비를 줄일 수 있다. 리스한 물품의 훼손·멸실 등의 관리에도 유효하다.

카지마 건설 건축관리본부 기술기획그룹의 타케이 노보루 차장은 "가상과 리얼을 융합한 건설 현장의 디지털 트윈을 통해 외부에서 알 수 없는 블랙 박스였던 현장의 관습이나 사람의 경험 등도 데이터로 추출합니다."라고 도입 목표를 말하였다.

그리고 카지마 건설은 2020년 5월 1일, 기획·설계부터 유지관리·운영까지 건물의 모든 데이터를 일관되게 연계 가능한 디지털 트윈을 실현했다고 발표하였다.

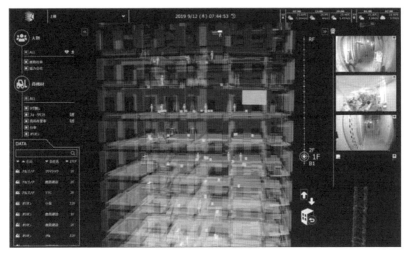

3D 케이필드의 표시 사례. 고소작업차 등의 기계나 사람의 움직임을 실시간으로 파악할 수 있다. 사람의 체류 상황을 '히트맵'으로 표시하는 기능도 있다.

'카지마 스마트 생산 비전'을 전면 적용하는 카나가와현의 모델 현장. 최신 '현장 내 모니터링 시스템'을 도입하고 있다.

자료 : 카지마 건설(위·아래)

카지마 건설이 설계시공일괄방식으로 2020년 1월에 준공한 오사카시 츄오구 내의 복합빌딩 '오빅 미도스지 빌딩'에 처음으로 적용되었다. 이 빌딩은 기획과 설계, 시공의 각 단계에서 BIM을 최대한 활용한 건물이다. 설계 단계에서는 시공의 검토를 앞당겨, 디자인과 구조, 설비가 간섭하거나 맞지 않는 부분을 BIM 모델에서 확인하면서 상세부분까지 채웠다. 이를 통해 외벽이나 설비 주변의 배선·배관에 이르기까지, 철저한 프리패브화가 실현되었다. 설비 등에 대해서는 메이커의 협력을 얻어 2차원 코드를 부여하였다. 현장에서 읽어 들인 코드 정보를 BIM과 연계시켜, 공사의 진척 관리에 사용하였다.

▌에너지 소비 예측과 설비 기기의 이상 검지가 가능

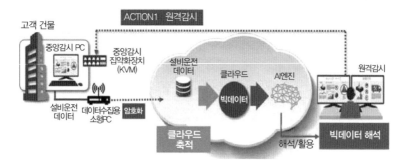

'카지마 스마트 BM'의 시스템 구성. IoT 센서 등에서 취득한 데이터를 클라우드에 축적하여 AI에게 학습시킨다.

자료 : 카지마 건설, 카지마 건설종합관리, 일본 마이크로소프트

이러한 BIM 데이터를 건물 완성 후에 유지관리를 담당하는 그룹 회사인 카지마건물종합관리사(도쿄도 신주쿠구)로 인도하였다. 일상점검에서 얻은 정보와 중앙 감시 장치에 모이는 건물 정보 등을 카지마 건설과 일본 마이크로소프트가 개발한 건물관리 플랫폼 '카지마 스마트 BM Building Management'을 통해 BIM 데이터와 연계시킨다.

공조 등의 설비에 부여된 2차원 코드를 유지보수 담당자가 태블릿 단말기에서 읽어 들이고, 입력된 유지보수 항목을 선택하여 작업을 시작한다. 작업 중에 확인한 사항은 그 자리에서 단말기에 입력하여 BIM 데이터와 연계한다. 이를 통해 완성 후의 건물 컨디션을 BIM 모델상에서 실시간으로 갱신하고, 가시화할 수 있다.

유지보수 이력을 축적하여 디지털 자산으로

기존에는 현장에서 작업하는 동안 필기로 메모하던 정보를 사무소에서 보고서로 다시 입력하는 과정을 거쳤다. BIM을 기반으로 한 디지털 트윈을 활용함으로써 입력 실수나 현장에서 취득해야 할 데이터의 누락 등을 방지할 수 있다. 유지보수 작업에서 필요한 시간과 비용을 포함하여 모두 이력으로 남길 수 있다.

유지보수 이력을 축적하면서 데이터베이스화하여, 설비 운전의 최적화를 통한 저에너지나 장수명화를 도모한다. 혹은 고장예측과 조합하여 라이프 사이클 비용의 절감으로도 이어진다. 카지마 건설은 'BIM에 의한 디지털 트윈은 준공 후에도 계속해서 갱신함으로써 현실의 건물과 동일한 가치를 가지는 디지털 자산이 될 수 있다.'라고 한다. 앞으로는 축적된 빅 데이터를 해석하여 새로운 건물의 기획이나 개발에 피드백 해 나갈 예정이다.

이렇게 디지털 트윈은 시공관리의 원격화에 도움이 될 뿐만이 아니다. 건설 회사의 비즈니스 모델과 건설 생산 프로세스를 변혁시킬 가능성도 잠재되어 있다.

고속도로의 유지관리에도 디지털 트윈

디지털 트윈에 관심을 갖고 있는 시설관리자는 증가하고 있다. 한신 고속도로 회사는 관리하는 250km의 도로를 가상공간으로 재현하는 것을 검토하고 있다. 고속도로의 형상이나 무게, 소재, 강도 등을 가상공간에 통째로 재현한다. 센서 등으로 수집한 데이터를 활용하여 가상공간에서 손상이나 열화를 예측하면 우선적으로 유지보수가 필요한 곳을 추출할 수 있게 된다. 지금까지의 인해전술에 의지한 점검 등에 종지부를 찍을 수도 있다. 유지관리의 수고와 비용을 대폭 줄일 수 있을 것이라는 기대가 높아지고 있다.

"한신 고속도로의 약 40%가 개통으로부터 10년 이상 경과하고 있습니다. 어떻게 유지관리할 것인가가 과제입니다. 해머나 초음파를 사용하여 사람이 전부 점검하면 막대한 시간과 노력, 비용이 필요로 하게 됩니다."라고 한신 고속도로 회사 기술부 기술추진실의 모로 타쿠미 구조기술총괄과장은 말한다. 구조물의 노후화가 계속 진행되는 상황에서 점검이나 관리를 담당하는 인력은 부족하다. 인간의 손에 의지한 지금까지의 관리수법은 전환을 맞이하고 있다.

그래서 등장하는 것이 디지털 트윈이다. 가상공간에서는 열화나 손상의 진행 상태도 재현할 수 있다. 한신 고속도로 회사는 사장교의 케이블을 비파괴로 검사하는 '케이블 점검 로봇', 노면열화나 포장 내부 손상을 주행하면서 점검하는 차량인 '닥터 파트' 등을 유지관리에 도입하고 있다. 이들의 센서와 로봇에서 얻은 교량 등의 구조물에 관한 데이터를 실시간으로 집약하여, 가상공간의 디지털 트윈에 반영하는 것이다.

한신 고속도로의 디지털 트윈은 처음에는 지진 시 구조물에 발생하는 피해를 예측하는 것을 염두에 두고 개발을 진행해왔다. 과제가 된 것은 모델을 만드는 방법이었다. "오래된 구조물의 정보는 2차원 도면 등으로 보관되어 있습니다. 이것을 3차원으로 재현하는 데에는 상당한 수고가 소요됩니다."라고 모로 과장은 설명한다.

▍전장 250km 사물 도로의 디지털 트윈

전장 250km의 고속도로를 간략화하여 만든 3차원 모델이다. 향후 구체화에 착수할 예정이다.

한신 고속도로의 교량의 케이블 점검에 사용하는 로봇

자료 : 한신 고속도로 회사(위·아래)

그래서 한신 고속도로는 지진의 흔들림이 직접 전해지는 하부 구조(교각이나 교대)에 주목하였다. 관리하는 수천기의 전체 교각을 재질이나 형상, 폭에 따라 12개의 그룹으로 분류하였다. 3차원 모델은 그룹 단위로 구축하여, 2차원의 낡은 도면을 전부 3차원으로 재현하는 수고를 생략하였다. 상부 구조는 거더나 슬라브(차의 하중을 지지하는 판)의 종류에 따라 7그룹으로 나눈 교량구조 모델로서 간략화를 시도하였다.

그리고 과거 30년간에 이르는 도로 설계와 관리를 통해 얻은 정보를 축적한 GIS Geographic Information System(지리정보시스템)의 데이터도 활용하여, 지반 등 주변 환경에 관한 정보를 가상공간에 통합한다. 이러한 정보로부터 지진 발생 시에 피해가 발생하기 쉬운 구조물이나 단차가 생기기 쉬운 노면 등을 3차원 모델상에서 파악하고 사전에 대책을 세운다. 재해 시 운전자의 행동을 해석하고 차량의 움직임을 재현한 교통흐름 시뮬레이션과 조합하여, 혼잡이나 사고가 발생할 것 같은 구간을 피한 긴급수송계획을 세우는 것도 검토하고 있다.

유지관리를 위해 디지털 트윈을 구현하려면 보다 정확한 모델이 필요하다. 한신 고속도로는 앞으로 간단한 모델을 기반으로 상세화할 예정이다. 이미 2018년에는 도시바와 공동으로 5호 완간선 히가시코베대교를 대상으로 2차원 설계도면으로부터 제한을 두지 않고 현실에 가까운 3차원 모델을 구축하였다.

약 8,000만 개의 정점으로 이루어진 메쉬로 분할한 모델을 만들고, 교량에 설치한 센서로 계측한 하중 데이터를 이용하여 다리의 변형을 계산했다. 이 모델을 사용하면 위험 부분을 정확하게 알 수 있다. 예를 들어 차량의 통과 시에 가해지는 하중이나 변형의 발생 방법을 다리 부재마다 분석할 수 있다. 이에 대해 모로 과장은 "시뮬레이션의 목적에 따라서는 상부구조는 교량 모델이 더 합리적인 경우도 있습니다. 유지관리에 도움이 되는 정밀도를 확보할 수 있도록 연구하고 싶습니다."라고 말했다.

▌히가시코베 대교에서 실시한 변형 시뮬레이션

차량하중을 모의한 변형 시뮬레이션

자료 : 도시바

2. 5G가 현장에 찾아왔다

시공관리의 원격화와 함께 '작업의 원격화'를 강력히 지원해줄 것으로 주목받는 것이 2020년 봄에 상용서비스가 시작된 5G(제5세대 이동통신 시스템)이다.

5G는 무선통신의 국제규격으로 제5세대에 해당한다. 1970년대 후반에 등장한 제1세대(1G)는 통화가 주요 용도였다. 2G에서는 이모티콘을 사용한 메일, 3G에서는 인터넷 접속, 4G에서는 SNS나 동영상의 이용 등으로 용도가 확대되었다.

5G는 지금까지와 비교해 압도적인 차이의 성능을 갖는다. 주된 특징이 '고속·대용량', '낮은 딜레이', '동시 다수 접속'의 3가지이다. 4G와 비교하면 최대 통신 속도가 초당 1Gb에서 20Gb로, 20배로 증가한다. 이는 2시간의 영화를 다운로드하는 시간을 몇 분에서 약 3초로 단축시킬 수 있다고 한다. 딜레이 시간은 10ms가 10분의 1인 1ms로 감소한다. 접속가능한 단말기 수는 $1km^2$당 10만 대에서 100만 대로 향상될 전망이다.

일본에서는 2020년 3월부터 스마트폰을 위한 5G서비스가 일부에서 시작되었다. 데이터 전송에서 사용되는 주파수 대역은 4G보다 높고, 3.7GHz, 4.5GHz, 28GHz대의 3종류이다. 대역이 넓고 고속통신을 지향하고 있지만, 주파수가 높기 때문에 전파의 통신거리가 짧다. 그 때문에 5G는 향후 기지국 정비를 진행하면서 서서히 보급·확대되어 나갈 것이다.

5G의 특징을 살려 다양한 분야에서 새로운 서비스가 검토되고 있다. 예를 들어 스포츠 중계에서는 경기장을 모든 방향으로부터 볼 수 있는 현장감 넘치는 영상을 전달할 수 있게 된다. 의료 분야와도 잘 맞을 수 있다. 장소를 불문하고 정밀한 영상을 송수신할 수 있으면, '온라인진료'를 쉽게 할 수 있게 된다. 코로나 시국에 부각된 의사의 부족이나 편재와 같은 문제에 대한 해결책이 될 수 있다. 인재부족과 낮은 생산성을 고민하는 건설업계도 5G에 대한 기대가 높고, 통신3사(NTT도코모, 소프트방크, 에이유au)도 모두 주목하고 있다.

원거리에서 중장비 조작

타이세이 건설은 2020년 2월 18일, 현장관계자의 새로운 근로방식을 예감하게 하는 시연을 선보였다. 시연 회장인 요코하마시 내의 타이세이 기술센터에는 복수의 모니터가 늘어서 있었다. 화면에 비치는 것은 직선거리 20km 이상 떨어진 도쿄도 이나기시의 지반공사의 모습이었다. 고정 카메라와 중장비에 탑재한 카메라를 통해 현장에서 가동하는 중장비의 작업 상황을 실시간으로 확인할 수 있었다.

회장에서 모니터 앞에 서있는 직원이 게임용 컨트롤러를 조작하면, 화면 속의 중장비가 지시대로 움직였다. 현장에서의 중장비의 움직임과 회장에서 바라보는 영상 사이의 타임랙이 거의 없었다. 다수의 카메라나 센서로부터 정보를 얻을 수 있으므로, 현장의 상황을 충분히 파악하면서 안전하게 조작할 수 있었다.

5G에 의한 중장비의 원격 조작을 시연한 타이세이 건설. 자사의 기술 센터로부터 20km 떨어진 현장의 중장비를 자유롭게 컨트롤하였다.

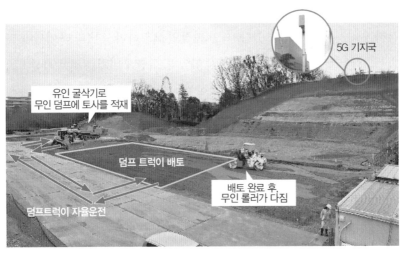

타이세이 건설이 이나기시의 조성현장에서 실시하고 있는 5G의 실증 실험의 모습. 조작실 등으로부터 지시를 내리면, 무인의 중장비가 자동으로 움직여 단순 작업을 해낸다.

사진 : 닛케이 컨스트럭션(위·아래)

건설 현장에서 중장비의 원격 조작(무인화 시공)은 이미 완성된 기술이다. 재해 현장과 같이 사람이 들어가면 위험한 장소에서 활용된 많은 실적이 있다. 다만 지금까지와 같은 Wi-Fi에 의한 원격 조작에는 과제가 있었다. 대용량의 데이터를 송수신하려고 하면, 지연과 해상도 저하, 다른 전파와의 간섭에 의한 영상 끊김이 발생하였다. 따라서 원격이라고 하더라도 현장에서 수십~수백 미터 떨어진 조작실에서 중장비를 움직이는 레벨에 그치고 있었다.

당연히 타이세이 건설이 시연에서 보여준 것처럼 원격지에서 원활하게 중장비를 조종하는 것은 Wi-Fi로는 어렵다. 그래서 등장하는 것이 대용량 영상을 지연 없이 송수신할 수 있는 5G인 것이다. 타이세이 건설은 이나기 시의 현장에 소프트뱅크가 개발한 운반형 기지국 '외출 5G'를 설치하였다. 토사의 운반이나 다지기 작업에서, 유인의 중장비와 원격 조작, 자동운전 중장비와의 연계를 진행하였다. 통신 속도와 거리, 사용편의성 등을 검증 중에 있다.

신기술로 '3K' 탈피

"5G로 현장과 클라우드를 연결하면, 카메라와 센서로부터 얻을 수 있는 데이터의 활용 폭이 넓어집니다. 안전성과 생산성을 높이고, 누구라도 이상적인 작업방법을 선택할 수 있도록 하고 싶습니다." 타이세이 건설 스마트 기술 개발실 메카트로닉스팀 아오키 히로아키 팀리더는 이렇게 말한다.

정부와 기업은 최근에 장소나 시간에 얽매이지 않고, 개인의 사정에 맞추어 유연하게 일할 수 있는 텔레워크 실현에 힘을 기울여 왔다. COVID-19의 감염 확대로 텔레워크나 재택근무는 순식간에 확대되었고 정착되는 분위기이다. 그러나 건설업계, 특히 장소와 시간의 제약이 큰 건설 현장에서의 업무에 보급이 어렵다고 생각되던 것은 이미 설명한 대로이다.

그것이 5G의 등장으로 크게 바뀔 가능성이 등장한 것이다. 사람이 거의 없는 건설 현장에서 일하는 일이 많은 토목 분야의 기술자나 기능자는 가족과 떨어져 몇 년간 단신부임 생활을 강요받는 경우가 적지 않았지만, 텔레워크라는 선택지가 현실화되면 생활의 질을 유지하면서 일하는 것도 가능하게 된다.

다수의 단말을 동시에 접속할 수 있는 5G의 장점을 살리면, 기존보다 더 안전한 현장을 만들 수 있는 가능성도 있다. 타이세이 건설은 소프트뱅크, 와이어리스 시티플래닝 Wireless City Planning(도쿄도 미나코구)과 공동으로 2019년 12월, 홋카이도 아카이가와촌에서 건설 중인 시리베시 터널에서 5G를 사용한 안전성 향상에 관한 실증실험을 진행하였다.

산악 터널공사에서는 굴착현장의 붕괴, 가스유출, 화재 등 작업원의 생명을 위협하는 사고가 발생하기 쉽다. 이러한 때에 갱 내의 환경을 모른채 사람이 들어가면 2차 재해의 위험이 존재한다. 그래서 실증실험에서는 갱 외의 가설 야드에 설치한 조작실에서 중장비를 조종하여 갱 내를 확인하였다. 그 후 작업원이 갱 내에 들어가 체크하는 일련의 작업을 상정하였다.

먼저 확인한 것은 통신가능거리이다. 갱 입구(터널 출입구)에 5G기지국을 설치하였으며 1,400m 안쪽의 갱 내까지 통신이 가능하였다. "휘어져 있고, 도로에 자재나 트럭이 있는 환경의 터널로, 예상 이상의 결과를 얻을 수 있었습니다."라고 아오키 팀리더는 기억을 떠올렸다. 약 100m마다 기지국을 둘 필요가 있는 Wi-Fi와 비교하여 배선작업 등에서 대폭 절감할 수 있는 장점이 있었다.

원격 조작하는 중장비에는 풀HD 화질의 카메라 4대와 깊이를 파악하기 위한 레이저로 대상물의 거리 등을 측정하는 라이다 LiDAR, 원격제어장치 '카나로보'를 탑재하였다. 고화질 영상을 보면서 기울기와 진동을 느낄 수 있으므로 조작하기 쉽다.

갱 내에는 메탄가스나 일산화탄소 등을 감지하는 6종류의 센서를 설치하였다. 작업자들에게도 맥박을 측정하는 웨어러블 센서와 카메라를 장착하였다. 이상치를 검출하면 즉시 작업원에게 경고하는 구조로 되어 있다.

대용량의 데이터를 송수신할 수 있어도 긴급 시에 영상 등이 집중되어 통신량이 급증하고 딜레이가 발생하면 현장에서 실용화하기 어렵다. 유독 가스의 검지 등 인명에 관련된 정보는 어떠한 상황에서도 지연이나 오류가 허용되지 않는다.

여기에서 중요한 역할을 하는 것이 5G의 '슬라이싱'이라고 불리는 기능으로, 하나의 전송 대역을 용도별로 가상으로 분할하고 우선순위를 부여할 수 있는 기능이다. 홋카이도 터널 공사 현장에서는 기온 등을 측정하는 환경 센서 정보는 저순위로, 웨어러블 센서와 가스 센서의 정보는 고순위로 설정하여, 끊김없이 데이터가 통신되는 것을 확인하였다.

■ 산악 터널공사에서 최대 26대의 센서와 카메라가 5G 기지국으로 동시 접속하였다

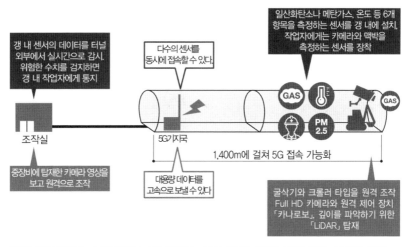

타이세이 건설과 소프트뱅크, 와이어리스 시티 플래닝사에 의한 실증 실험의 개요
자료 : 타이세이 건설의 자료를 토대로 닛케이 컨스트럭션 작성

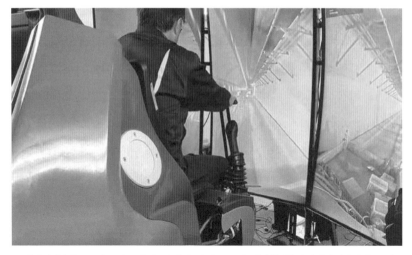

중장비의 원격조종의 모습. 렌탈 업체인 카나모토가 개발한 원격제어장치 '카나로보'를 이용하였다. 오퍼레이터는 고해상도의 영상이나 중장비의 기울기·진동을 감지하면서 조종한다.

자료 : 타이세이 건설

■ 5G에서는 '슬라이싱'을 통해 통신의 우선순위를 설정할 수 있다

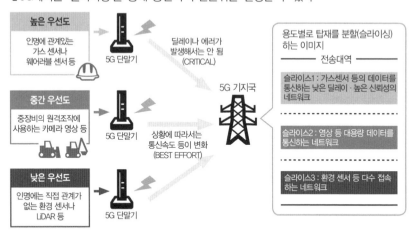

산악 터널 공사 현장에서의 안전관리 내용과 5G의 슬라이싱 네트워크의 개요. 전송지대를 용도에 따라 가상적으로 분할한다. 지역의 어느 부분은 대용량용, 어느 부분은 저지연용과 같이 우선순위를 부여할 수 있다.

자료 : 타이세이 건설의 자료를 토대로 닛케이 컨스트럭션 작성

5G 활용을 위해 노력하는 것은 타이세이 건설뿐만이 아니다. 2020년 2월에 오바야시구미도 KDDI, NEC와 공동으로 5G를 활용한 중장비의 원격조작에 관한 실증실험을 실시하였다. 건설업계의 근로방식을 혁신적으로 변화시킬 수 있을 것으로 각 사는 큰 기대를 가지고 있다.

신기술의 도입에는 공기 단축과 비용 절감이라고 하는 알기 쉬운 지표가 중시되기 쉽다. 그러나 효용은 그것뿐만이 아니다. 5G를 활용하여 '현장에 묶여버리는 근로 방법'에서 탈피하고, '위험을 동반하는 작업'에서 사람을 해방하면 건설업의 대명사로 여겨져 온 3K Kitsui(힘들다), Kitanai(더럽다). Kiken(위험하다)의 이미지를 해소하는 것으로 이어진다. 이러한 노력들이 우수한 인재를 유치하는 데 있어서 매우 중요한 역할을 하게 된다는 것을 깨달아야만 한다.

Column　　건설 현장의 통신환경 정비로 유명해진 피코세라

건설 현장에서 다양한 디지털 도구와 IoT의 활용이 시작됨에 따라 통신환경 정비를 서두르는 건설사가 늘어나고 있다.

니시마츠 건설도 그런 기업 중의 하나이다. 고층 빌딩 등의 건설 현장에서는 휴대전화의 전파가 닿기 어려운 것이 약점이었다. 그래서 피코세라사라는 무선 LAN의 메쉬 네트워크를 채용하여, LAN 케이블을 설치하지 않고, 실용적인 통신 환경을 구축하였다.

무선 LAN의 매쉬 네트워크란 액세스 포인트access point; AP를 그물눈mesh(메쉬)처럼 연결하여 에어리어를 구축하는 기술이다. 여러 AP를 경유시켜 에어리어를 효율적으로 확대시킬 수 있다.

피코세라는 지상 30층 고층빌딩 현장에서 실증실험을 실시하였다. 유선회선과 연결된 본체를 현장사무소에 설치하고, 그 이전에 2개의 루트를 검증하였다. 옥상에 설치한 AP경유로 통하는 루트와, 통신이 필요한 층의 베란다에 설치한 AP로부터 실내에 중계하는 루트이다. 양쪽 모두 니시마츠 건설이 요구하는 통신 환경을 구출할 수 있다는 것을 확인하였다.

니시마츠 건설이 건설 현장에서 활용하고 있는 피코세라의
건설토목·방재용 야외 무선 LAN 기기 'PCWL-0410'
사진 : 니시마츠 건설

니시마츠 건설은 모든 건설 현장에 태블릿 단말을 도입하고 있으나, 안정된 통신 환경을 확보하지 못해 어려움을 겪고 있었다. 향후 보급되는 5G도 고주파수 대역은 유리를 통과하기 어렵다. 현장에서의 확실한 통신환경이 요구되고 있지만, 수고와 비용이 소요되는 유선 통신 환경을 그때마다 정비하는 것은 현실적이지 않다.

여기에 통신속도가 빠르고, 약 250m의 거리에서 통신할 수 있는 무선통신 기술벤처 피코세라PicoCELA(도쿄도 츄오구)의 무선 LAN 기기에 주목하고, 옥외용 제품 개발을 부탁하였다. 피코세라는 니시마츠 건설이 제안한 설치방법 등을 반영하여 새로운 무선 LAN 기기를 2019년 3월에 발매하였다. 니시마츠 건설은 이 기기를 대여하여, 고층 빌딩 등 5건의 건설 현장에서 활용 중이다. '무선 멀티 홉 방식'의 통신기술을 제공하는 피코세라는 제네콘을 포함한 많은 기업들이 주목하고 있는 유력 벤처기업이다.

피코세라는 2020년 8월 18일, 시미즈 건설, 소지츠, 일본우정캐피탈, 오카산 캐피탈 파트너스의 4사로부터 제3자 할당증자 등으로 자금을 조달했다고 발표하였다.

토다 건설도 2020년 7월 31일, 고노전기와 피코세라와 공동으로, 초고층 빌딩 건설 현장의 고층에서도 무선 LAN을 널리 이용할 수 있는 시스템을 개발했다고 발표하였다.

3. 제2차 건설 로봇 붐

공사의 리모트화, 이른바 '리모트 컨스트럭션'을 실현하기 위해 시공관리나 작업의 '원격화'와 함께 또 하나의 축으로서 각 사가 경쟁적으로 개발을 진행하고 있는 것이 다양한 건설 로봇을 이용한 자동시공이다.

건설로봇의 개발은 과거 버블 경제 시대에 인력 부족을 배경으로 붐이 일었었다. 버블 붕괴와 함께 인력부족이 해소되고, 건설사도 기술 개발에 자금을 돌릴 여력이 없어진 것으로 제1차 건설 로봇 붐은 종료되었다. 그러나 지금, 인력부족의 해결이나 비약적인 생산성 향상을 실현하기 위해 제2차 건설 로봇 붐이 찾아왔다. 제1차 붐과의 큰 차이는 당시와 비교하면 기술이 비약적으로 진화했다는 것, 그리고 비교적 저렴하게 이를 이용할 수 있다는 점이다.

시공관리의 원격화를 추진하는 카지마 건설도 건설 로봇의 개발과 구현을 동시에 진행하고 있다. 카지마 건설은 앞에서 언급한 '카지마 스마트 생산 비전'의 실현을 위하여 2019년에 완성된 자사가 개발한 빌딩 '나고야 후시미 K스퀘어'를 무대로 자신들이 개발한 많은 건설 로봇의 과제를 검증하였다.

이 빌딩의 건설 현장에는 사람과 로봇의 협동이나 시공관리의 원격화 등을 통해 건설 현장으로서는 드물게도 완전 주휴 2일을 달성하였다. 순 근로

시간은 동일 규모의 건물 현장과 비교하여 20%의 삭감을 실현하였다.

K스퀘어 건설 현장에서 소장을 맡은 카지마 건설의 키무라 토모아키는 "현장에서 로봇이 얼마나 도움이 될지 솔직히 처음에는 반신반의였습니다."라고 고백한다. 그런 키무라가 "로봇은 전력이 됩니다."라고 확신한 것은 용접 로봇의 수준 높은 기능을 마주하게 되고나서이다.

K스퀘어에서는 기둥과 보의 접합부 총 585군데를 카지마 건설이 개발한 용접 로봇 10대를 통해 자동으로 '위보기 용접'을 진행하였다. 위보기 용접은 고도의 기능을 필요로 하기 때문에 할 수 있는 기능자도 매우 적고, 노무비도 매우 비싸다.

카지마 건설의 키무라는 "실은 만일에 대비해서 조선 분야 등에서 활약하는 기능자들에게 위보기 용접을 부탁하는 것도 준비하고 있었습니다. 그렇지만 로봇이 안정된 품질로 사람을 대신하여 용접할 수 있다는 것을 알게 되고 나서는 자동화할 수 있는 작업이 더 있지 않는가라고 의식이 바뀌었습니다."라고 말한다.

K스퀘어에서는 용접 로봇 이외에 내화피복재의 분사 로봇이나 외장재 설치를 돕는 로봇 등도 시험적으로 도입하였다. 실제로 건설 현장에서 로봇이 일하게 함으로써 발견한 과제도 많다. 이러한 과제를 하나씩 해결해 나가면서 사용할 수 있는 로봇으로 완성해간다. 카지마 건설이 2018년에 개발한 콘크리트 미장 로봇(기고대로 콘크리트 표면을 마무리하는 로봇)인 'NEW 코테킹'에 대해서는 숙제였던 불균일 발생을 해소하는 것 외에도 조작성 향상을 도모하고 있다.

로봇의 과제뿐만이 아니라 '잘하는 일'도 알게 되었다. 앞으로는 로봇에 의한 자동시공의 효과가 높은 현장을 전략적으로 선택하고, 사용하면서 기술을 높여갈 방침이다.

'나고야 후시미 K스퀘어'에서는 로봇이 기둥과 보의 접합부를 대상으로 위보기 용접을 진행하였다.

콘크리트 미장 로봇 'NEW 코테킹'의 2호기. 1호기를 개량하여 불균일을 해소하였다.

사진 : 카지마 건설(위·아래)

실패는 내일의 밑거름, 성장하는 반송 로봇

복수의 자율형 로봇을 활용하여 고층 빌딩을 공장처럼 효율적으로 건설한다. 시미즈 건설도 로봇에 의한 건축 공사의 자동화를 당당히 선언하고 있다. 시미즈 건설이 다른 대형 건설사보다 앞서 차세대 건축생산시스템 '시미즈 스마트 사이트' 추진을 선언한 것은 2017년 7월이었다.

시미즈 스마트 사이트에서는 건물의 기초공사가 끝난 단계에서 건설 현장 전체를 '전천후 커버'로 덮고, 내부 환경이 날씨의 영향을 받지 않도록 한 후 산업용 로봇 암을 개조하여 개발한 기둥의 자동 용접 로봇이나 천장 등의 조립에 사용하는 다능공 로봇, 자재 반송 로봇, 그리고 붐을 수평 방향으로 신축할 수 있는 타워크레인을 구사하여 빌딩을 지어간다. 현장 담당자가 태블릿 단말기를 조작하고, 로봇 통합관리 시스템을 통해 각 로봇에 지시를 내린다. 그러면 레이저 센서와 BIM 정보를 대조하여 로봇이 스스로 위치를 확인하고, 자율적으로 작업을 실시해나간다. 시스템의 개발비는 약 20억 엔이 소요되었다.

시미즈 건설이 시미즈 스마트 사이트를 처음 적용한 것은 2019년 8월에 준공한 '카라쿠사 호텔 그란데 오사카 타워(이하 '신오사카 타워')' 건설 현장이었다. 신오사카 타워에서는 2대의 자재 반송 로봇을 본격적으로 적용하였다. 1층의 하적장과 반송처의 각 층에 각기 배치한 로봇에는 오퍼레이터가 아이패드 iPad로 지시를 내리고, 석고보드 총 574팔레트를 수평 반송시켰다. 반송을 지시한 당초에는 71%였던 성공률은 현장에서 실패를 하나씩 극복해나감으로써 최종적으로는 92%에 달하였고, 계획대로 작업을 종료시킬 수 있었다. 반송 로봇에 따른 인력감소 효과는 1일당 약 5명이었다. 신오사카 타워 전체에서 자재의 양중에 필요로 하는 인원을 절반 이하로 줄일 수 있었다.

'신오사카 타워'에서 본격적으로 적용된 반송 로봇(사진 우측)

사진 : 닛케이 아키텍처

　시미즈 건설에서 생산기술본부장을 맡고 있는 인토 마사히로 상무집행임원은 '공사용 엘레베이터의 문이 닫히지 않는다', '고층의 작업 층에 전파가 닿지 않는다'와 같은 실패 리스트를 보여주면서, "이러한 검증이야말로 현장에서 하고 싶었던 것입니다."라고 말한다. 인토 상무는 계속해서 다음과 같이 말한다. "실험실에서 완벽한 움직임을 보여주는 로봇을 만들어도, 현장에서는 반드시 예상치 못한 일이 일어납니다. 그렇기 때문에 실패를 디테일하게 기록하여 하나씩 해결하고 달성률을 높여가는 것이 중요했습니다." 그 말대로 작성한 실패 리스트에는 원인과 대책과 함께 해결 '완료'가 함께 표시되어 있었다.

　시미즈 건설은 신오사카 타워에서의 경험을 바탕으로 이어서 진행한 요코하마의 대규모 오피스 빌딩 건설 현장에서는 반송대상에 공조 덕트와 앵커볼트 등을 추가하였다. 게다가 1회의 지시로 복수의 층에 자재를 '나누어 배달'하는 수직반송에도 도전하였다. 나누어 배달이란 한 번에 납품된 자재를 사용하는 곳에 따라 배부하는 작업이다. 자재 반송 로봇이 운반한 것은 총 1659팔레트였다. 당초에는 성공률이 66%로 낮은 성적으로 출발했지만, 개선을 거듭하여 최종적으로는 98%까지 성공률을 끌어올렸다.

로봇의 시프트(근무시간대)를 어떻게 할까?

시미즈 건설의 인토 상무는 로봇에 대해 "기술적으로는 리스 등을 통해 외부에 판매할 수 있는 레벨까지 도달했습니다."라고 말한다. 그러나 외부에 판매하기 위해서는 '슈퍼카 정도'라고 표현하는 로봇 본체의 가격을 대폭 낮출 필요가 있다고 한다.

또한 로봇과 사람이 함께 일해 보고 알게 된 것이 시프트 문제이다. 신오사카 타워에서는 기본적으로 오후 6시부터 다음날 오전 2시까지 야간에 자재 반송 로봇을 가동시켰다. 로봇이 자재를 운반하는 동안에 오퍼레이터가 적어도 1명은 붙어 있어야 했기 때문에 이 오퍼레이터는 로봇과 함께 야근을 해야만 했다. 그래서 개별 현장에서는 로봇의 시프트를 야근에서 주간으로 변경하였다. 현장 내에 출입 금지 구역을 설정하고, 사람이 작업하고 있는 낮 시간대에 로봇을 가동시키는 등 시행착오를 겪고 있다. 주변에 주택가 등이 없기 때문에 시프트를 궁리하고, 로봇의 '24시간 근무'도 시도해 볼 생각이다.

처음에 설명한 바와 같이 시미즈 스마트 사이트를 담당하는 로봇에는 자재 반송 로봇 외에 다능공 로봇과 용접 로봇이 있다. 다능공 로봇에 대해서는 종래의 천정을 시공하는 타입에 추가하여 신형의 바닥 시공 타입을 완성시켰다. OA플로어의 지주 부재의 설치, 플로어에 깔기 등의 일련의 작업을 자율적으로 실시한다. 용접 로봇도 개발 최종 단계에 진입하였다. 모두 2020년에는 도내 현장에 본격적으로 적용할 예정이다.

신형 다능공 로봇 '바닥 시공 타입'. 국산 로봇 암을 적용하고 있다.

사진 : 시미즈 건설

시미즈 건설의 로봇 실험동에서 본격 도입을 대비하기 위한 최종 확인을 진행하는 용접 로봇

사진 : 닛케이 아키텍처

시미즈 건설이 시미즈 스마트 사이트에서 제시하는 목표는 '2025년까지 20%의 생산성 향상'이다. 이 가운데 로봇 시공으로 10%의 향상을 목표로 한다. 이를 위해서는 전국에서 매일 1,000대 정도의 로봇이 가동되는 상황을

만들어낼 필요가 있다고 한다. 전국에 약 400군데 시미즈 건설의 건설 현장이 있다고 한다면, 한 현장당 2~10대가 가동되는 것이다. 시미즈 건설은 반송·다능공·용접의 3종류의 자율형 로봇과 함께 기능자의 단순 작업을 지원하는 로봇도 현장에 투입하여 목표를 달성할 방침이다.

고통작업에서 해방

생산성 향상 이외에 건설 회사가 건설로봇을 도입하고자 하는 동기 중 하나가 무리한 자세로 작업이나 위험을 수반하는 작업 등을 가리키는 '고통작업'에서 사람을 해방하는 것이다. 기능자의 고령화에 대응하고, 젊은 기능자를 늘리기 위해서는 건설업의 대명사라고 불리는 3K의 오명으로부터 빠르게 벗어날 필요가 있다.

통기성이 나쁜 방호복을 착용해야 하는 뿜칠은 대표적인 고통작업이다. 철골조 건물에서는 화재로 철골이 손상되지 않도록 표면에 락울 등을 분사하여 피복한다. 이 작업에서는 락울이 대량 비산하기 때문에 여름철에도 방호복을 착용할 필요가 있다. 기능자의 신체적인 부담이 지극히 크기 때문에 인재부족의 원인으로 지적되고 있다.

그래서 오바야시구미는 2019년 6월 락울을 철골의 기둥과 거더에 자동으로 시공하는 '내화피복분사로봇'을 개발했다고 발표하였다. 사전에 작업 데이터를 등록해두면 건설 현장 내를 자율주행하여 스스로 작업한다.

적재하중 2.5톤 이상의 공사용 엘리베이터라면 탑재할 수 있으므로 고층 건축물의 건설 현장에서도 대응이 가능하다. 사람 손으로 분사하는 것에 비해 작업 효율을 30% 이상 높일 수 있다고 평가된다. 로봇은 주행 장치, 승강 장치, 수평이동 장치, 산업용 로봇 암으로 구성된다. 층고가 5m, 보 높이가 1.5m까지의 보에 내화피복을 분사할 수 있다. 기둥도 바닥면에서 1.5m 이상의 영역이라면 시공이 가능하다.

수평 이동 장치에 의해 보의 주축방향으로 로봇 암을 슬라이드시킴으로써 폭 3.8m의 범위를 로봇의 위치를 바꾸지 않고 분사할 수 있다. 기능자가 수동으로 분사하는 경우 팔을 뻗을 수 있는 2m 정도까지가 분사할 수 있는 범위의 한계였다.

오바야시구미가 개발한 내화피복분사로봇. 사전에 등록된 작업 데이터에 기반하여 작업한다.

사진 : 닛케이 아키텍처

한 번에 뿌릴 수 있는 범위가 넓기 때문에 기둥 간격이 7.2m의 일반적인 철골조 보라면 불과 4회의 이동만으로 분사를 완료할 수 있다. 기존에는 고소작업차를 6~8회 이동시켜야 하는 작업이다. 안전 확보를 위해 승강기를 이동할 때마다 내릴 필요가 있었으며, 시간이 소요되었다.

작업의 지시는 BIM 모델을 이용하여 전용 시뮬레이터상에서 작성한 '분사 작업 데이터'와 평면도상의 좌표를 기초로 작성한 '주행루트'를 조합해서 등록하는 것뿐이다. 로봇은 등록한 데이터를 바탕으로 스스로 작업장으로 이동하거나, 엘리베이터에 탑승한다. 로봇의 바깥 둘레에는 범퍼 센서와 레이저 측역 센서를 설치하여, 사람이나 장애물을 검지하여 접촉사고를 방지한다. 지금까지 사람이 락울을 분사하는 경우 3인 1조로 작업하는 것이 기본이었다. '분사 작업'과 '표면을 다듬는 작업', '재료공급'의 각 작업에 한 명씩 필요했기 때문이다. 이 가운데 '분사 작업'을 로봇이 담당함으로써 두 사람만으로 작업을 할 수 있게 되었다.

로봇의 조작은 작업 개시 시 및 종료 시에만 가능하다. '표면을 다듬는 작업' 담당자가 조작하는 것을 전제로 하고 있다. 주행 장치는 리모컨으로 원격 조작도 가능하다. 1일당 분사 면적은 3명이 작업할 경우 약 $150m^2$였다. 이것이 로봇을 활용함으로써 약 $200m^2$로 증가하게 되어, 작업 효율을 30% 이상 높일 수 있다.

오바야시구미는 로봇 개발에 있어 작업환경의 추가적인 개선에도 임했다. 토출한 락울이 양생 시트 등으로 둘러싸인 작업 구획 내에 비산·부유하지 않도록 락울의 비산을 방지하기 위한 전용 노즐을 함께 개발한 것이다. 토출한 락울에 운무를 발생시켜 감쌈으로써 비산량을 약 70% 줄이는 효과가 있었다.

오바야시구미는 2018년 11월에 실제 건설 현장에서 실증실험을 실시하고, 건축기준법 시행령에서 정하는 피복의 두께와 락울공업회가 정하는 피복의 비중에 대해, 해당 로봇으로 기준을 만족하는 품질로 시공할 수 있는 것을 확인 완료하였다. 현재는 실용화를 위해 로봇의 제작비용의 절감과 기능 향상에 대처하고 있다.

철근 결속작업을 저렴한 로봇에게

발밑에 가지런히 늘어선 철근 위를 이동하는 2대의 로봇이 철근의 교차부를 묵묵히 결속해 간다. 카가와현·쇼도시마에서 공사가 진행되는 '카스가도 신 제2공장' 현장의 이야기다. 다이와 하우스 공업이 설계시공일괄방식으로 진행하는 이 프로젝트에서는 철근 결속 로봇 '토모로보'가 채용되었다. 철근의 결속 작업은 허리를 숙인 채 해야 하는 고통작업의 하나이며, 이를 로봇으로 대체하는 가치는 매우 크다.

토모로보는 철근공사회사인 도지마흥업(카가와현 사누키시)의 관련 회사인 건로보테크(카가와현 미키마치)가 설비기기 제조를 다루는 산에스(히로시마현 후쿠야마시)와 공동으로 개발하였다.

시판되는 철근결속기를 설치하고, 전원을 켜면, 세로 철근 위를 자율주행하면서 자기 센서로 가로 철근의 위치를 검지하고, 결속기가 자동으로 철근을 연결한다. 자동작업용 로봇에서 많이 사용되는 레이저 센서와는 달리, 직사광선에 의한 오작동을 일으키기 어려운 자기 센서를 탑재하여 햇빛이 강한 맑은 날씨에도 철근과 장애물을 정확하게 검지하고, 결속을 진행할 수 있다.

본체 사이즈는 650×800×550mm로, 결속기를 제외한 중량은 30kg 이하이다. 배근 피치 200mm로 결속기 2대를 설치할 경우 한 곳당 결속시간은 약 2.7초이다. 배터리를 풀로 충전하면 이 조건에서 2시간 동안 가동할 수 있다. 건로보테크의 계산에 따르면 사람 손에 의한 종래의 결속작업의 80% 이상을 절감할 수 있다.

로봇이 작업할 수 없는 기둥 주위 등은 기능자가 결속한다. 센서가 철근의 끝을 검지하면 자동으로 정지하므로, 옆의 철근으로 수평 이동은 사람이 지원해야 한다. 기능을 최대한 줄여서 소매가격을 220만 엔(세금 별도)으로 억제하여 도입하기 쉽게 한 것이 특징이다.

도지마 흥업과 건로보테크의 대표를 역임하는 마나베 타츠야(중앙)와 2대의 토모로보

사진 : 닛케이 아키텍처

█ 결속 작업의 80% 이상을 절감

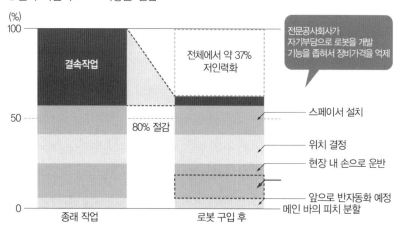

'토모로보'의 저인력화 효과. 결속 작업의 80% 이상을 로봇이 대체 가능하다. 기능을 결속 작업으로 좁혀, 가격을 낮추었다.

자료 : 건로보테크

쇼도시마의 현장에서는 오퍼레이터 1명과 기능자 1명이 2대의 로봇을 사용하면서 바닥 철근의 결속 철근을 담당하였다. 1층 바닥의 일부 약 800m²를 2시간 이내에 마무리하였다. 오퍼레이터를 맡은 도지마흥업의 쿠니카타 히데오 공무주임은 "조작방법은 단순합니다. 익숙해지면 1명이 4대 정도를 관리할 수 있습니다."라고 말한다. 다이와 하우스 공업의 후지카와 히로키는 "대규모 물류창고 같은 곳에서는 보다 도입효과가 좋습니다."라고 말한다.

'로봇 시선'으로 건설 현장을 바꾼다

지금까지 건설 로봇의 기능이나 개발 상황에 대해 살펴보았지만, '단순작업의 반복'을 특기로 하는 로봇의 잠재력을 최대한 살리기 위해서는 잊지 말아야 할 중요한 관점이 있다. 로봇으로 시공하기 쉽도록, 건설 현장의 레이아웃을 재검토하거나, 건물 자체의 형태를 고안하는 것이다.

우리 주변에 있는 건물 또는 건설 현장은 종횡무진으로 이동하면서, 섬세하고, 다양한 작업을 할 수 있는 기능자들이 시공하는 것을 전제로 설계되어 있다. 그것이 로봇에게도 작업하기 쉬운 환경인가를 생각해보면 반드시 그렇지는 않다. 타케나카 공무점의 무라카미 집행임원은 "로봇으로 만드는 것을 전제로 건물을 설계하는 대처도 동시에 진행해 나가야만 합니다."라고 지적한다. 예를 들어 기둥의 단면 사이즈 등은 로봇으로 건설하는 것을 고려해서 모두 동일하게 하는 편이 시공하기도 쉽고 저렴해진다.

실제로 로봇이 시공하기 쉽도록 하는 시도도 조금씩 진행되고 있다. 예를 들어 타케나카 공무점은 각형철골기둥의 이음새의 디테일을 고안하여, 로봇이 용접하기 쉽게 되었다. 지금까지 사람 손에 의지해야만 했던 사각기둥 모서리 부분의 용접도 로봇이 자동으로 할 수 있게 되었다. 타케나카 공무점은 개발한 신공법에 대해 특허를 출원하였다.

로봇으로 각형 단면의 철골 기둥을 용접할 때에는 기둥의 4면에 이동용 레일을 설치하고, 1면씩 직선적으로 시공해나간다.

네 모서리가 곡면이면 로봇으로 연속해서 용접할 수 있지만, 직각인 경우에는 그럴 수 없다. 용접부위가 겹치는 네 모서리의 상태를 용접공이 확인하면서 수작업으로 용접해야 했다. 로봇으로 용접한 단부의 마무리 상황에 따라 인접한 단부의 용접 조건을 재검토하거나, 로봇이 용접하기 쉽도록 단부의 형상을 정돈할 필요가 있기 때문이다.

그래서 타케나카 공무점은 기둥의 네 모서리에 역삼각형의 단면을 한 '칸막이'를 마련하였다. 작업 범위가 명확해지므로, 접합 부분의 조정 등이 불필요하게 되어 로봇만으로 작업할 수 있다. 구획을 마련하는 것은 어렵지 않다. 철골공장에서 기둥을 제작할 때, 통상의 가공방법에 간단한 작업을 추가하는 것만으로 끝난다.

타케나카 공무점은 2019년 4월 이후 각형강관기둥이나 대형교의 플랜지 등의 다양한 형상의 기둥·보에 용접로봇을 적용하고 품질 등을 검증해왔다. 새롭게 개발한 공법으로 적용 범위를 확대하여 사내 전체의 전개를 목표로 하고 있다. 건설 현장에 로봇을 도입하는 사례는 늘고 있지만, 부재의 접합 방법 등에 대해서는 사람에 의한 작업을 전제로 하는 종래 방식을 답습하는 경우가 많다. 건설 로봇의 능력을 충분히 발휘할 수 있도록 하기 위해서 시공 방법 등도 함께 검토할 필요가 있다. 타케나카 공무점은 로봇이 작업하기 쉬운 공법을 채용함으로써 로봇의 적용범위를 넓혀 저인력화를 추진할 방침이다.

■ 용접 부분에 '칸막이'를 설치한다

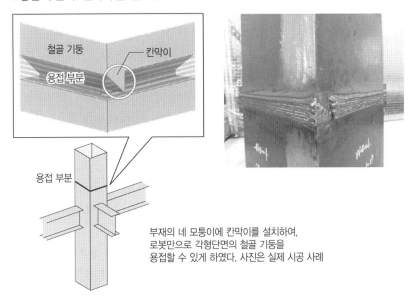

부재의 네 모퉁이에 칸막이를 설치하여,
로봇만으로 각형단면의 철골 기둥을
용접할 수 있게 하였다. 사진은 실제 시공 사례

부재의 네 모퉁이에 칸막이를 설치함으로써 각형 단면의 철골 기둥을 로봇만으로 용접할 수 있도록 하였다. 사진은 실제 시공 사례

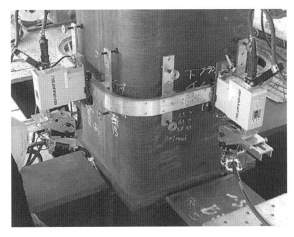

용접로봇의 외관. 사진과 같이 네 모퉁이가 곡면인 경우는 지금까지도 로봇만으로도 용접이 가능했었다.
사진·자료 : 타케나카 공무점(위·아래)

공사가 아니라 신규입장자 교육(기능자가 해당 건설 현장에 처음으로 입장할 때에 실시하는 교육)에 로봇을 활용하는 독특한 건설 현장이 있다. 오바야시구미가 도쿄도 아키루노시 내에서 공사를 진행하는 '미라카 HD 아키루노 프로젝트'이다.

대규모 프로젝트이기 때문에 현장에는 매일 20명 정도의 신규입장자가 있다. 그러나 설명해야 할 내용은 매일매일 동일하다. 그래서 구입한 것이 소프트뱅크 로보틱스의 사람형 로봇 펫퍼Pepper이다.

컴퓨터로 작성한 자료를 사전에 펫퍼가 읽어두면, 지금까지 기술자가 매일 15분 이상 걸려서 구두로 설명했던 공사개요와 현장 내 안전 규칙 등을 펫퍼가 대신해준다. 그 사이에 기술자는 기능자로부터 제출받은 서류의 체크 등에 시간을 투입할 수 있다.

이 현장에서 신규입장자 교육을 담당하는 오바야시구미의 야마구치 유지는 "개요설명과 서류체크를 병행해서 할 수 있기 때문에 감각적으로는 절반정도 시간이 단축되는 느낌입니다."라고 말한다.

신규입장자 교육과 함께 견학회나 이벤트에서도 펫퍼를 활용하고 있다.

사진 : 닛케이 아키텍처

발주자의 견학회나 이벤트, 안전교육 등에서도 활용하고 있다. 오바야시구미의 니시즈카 소장은 "기능자들의 반응도 좋습니다. 새로운 것을 하고 있는 현장이라는 이미지도 생긴 것 같습니다."라고 말한다.

펫퍼를 현장에 도입한 오바야시구미 미라카 HD 아키루노 공사사무소의 니시즈카 요시츠구 소장(오른쪽), 건축계의 야마구치 유지(왼쪽)

사진 : 닛케이 아키텍처

4. 중장비의 자동화, 일하는 차량이 똑똑해진다

지평선 끝까지 펼쳐져 있는 초원에서 거대한 풍력발전 설비 건설이 진행되고 있다. 건설기술자로 보이는 한 남자는 반려견과 함께 현장에 도착하자, 발전설비의 기초공사에 관한 데이터를 태블릿 단말에 표시하고, 화면을 가볍게 탭(tap)하였다. 그러자 가까이에 멈추어 있던 유압 굴삭기와 불도저가 서서히 기동하고, 데이터에 기초하여 지반의 굴삭과 토사 평탄 작업을 개시하였다. 이 중장비의 운전석은 모두 무인이다. 남성의 지시에 따라 자율적으로 작업을 하고 있는 것이다.

갑자기 남자가 데리고 있던 개가 작업 중인 불도저의 앞을 횡단하려고 한다. 불도저는 마치 사람이 타고 있던 것처럼 바로 브레이크를 걸고 정지한다. 사고는 발생하지 않았다. 개가 지나가고 나서 불도저는 다시 작업을 개시하였다.

해가 뜨기 시작하고, 남성은 태블릿 단말을 꺼내든다. 거기에는 작업의 진도율이 80%에 달했다는 표시가 있다. 남성은 다시 단말기를 탭하고 소형 트랙터로더를 추가 기동시켰다. 그때 단말기에는 파트너로부터 '어이, 늦어졌네', '아니야, 이제 돌아가고 있어'라는 메시지가 도착했다. 남성은 어두워져도 묵묵히 계속 일하는 3대의 중장비를 건설 현장에 남기고, 퇴근길에 올랐다.

빌트 로보틱스는 중장비의 자동화 장치(중앙의 트랙터로더의 지붕 위에 부착한 장치)를 개발하고 있다.

빌트 로보틱스의 경영진. 창업자 겸 CEO인 노아(중앙), 레디, 캠벨

사진 : 빌트 로보틱스(위·아래)

이것은 미국 스타트업 기업인 빌트 로보틱스Built Robotics가 자사의 서비스를 소개하기 위해 만든 동영상이다. 2016년에 설립된 이 회사는 AI를 탑재한 독자개발 장치를 시판 중인 중장비에 설치하여 자동화하고, 설정구역 내에 굴착 등의 작업을 할 수 있는 서비스를 전개하고 있다. 동영상 속에서 불도저가 개를 피해 정지한 것처럼 작업원이나 장애물 등을 검지해서 충돌을 회피하는 기능을 갖추고 있다. 긴급 상황에는 오퍼레이터가 수동으로 멈출 수도 있다.

스미토모상사 그룹은 2019년 4월, 산하의 미국 대형 건설기계 렌탈 회사 선스테이트 이큅먼트Sunstate Equipment사를 통해 자동화기계 렌탈 사업에 관한 양해각서를 빌트 로보틱스사와 교환했다. 선스테이트 이큅먼트와 빌트 로보틱스는 2020년을 목표로 빌트 로보틱스의 장치를 부착한 중장비를 선스테이트 이큅먼트의 특정 고객에게 렌탈할 예정이다.

미국 내 건설 수요는 왕성하지만, 일본과 마찬가지로 기능자의 고령화 등에 의한 인력 부족이 문제가 되고 있다. 중장비의 자동화, 로봇화는 숙련된 오퍼레이터 부족 문제에 대응하고, 나아가 토목 공사의 생산성을 높이는 수단으로 주목받고 있다.

중장비를 자동화하면 빌트 로보틱스의 동영상에서 묘사된 것처럼 혼자서 복수의 중장비를 바라만 보고 있으면 되게 된다. 또는 야간에도 쉬지 않고 작업을 계속할 수 있게 된다. 사람이 조작하는 것보다 다소 효율이 나쁘더라도, 기계가 밤새 작업을 한다면, 공사의 생산성은 비약적으로 높아질 것이다.

이러한 생각에서 제네콘과 건설 기계 메이커 등이 중장비의 자동화에 매진하고 있다. 이어서 진행되고 있는 몇몇 연구그룹의 개발 사례를 소개한다.

타이세이 건설 × 캐터필러 재팬

"토목 공사에서는 여러 장면에서 많은 기계를 사용합니다. 지반조성공사에서는 중장비로 토사의 굴착이나 부지평판화를 하고 다지기를 하며 터널 공사에서도 역시 기계를 많이 사용합니다. 그러한 부분을 자동화하여 효율을 높이고 더욱 안전성을 높이는 것은 매우 합리적입니다." 타이세이 건설 기술센터장 나가시마 이치로 집행임원은 중장비의 자동화에 주력하는 이유에 대해 이렇게 말한다.

지금까지 진동롤러나 브레이커(할암기)와 같은 중장비의 자동화를 실현해온 타이세이 건설이 미국 캐터필러사의 일본법인인 캐터필러 재팬(요코하마시)과 공동으로 진행하고 있는 것은 CAN Controller Area Network을 통해 전자제어를 할 수 있는 유압 굴삭기를 이용한 토사의 굴삭, 적재의 자동화이다.

이미 실험장에서는 토사 적치장에서 흙을 퍼서, 근처에 정차한 덤프트럭에 적재하는 작업을 시험적으로 자동화하였다(덤프트럭은 공도를 달릴 필요가 있으므로 유인운전으로 설정하였다).

개발 중인 기술로 가능한 작업은 다음과 같다. 우선은 유압 굴삭기로 토사를 퍼서 차체 상부를 선회한다. 토사가 담긴 버킷을 덤프트럭의 정차 위치까지 이동한다. 이어서 덤프트럭을 버킷의 위치까지 이동시킨다. 실험장에서는 덤프트럭과 유압굴삭기를 볼 수 있는 위치에 물체를 검지하는 라이다LiDAR를 설치하였다. 두 차량의 위치 관계를 측정하고, 덤프트럭이 제자리에 도착하면, 유압굴삭기의 경고음이 자동으로 울린다. 덤프트럭의 운전수는 이 소리를 신호로 정차한다.

그리고 버킷 내의 토사를 덤프의 화물칸에 쌓고 토취장으로 선회하여 다시 굴착한다. 같은 작업을 반복하고, 덤프의 화물칸 안에서 지난 번 위치와는 다른 곳에 쌓는다. 덤프트럭의 적재 하중에 맞추어 작업을 반복한 후 마지막에는 화물칸의 토사를 평탄화하고 적재를 마친다. 유압 굴삭기가 다시 경고음을 울리면 덤프가 출발한다.

유압 굴삭기에서는 굴삭한 토사의 중량을 측정하고 있으므로, 실시간으로 토사량관리가 가능하다. 이 기능은 덤프트럭의 과적재를 방지하는 데 도움이 된다. 유인운전과 자율운전의 조합에는 근본적인 문제점이 있다고 한다.

예를 들면 토사 적재 시의 문제이다. "사람이 타고 있는 덤프트럭에 효율성만을 중시해서 기세 좋게 토사를 쌓아버리면 진동이 커지게 됩니다. 이러한 진동은 운전자에게 그대로 전해지므로, 배려가 필요합니다."라고 타이세이 건설 기술센터 스마트 기술 개발실 메카트로닉스팀의 아오키 히로아키 팀리더는 설명한다.

토사를 쌓은 덤프트럭이 출발하면, 유압굴삭기도 조금 이동한다. 굴착 위치를 바꾸고 다음 덤프트럭이 도착하기 전까지 토사를 굴삭한 버킷을 정차 예정 위치에 대기시키고, 작업을 대비한다. 마치 자동화가 완성된 것처럼 보이지만, 굴삭기가 토사나 적재량 상황을 순차적으로 판단하여 자율적으로 진행하고 있는 것은 아니다. 현재 실현할 수 있는 것은 사전에 입력한 프로그램에 따라 유압 굴삭기가 움직이는 레벨에 멈추어 있다. 전체로 보았을 때 개발은 이제 막 시작된 수준이라고 할 수 있다.

타이세이 건설과 캐터필러 재팬의 자동 유압 굴삭기의 시연 작업. 2019년 7월 5일에 미에현 내의 실험장에서 공개하였다.

사진 : 닛케이 크로스테크

오바야시구미와 NEC가 연계

오바야시구미와 NEC, 건설 기계 메이커인 다이유(오사카부 네야가와시)도 유압 굴삭기 자율운전 시스템을 공동으로 개발하고 있다. 3사가 임하고 있는 것도 타이세이 건설과 마찬가지로, 토취장에서 토사를 퍼서 덤프트럭에 적재하는 작업의 자동화이다.

작업영역을 볼 수 있도록 고소작업차에 스테레오카메라나 3차원 레이저 스캐너를 설치하여 자율운전에 필요한 현장 상황을 파악한다. 3차원 레이저 스캐너로 확인하는 것은 토취장의 토사 상황이다. 1회에 쌓을 수 있는 토사의 양이 최대가 되는 포인트를 판별하고, 여기를 목표로, 유압 굴삭기의 버킷을 이동시켜 굴삭한다. 버킷에 토사를 넣은 후에 유압 굴삭기의 차체를 선회하고, 유인으로 운전하는 덤프트럭의 적재함 상부까지 버킷을 이동시킨다. 스테레오카메라는 덤프트럭의 상부 등을 영상으로 포착한다. 적재함의 토사 상황을 확인하면서 적재작업을 진행하도록 한다. 일정량을 쌓은 후에는 유압 굴삭기에서 경고음이 울려 덤프트럭의 운전사에게 작업 완료를 알린다.

카메라와 레이저스캐너 외에 자율 운전 시스템을 지원하는 기술은 크게 3가지가 있다. 첫 번째는 유압 굴삭기에 장착한 센서이다. 유압 굴삭기의 버킷, 암, 붐, 선회하는 차체부에 합계 총 4개의 경사계를, 선회하는 차체부에는 자이로(각속도)센서를 설치하여 유압 굴삭기의 움직임을 파악한다.

두 번째 기술은 유압 굴삭기를 조종하는 숙련 오퍼레이터의 조작 데이터를 활용한 운전 프로그램이다. 유압 굴삭기의 조작에는 상응하는 기능이 필요하다. 오바야시구미 로보틱스생산본부의 모리 나오키 자동기술추진 과장은 "굴삭기 오퍼레이터들은 토사의 경도 등에 맞추어 굴삭 시의 버킷 끝의 입사 각도를 바꾸고 있습니다. 토사를 효율성 있게 작업하기 위한 버킷이나 암의 이동방법도, 오퍼레이터분들이 감각적으로 가지고 있는 스킬입니다."라고 설명한다.

현장 수나 데이터의 양 등은 밝히지 않았지만, 오바야시구미는 복수의 현장에서 숙련 오퍼레이터의 운전 정보를 모았다고 한다. 이들과 AI기술을 활용하여, 정밀도 높은 조작을 재현하였다.

세 번째는 NEC가 가진 적응예측제어기술이다. 유압 굴삭기에는 레버 등에 의한 조작과 실제로 기계가 움직일 때까지의 응답에 딜레이가 발생하기

▌높은 곳에서 현장의 상황을 확인

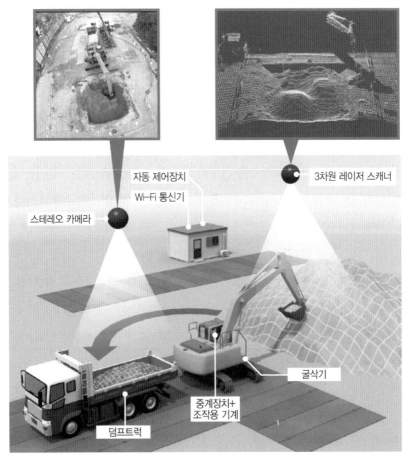

유압 굴삭기를 자율운전으로 작업하기 위해, 고소작업차에 설치한 3차원 레이저스캐너와 카메라의 영상을 이용하여 주위의 상황을 확인한다.

자료 : 오바야시구미

쉽다. 개발을 담당한 NEC중앙연구소 시스템 플랫폼연구소 요시다 유지 주임연구원은 다음과 같이 말한다. "통상의 유압 시스템에서는 수백 ms 정도의 딜레이가 발생하므로, 이 부분이 통신 등에서 발생하는 지연보다도 지배적입니다. 그래서 이러한 지연을 예측하고, 제어할 수 있도록 하였습니다." 기종의 차이에 의한 응답지연 등의 기계적 특성은 초기에 캘리브레이션하면 조정할 수 있다고 말한다.

이번 자율운전 시스템을 이용한 중장비의 제어기술은 다양한 메이커의 기종에 대응할 수 있다는 점이 포인트이다. 오바야시구미와 다이유가 공동으로 개발한 원격조작용 장치를 운전석에 올려 레버를 움직이는 구조이므로, 최신 전자제어형 유압 굴삭기가 아니어도, 간편하게 자동화할 수 있다. 오퍼레이터에 의한 원격조작에도 간단히 전환할 수 있으므로, 트러블이 발생했을 때나 자율 운전으로는 어려운 작업이 필요하게 된 경우에도 대응하기 쉽다. 오바야시구미는 다양한 기종에서 사용할 수 있다는 범용성을 강력한 무기로, 개발한 기술의 외부 판매에도 기대를 하고 있다.

카지마 건설의 쿼드 액셀

자동화된 중장비 20대 이상을 건설 현장에 투입하려는 시도가 카지마 건설·마에다 건설공업·타케나카토목의 공동기업체(JV)가 시공하는 나루세 댐의 제방 타설공사이며, 빠르면 2020년 가을에 실현된다(2021년 10월 실현되었다._옮긴이 주).

아키타현 히가시나루세무라에 건설되는 나루세댐은 사다리꼴 CSG형식의 댐이다. 제방의 대부분을 모래를 시멘트로 굳힌 CSG라고 부르는 재료를 사용하여 구축한다. 타설 작업은 모두 자동화될 계획으로, 자율형 덤프트럭 7대, 자율형 불도저 4대, 자율형 진동롤러 7대, 자율형 콤바인드롤러 3대, 자율형 청소차 2대를 투입한다.

이들과 협조하여 CSG의 수하·반송으로부터 타설 표면의 청소, 재료를 펼치는 작업, 다짐 등의 작업을 최대 70시간 연속하여 실시한다. 이 체계의 핵심은 카지마 건설이 제창한 차세대 건설생산 시스템 '쿼드 액셀(A4CSEL)'이다. 시판되는 건설기계에 장애물 센서나 차체의 위치 정보를 취득하기 위한 GPS, 제어용 PC 등을 집어넣어 자동화하고, 단순한 반복 작업을 오퍼레이터 없이 실시할 수 있도록 하였다.

쿼드 액셀의 현장 투입은 나루세 댐이 4번째 사례이다. 최근에는 2년간 코이시하라강 댐 본체 건설공사(후쿠오카현 아사쿠라시)의 제방 코어재에 적용하였다. 이때는 3종류의 중장비, 합계 7대가 5시간 연속으로 시공하였다. 한편 나루세 댐의 공사에서는 코이시하라강 댐에 비해 중장비의 종류도 숫자도 크게 늘어났다. 중장비의 제어와 관리는 복잡해지고 난이도는 현격하게 올라간다.

카지마 건설 기계부 자동화시공추진실의 미우라 사토루 실장에 따르면 각 중장비가 실시하는 모든 작업을 컴퓨터로 최적화하고, 면밀하게 작업 프로그램을 짰다. 중장비의 움직임의 대부분은 그 프로그램에 따른다.

프로그램에는 중장비끼리 협조하여 진행하는 태스크도 포함되어 있다. 예를 들어 '덤프가 CSG를 내린 후, 불도저가 다가와 밀기를 시작한다'와 같은 움직임이다. 중장비들끼리 호흡을 맞추어 작업을 하는 것처럼 보이지만, 실제로는 프로그램의 태스크를 소화하고 있는 것이다. 이 밖에 협조하는 태스크를 원활하고 안전하게 실시하기 위해서는 작업·행동상의 우선사항과 규칙을 설계하고 준수한다. 다만 다음과 같은 경우에는 사람이 지시를 내리는 경우도 있다.

- CSG를 내리기 위해 이동하는 덤프는 반드시 운반된 토사 평탄화가 완료된 장소를 목표로 한다.
- CSG를 내린 후 덤프가 일정 거리 이상 떨어지면, 불도저가 다시 운반된 토사 평탄화를 진행한다.

모든 진동 롤러를 낭비 없이 가동하기 위해 '가장 위쪽(불도저에 가까운 위치)의 롤러는 새롭게 토사 평탄화가 완료된 에어리어를 최우선으로 다진다.'라는 순서도 결정하고 있다. 예를 들어, 정해진 다짐횟수가 4회 왕복인 경우 윗쪽의 롤러가 1회 왕복한 시점에서 새롭게 토사 평탄화가 종료된 에어리어가 생기면, 윗쪽의 롤러는 그 에어리어로 이동하여 다짐을 시작한다. 나머지 3회 왕복 분은 아래쪽에 있는 다른 롤러가 맡는다.

특이한 것은 덤프의 주행 방법으로, '짐을 내릴 때에는 후진, 짐을 실을 때에는 전진'으로 차를 돌리는 일 없이 왕복시킨다는 점이다. "차를 돌리는 일은 불안전한 위험요소를 높이고, 작업효율을 악화시킵니다. 후진 주행의 편도의 주행거리는 최장 약 700m에 이르지만, 자율 덤프는 인간과 달리, 장거리의 후진 주행도 괴로워하지 않습니다." 미우라 실장은 차를 돌리는 일을 생략한 이유에 대해 이렇게 설명한다.

카지마 건설은 앞으로 쿼드 액셀의 정밀도와 효율, 안전성을 향상시킬 방침이다. 다만 현재에는 다음과 같은 과제가 있다고 한다.

첫 번째는 작업이 장시간 계속되는 경우의 중장비의 관리나 보수이다. "연료나 소모 부품이 어느 정도 버틸 수 있는가. 어느 타이밍에 연료 보급과 부품 교환을 하는 것이 최적인가. 노하우를 축적하고, 정보를 수집하는 것이 필요합니다."라고 미우라 실장은 말한다.

두 번째는 통신 환경의 안정화이다. 현장 내의 통신은 로컬 네트워크를 사용하지만, 지형의 영향이나, 현장 환경의 변화, 기체에 의한 차폐 등 통신 장애의 위험요소가 다수 존재한다.

마지막은 작업 프로그램과 수량 관리의 엄격화이다. 작업에 오류가 발생하는 경우, 하나의 오류 자체는 작더라도 동일 작업이 반복되면 큰 지연을 초래할 수 있다. 또한 수량 관리가 부정확하면 작업을 정형화하는 것이 어렵게 된다. 그러면 프로그램이 성립하지 않게 된다.

■ 전인미답, 20대가 넘는 중장비를 동시 자동화

나루세댐 타설공사를 위한 쿼드 액셀의 도입 이미지. 자동화된 중장비 23대가 동시에
이동. 약 4만 8,000m³의 CSG를 타설한다.

자료 : 카지마 건설

쿼드 액셀을 도입한 후쿠오카현 아사쿠라시 내의 코이시하라강 댐 본체 건설 공사. 자
동 불도저가 핵심자재를 펼치고, 후방의 자동 진동 롤러가 평탄화하고 있다.

사진 : 오오무라 타쿠야(2018년 11월 촬영)

**"일본은 건설차량 자동화로 세계를
리드할 수 있다"**

캐터필러 건설 디지털 & 테크
놀로지 부문 프로덕트 매니저
프레드 리오(Fred Rio)

미국 캐터필러사의 건설 디지털 & 테크놀로지 부문에서 프로
덕트 매니저를 담당. 도로포장 장비 부문에서 20년간 근무하
였으며, 유럽, 아시아, 북미 등에서 근무경험이 있음.

사진 : 츠즈키 마사토

Q 일본의 건설기계 자동운전이나 자율운전의 기술 수준은 세계에서 어
떠한 위치에 있습니까?

A 국토교통성이 정책을 세우고, 대처를 진행하는 등 일본은 건설 현장의
효율화를 위한 대처에 가장 힘을 쓰고 있는 나라입니다. 중장비 등 건
설기계의 자율운전이나 자동운전에서는 세계의 상위 몇 퍼센트에 위치하는
기술 수준이라고 생각합니다. 일본에서는 중장비의 자동운전이나 자율운전

의 수요가 증가할 것으로 판단하고 있고, 개발된 기술을 세계에 발신할 가능성도 높다고 생각됩니다.

중장비 오퍼레이터를 둘러 싼 문제는 여러 나라가 안고 있습니다. 내용은 나라마다 다르겠지만, 일본에서는 오퍼레이터의 고령화가 문제입니다. 이것은 통계에서 여실히 확인할 수 있습니다. '위험하고', '더럽고', '급여도 그다지 많지 않다'는 상황에서 젊은이들이 오퍼레이터가 되고 싶어 하지 않는 이유를 잘 알수 있습니다. 중장비 오퍼레이터라는 직업을 더 매력적인 일로 바꾸어나가야만 합니다.

Q 캐터필러사가 가진 작업 차량의 자동운전기술은 어느 정도입니까?

A 광산에서의 작업차량으로, 자동운전이나 자율운전의 기술을 실용화하고 있습니다. 자동운전 등에 대한 대처는 이미 10년 이상 경과하였습니다. 상용화할 수 있는 수준에 도달하고도 이미 5,6년을 경과한 상황입니다. 대표적인 중장비는 덤프트럭과 화약 장약용 천공기계입니다. 예를 들어 덤프트럭에서는 광산에서 8억 톤의 재료를 자동운전으로 운반한 실적이 있습니다. 주행거리는 4,500만km에 달합니다. 장약용 천공기는 사전에 프로그래밍된 계획에 따라 자동으로 천공할 수 있는 상황입니다.

Q 건설 현장과 광산에서는 상황과 환경이 다르기 때문에, 간단히 응용할 수는 없는 것 아닌가요?

A 확실히 건설 현장과 광산을 비교하면, 광산이 훨씬 상황의 변화가 적습니다. 통신환경도 정비하기 쉽습니다. 한편 건설 현장에서는 작업에 사용하는 중장비의 종류가 많아지는 등 복잡성이 증가합니다. 주변 상황도 시시각각 바뀝니다. 그럼에도 건설 현장에서의 자동운전과 자율운전은 광산에서 이룬 혁명적인 기술을 진화시킴으로써 실현할 수 있다고 믿고 있습니다.

캐터필러사에서는 2020년을 기점으로 자동운전과 자율운전에 대응할 수 있는 진동 롤러를 발매할 예정입니다. 공장에서 출하된 기계에 아무것도 손을 대지 않아도 원격 조작이나 자동운전 등이 가능하게 됩니다. 이를 위해서는 3가지 기본기술을 포함시켰습니다.

첫 번째는 라이다 LiDAR입니다. 중장비 주변에 있는 대상물까지의 거리 등을 정확하게 인식할 수 있게 됩니다. 그런 다음 장애물을 인식하기 위해 레이더를 장착합니다. 또 하나가 스테레오카메라와 스마트 모노 카메라라고 하는 카메라류입니다. 스마트 모노 카메라는 사람이나 다른 중장비 등을 사전에 인식시켜 두고, 작업 시의 안전성을 담보할 목적으로 사용합니다. 카메라를 이용한 물체 인식에 대해서는 자동차의 자동운전 기술에서 이용하고 있는 기계학습을 이용하고 있습니다.

전자제어를 채용한 유압 굴삭기라면 나중에 개량하여 원격조작형으로 변경할 수도 있습니다. 이를 위해 필요한 장비 등의 비용은 100만 엔대 후반 정도가 될 전망입니다.

캐터필러에서는 건설 기계의 자동화를 추진하고 있다.

사진 : 캐터필러

Q 자동운전이나 자율운전에 의해 건설 현장 작업의 대부분이 커버될 수 있는 미래를 그릴 수 있습니까?

A 건설 현장의 기계화에 대처하기 위해서는 먼저 기계에 시킬 작업을 할 당하고, 자동으로 움직일 수 있는 작업 계획을 소프트웨어 측에서 구축해야 합니다. 또한 전부 자동화하는 대신 원격조작 등 사람이 관여하는 구조와 조합시킵니다. 사람을 개입시키는 작업을 남기는 것은 큰 의미가 있습니다. 현장에서 사용하는 자동운전이나 자율운전의 기술은 건설 회사에 이익을 가져오지 못하면 의미가 없습니다. 기술적으로는 모든 공정을 자동운전으로 바꿀 수 있을지도 모릅니다만, 어느 정도 시간이 지나면 효율이 나쁜 부분이 나와서 비용이 늘어나게 됩니다. 즉 적정한 이익을 낼 수 없게 되는 것이지요. 자동화해야 할 부분과 원격조작을 포함한 사람이 담당하는 부분의 밸런스를 맞추고, 이익이 최대가 되는 분기점을 찾아내는 것이 중요합니다.

현재에는 1명의 오퍼레이터가 1, 2대의 중장비를 감시하거나, 원격으로 조작하는 수준이라고 생각합니다. 하지만 앞으로 2년 정도 후에는 1명이 4대를 관리할 수 있는 수준으로 향상시키고자 합니다.

건설 현장에서 차량의 자동화가 진행되면, 그 밖에도 다양한 효과를 기대할 수 있습니다. 예를 들면 산속 같이 외진 현장에서 가족과 헤어져 일을 하지 않아도 될 수 있습니다. 이 외에도 도입하다보면 수많은 장점이 나타날 수도 있습니다.

예를 들어 중장비의 원격조작 시스템을 도입하면 다음과 같은 장점이 있었습니다. 지금까지라면 군대에서 중상을 입고 오퍼레이터 일에 종사할 수 없었던 사람이 원격조작 시스템을 사용하게 되면 오퍼레이터가 될 수도 있습니다.

건설 현장에서 작업하는 사람의 숫자가 감소하면 공사에 대한 보험 비용도 줄일 수 있는 경우가 있습니다. 위험한 작업 영역에서 활동하는 사람이 줄어들고 위험이 감소한다고 볼 수 있기 때문입니다. 자동화에 의해 보험회사에 지불하는 금액을 줄이고 이익을 늘렸다는 이야기도 듣고 있습니다.

Q 유압 굴삭기 등의 자동화에서 타이세이 건설과 기술 개발을 진행하고 계십니다. 무엇을 목표로 하고 있습니까?

A 일본의 건설 회사는 캐터필러의 기술을 도입하고 싶다고 생각하고 있습니다. 다만 우리는 기계에 대한 기술 개발은 할 수 있지만, 건설 현장에서 실제로 사용했을 때에 장점과 수요 등을 충분히 파악할 수 없습니다. 타이세이 건설이 현장 관점에서 기술을 사용함으로써 다양한 과제 해결을 도모하게 될 수 있을 것이라고 기대합니다.

제3장

BIM이야말로
건설 DB의 기반이 된다

1. 건축 분야에서 BIM 활용의 현재

홋카이도 히로시마시에서 2020년 4월 13일, '에스콘필드 홋카이도 Es Con Field Hokkaido(이하 '에스콘필드')'의 기공식이 열렸다. 에스콘필드는 프로야구·홋카이도 니혼햄 파이터즈의 본거지가 되는 신구장으로, 총공사비 약 600억 엔이다. 니혼햄의 팬은 물론, 스포츠를 살려낸 거리만들기로서도 전국의 지자체 등에서 주목을 받은 '홋카이도 볼 파크 F빌리지'의 핵심시설이 되는 거대 프로젝트이다.

연면적은 약 10만m²이며, 약 35,000명의 관객을 수용할 수 있다. 설계는 설계공모로 진행하여 오바야시구미와 미국의 유명 건축설계 사무소 HKS가 직접 담당하였다. 시공은 오바야시구미가 담당한다. 양 사는 설계공모단계부터 일관하여 BIM을 도입하고, 착공까지 극히 정밀도가 높은 BIM 모델을 만들어냈다. 현실공간에서 착공하기 전에 가상공간에서 준공(공사가 완료되는 것)까지 검증을 끝내는 느낌이다.

여기서 BIM에 대해 설명해두자. BIM이란 건물의 3차원 모델에 재료나 비용, 품질이라는 속성 데이터를 연계시키고, 건축의 설계·시공이나 유지관리·운용 등에 활용하는 개념이다. 또한 이를 위한 플랫폼을 가리킨다.

천연잔디를 채택한 에스콘필드. 개폐식의 거대한 지붕이 특징이다.

에스콘필드에서는 거대한 유리 벽면으로 개방감을 연출했다.

자료 : 오바야시구미(위·아래)

3차원 BIM 모델을 활용하여 배관이나 콘크리트 내의 철근과 같은 부재가 개별 부재와 간섭하고 있지 않는가를 검증하거나, 공사 착수 전에 컴퓨터상으로 대응을 시뮬레이션하고, 공정계획을 세우는 등 다양한 활용방법이 있다.

프로젝트 초반에 자원을 집중 투하하여 완성도를 높이는 '프론트 로딩 front loading'과 복수의 업무를 병행 진행하여 공기 단축과 품질 향상을 도모하는

'동시공학Concurrent Engineering'이라고 하는 제조업적인 프로젝트의 진행 방식을 건설 산업에 도입하여 생산성을 높이기 위한 기반으로도 주목받았다.

BIM은 단순히 편리한 도구가 아니라, 건설생산 프로세스를 재구축하고, 건설 산업이 DX를 완수하는 데 있어서 빠질 수 없는 플랫폼이라고 말할 수 있다.

BIM으로 검증 '새로운 관전 체험'

에스콘필드의 설계를 담당하는 오바야시구미 설계본부 설계솔루션부의 이치이 야스오 부장은 "세계가 아직 본 적 없는 야구장을 만든다는 컨셉에 따라 전례가 없는 새로운 시도를 다수 포함하고 있습니다. 그 실현을 위해서는 BIM을 활용한 3차원 시뮬레이션이 필수적입니다."라고 말한다.

예를 들어 스탠드 stand(관객석)나 콩코스 Concourse(중앙홀)의 구성이다. 이치이 부장은 이에 대해 "해외의 스타디움에서도 좀처럼 볼 수 없는 도전적인 설계입니다."라고 말한다.

3루 측에는 구장에 발을 디딘 순간에 시야가 열리는 엔트런스 홀을 만든다. 그 상부에는 '플라잉 카펫'이라고 부르는 필드 측에서 돌출한 스탠드를 배치한다. 또한 좌석에 가만히 앉아 있지 않더라도, 폭을 넓게 한 오픈콩코스를 걸어 다니면서 스포츠 관전을 즐길 수 있는 구성을 하고 있다.

이러한 새로운 관전 체험을 실현하기 위해서는 설계 단계에서 안전성을 확보하고 운영상의 과제를 전부 도출하여 대책을 세워두는 것이 필수적이다. 예를 들어 파울볼 경로 시뮬레이션이 이에 해당한다. 니혼햄의 현재 거점인 삿포로 돔에서 기록하고 있던 약 1만 구의 데이터를 간략화한 BIM 모델에 입력하여 콩코스에 미치는 영향 등을 확인하고 있다.

메인 출입구의 BIM 모델. 발주자와 VR(가상현실)에서의 공간 체험을 진행하여 의견 합의를 추진하였다.

자료 : 오바야시구미

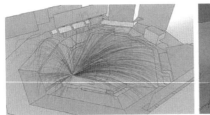

타격된 야구공의 궤적 시뮬레이션의 사례. 왼쪽 그림은 전체 데이터의 10% 정도를 표시한 것. 오른쪽 그림은 그물망이 없을 경우의 벽과 바닥의 영향을 검증한 결과이다.

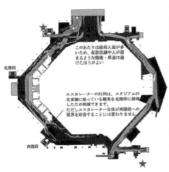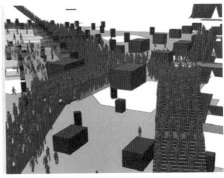

사람 흐름의 시뮬레이션 사례. 콩코스 폭은 미국의 야구장을 참고하여 넓게 설정하였다.

자료 : 에이럽(위 · 아래)

사람들의 이동 흐름 시뮬레이션도 실시했다. 각 이닝의 공수교대 시에 매점이나 화장실이 어느 정도 혼잡하게 되는지, 시합 종료 시 사람들의 이동 흐름이 어떻게 되는지를 3차원 모델로 가시화하였다. 이 검증결과를 고려하여 계단과 에스컬레이터 등의 최적 배치를 검토하였다. 피난 안전성의 확인에도 활용하고 있다.

설계 단계에서 실시한 다양한 시뮬레이션 가운데 특히 변경된 부분은 시설 내 환경조건에 따른 잔디 생육을 예측하는 시도다.

에스콘필드에서는 일본에서 처음으로 개폐식 지붕의 구장에 천연잔디를 사용하였다. 큰 지붕으로 덮인 스타디움 내에 천연 잔디를 키우려면 지붕의 형상을 숙고하거나 유리를 사용하여 햇빛을 끌어들이고 지면 온도를 컨트롤하는 설비를 도입하는 등 광합성과 호흡에 유리한 조건을 확보할 필요가 있다. 그래서 오바야시구미는 교토대학과 개발한 독자적인 예측 시스템 '터프 시뮬레이터'를 활용하여, 지붕 개폐에 따른 복잡한 일조 조건을 고려하면서 시뮬레이션을 반복해서 검토를 진행하였다.

철골 제작회사와도 데이터 연계

디자인 등을 결정하는 의장 설계 단계에서 만든 BIM 모델은 그대로 생산 설계(공사 시 사용하는 상세한 시공도면의 작성)로 이어진다. 생산 설계의 단계에서는 부재 접합부분 등의 상세정보를 추가해간다.

이렇게 만들어진 BIM 모델에서는 오바야시구미의 사내뿐만 아니라 패브리케이터(철골 제작회사)와도 데이터를 연계하여 패브리케이터가 철골의 BIM 모델을 작성하는 수고를 줄이고 있다. 종래에는 종이 도면 등을 기초로 패브리케이터에서 수작업으로 재작성하고 있었다.

데이터 연계 방법은 이렇게 진행된다. 우선 오바야시구미가 레빗 Revit(미국 오토데스크사의 BIM 소프트웨어)으로 작성한 구조 BIM 모델을, 패브리케이터가 사용하고 있는 철골 BIM 소프트웨어에 맞추어 변환한 데이터를 전달한다. 그 후 패브리케이터가 철골을 제작하기 위해 상세하게 만들어진 철골 BIM 모델과 원 BIM 모델을 대조하고, 일치하면 승인이 난다. 승인 시에는 판 두께나 치수 등의 구조 정보를 서로 동일한 포맷의 엑셀 파일로 출력하여 자동으로 대조하고, 디지털 데이터상에서 승인한다. 종래에는 2차원 도면끼리 대조했었다.

오바야시구미의 BIM 활용에 대한 사고방식은 프로젝트 관계자가 하나의 BIM 모델에서 정보를 입·출력할 수 있는 'One Model'이 기본이다. 에스콘필드에서는 설계공모 시 만들기 시작한 BIM 모델을 그대로 기본설계·실시설계, 생산설계, 시공관리에 이르기까지 계승하고, 각 단계에서 정보를 갱신해 나갔다. 하나의 모델에 정보를 통합하고, 항상 최신 정보를 유지한다. 확인신청 절차 등에 사용하는 2차원 도면도 하나의 모델에서 만들어내는 구조이다.

오바야시구미에서는 One Model에 의한 작업 프로세스 확립을 위하여, 에스코필드의 설계와 병행하여 사내체제 강화도 도모하고 있다. 약 100명의 체제로 BIM 활용 추진업무를 담당하는 iPD 센터를 중심으로, 본사에 BIM 매니지먼트과를 설치하였다. 15개의 모델링 회사가 BIM 모델 작성을 지원하는 체제를 정비하였다.

에스콘필드의 건설 현장에서는 2022년 12월 말 준공을 목표로, 조성공사의 진도관리 등에서도 BIM 모델을 활용하고 있다.

BIM 모델을 철골 전용 캐드(CAD)에 자동변환

BIM 모델을 베이스로 한 새로운 건축생산 시스템을 구축하려고 하는 것은 오바야시구미뿐만이 아니다.

시미즈 건설은 레빗을 베이스로 '설계시공 연계 BIM Shimz One BIM' 개발을 진행하고 있으며, 설계자가 작성하는 BIM 모델을 철골 제작부터 시공, 운용까지 연계시켜 업무 효율화와 비용 절감을 도모하고자 한다. 3년간 약 5억 엔을 투자하고, 2021년도 중에는 완성시킬 방침이다. 철골공사 외에도 철근공사나 설비공사 등의 효율화도 목표로 하고 있다.

대처의 일환으로써 철골조의 BIM 모델 가운데 구조에 관한 데이터를 철골 제작이나 적산에 필요한 데이터로 변환하는 도구인 'K4R KAP for Revit'을 우선 개발하였다. 시미즈 건설의 전체 구조설계자의 컴퓨터에 K4R을 설치하고, 운영단계에 들어갔다고 2019년 12월 24일에 발표하였다. 철골조 건축물의 비용 절감이나 적산업무의 효율화를 목표로 한다.

설계와 철골제작의 데이터 연계강화를 진행한 배경에는 철근 콘크리트조의 건물을 만드는 데 필요한 기능자(거푸집공과 철근공)의 부족과 함께 철골조의 수요 증가가 있다. 시미즈 건설의 시공 프로젝트에서 살펴보면 2014년도에는 철골조가 전체의 약 40% 정도였지만, 2019년도 상반기에는 전체의 약 70%를 차지하고 있다.

▌BIM을 활용하여 철골 제작회사와 데이터를 연계

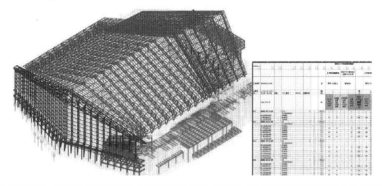

오바야시구미의 BIM 데이터와 철골제작회사가 생성한 데이터를 엑셀 데이터로 변환하여 대조함

자료 : 오바야시구미

■ '하나의 모델'을 관계자 전원이 공유·갱신

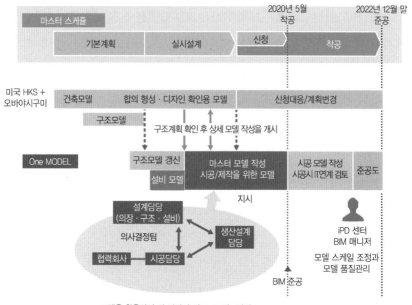

에스콘필드의 BIM 모델 작성 프로세스의 이미지. 하나의 모델에 정보를 통합한다.

자료 : 오바야시구미

건물용도의 복합화와 고층화에 따라 철골의 가공은 복잡화되고, 사용하는 철골량은 증가하고 있다. 그렇기 때문에 철골비용이 전체 건설공사비에서 차지하는 비율은 높아지고 있다. 철골의 적산업무는 부담이 크고, 그 효율화와 정확도 향상은 중요한 과제가 되었다.

그래서 개발한 것이 K4R이다. 레빗에서 작성한 구조 데이터를 'KAP 시스템'용의 데이터로 변환하는 도구이다. KAP 시스템이란 시미즈 건설 그룹의 철골제작회사인 일본 패브텍(이바라키현 토리데시)이 개발한 철골 전용 캐드 소프트웨어이다. 철골구조물의 3차원 모델을 구축하고, 모델부터 철골의 적산과 제작 등에 필요한 가공정보를 취득할 수 있다.

그러나 독립된 시스템이기 때문에 모델 구축에 필요한 데이터를 전부 그

때마다 입력할 필요가 있어서 작업량을 줄이는 것이 운용상의 과제로 지적되었다. 예를 들어 8,000톤 정도의 철골을 사용하는 프로젝트에서는 데이터 입력 작업에 2, 3일이 소요되었다. K4R을 사용하면 약 2시간만에 레빗의 구조 데이터를 KAP 시스템용 데이터로 변환할 수 있다.

■ 철골조의 정산·발주 효율화

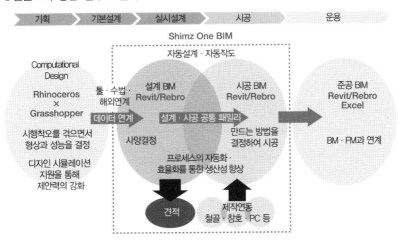

Shimz One BIM의 이미지. BIM 모델 소프트웨어는 미국 오토데스크의 '레빗'을 사용.
자료 : 시미즈 건설

K4R을 사용함으로써 적산과 발주단계에서의 부정합이 사라지며, 시미즈 건설과 일본 패브텍 양사의 업무를 효율화할 수 있는 한편, 설계단계에서는 시미즈 건설의 구조설계자가 정확한 철골수량을 파악하면서 설계할 수 있다는 장점도 있다. 경제적인 설계를 추구하기 용이해져서, 건물의 골조에 소요되는 비용을 줄일 수 있게 된다. 시공단계에서도 시공도 작성업무를 최대 절반으로 줄일 수 있을 것으로 보인다. 최종적으로는 철골의 조달정보를 본사에서 일원관리하고, 비용 경쟁력을 향상시킬 예정이다.

　재해 발생 후, 재해를 입은 사람들에게 하루라도 빨리 주거지를 제공하는 것을 목적으로 한 응급 가설주택. 쿠마모토대학의 대학원 첨단과학연구부 오오니시 야스노부 준교수는 응급 가설주택단지 배치계획을 자동으로 작성하는 프로그램을 개발하였다. 다이와 하우스 그룹과 협력하여 검증한 결과, 약 1시간에 배치계획안을 작성할 수 있는 것으로 확인되었다. 2019년부터 시범 운용을 진행하고, 2021년 본격운영을 개시하는 것을 목표로 하고 있다.

　BIM을 활용한 이 프로그램은 프리패브 형식의 응급 가설주택이 대상이다. 프리패브 건축협회가 작성한 재해 발생 시의 단지정비 매뉴얼을 프로그램화하였다. 부지 경계선 데이터를 읽어 들이는 것만으로 주택이나 주차장, 간선도로를 자동으로 배치하고, 매뉴얼의 기준을 만족하는 계획안을 작성한다. 2시간 정도의 교육을 받으면, BIM 활용 경험이 없어도 쉽게 사용할 수 있다.

　집회소나 설비를 위한 공간을 추가로 마련하는 경우에는 배치하고 싶은 장소를 조작화면상에서 가리키면, 주택이나 주차장 등을 자동으로 재배치한다. 주택이나 주차장의 수량 등을 기재한 집계표도 자동으로 작성할 수 있다. 배치나 수량을 3차원 모델로 즉각적으로 가시화함으로써 관계자가 이미지를 공유하면서 배치계획을 세울 수 있다는 것도 장점이다. 오오니시 준교수는 이에 대하여 "계획안의 수정이나 승인에 시간을 들이지 않고, 의견을 나누면서 그 자리에서 합의 형성을 도모할 수 있습니다."라고 설명한다.

　각 도도부현은 시구정촌과 연계하여, 재해 종류나 규모에 따른 가설주택의 수요 등을 바탕으로 건설후보지의 리스트와 건설계획을 미리 작성하고 있다. 그러나 재해 규모에 따라 필요로 하는 호수를 만족하지 못하는 등 공급까지 시간이 걸리는 것이 문제였다.

　오오니시 준교수는 2016년 4월에 발생한 쿠마모토 지진에서 응급 가설주택단지의 계획에 종사한 관계자를 대상으로 인터뷰 조사를 실시하여 착공까지 소요되는 기간을 분석한 결과, 후보지의 조사나 배치계획안의 작성·승인에 1주일의 시간이 걸리는 것을 밝혀냈다.

　신속하게 응급 가설주택을 공급하기 위해, 배치계획 작성을 자동화할 수 없을까. 오오니시 준교수는 2017년 6월부터 프로그램 개발을 개시하였고, 2018년 말에는 다이와 하우스 공업, 다이와리스와 실증실험을 개시, 2019년

4월 10일에는 공동연구계약을 체결하였다. 다이와 하우스 공업은 레빗을 베이스로 한 BIM 업무 프로세스의 전개를 전사에서 진행하는 선진기업이다.

"가설주택에서 2년 이상 생활하는 사례도 있습니다. 이 프로그램을 활용함으로써 배치 계획에 소요되는 시간을 단축하고, 주거환경의 향상과 커뮤니티의 분단이라는 문제에 대응책을 생각할 시간을 확보할 수 있습니다."라고 오오니시 준교수는 말한다. 배치계획뿐만 아니라 설계, 시공, 건설 후의 유지관리라고 하는 전체 과정에서 BIM 활용을 추진하여 한층 더 효율화를 목표로 한다. 다이와 하우스 공업은 2019년 10월의 동일본 태풍(태풍19호)에서 재해를 입은 나가노시에서 응급 가설주택을 세울 때 이 프로그램을 활용하였다.

자동 작성된 배치 계획안의 외관 파스. 3차원 모델에서 즉시 가시화할 수 있기 때문에 합의 형성에 도움이 된다.

자료 : 다이와 하우스 공업

건축확인에 BIM 모델을 활용한다

일본 건설 산업이 BIM에 본격적으로 대처하기 시작한 것은 'BIM 원년'이라고 불리는 2009년 무렵이다. 처음에는 BIM을 단순한 '3차원의 고도 설계도구'로 간주하는 의견이 많고, 소프트웨어가 비싼데다가 다루기도 어렵기 때문에 좀처럼 보급이 진행되지 않았다. 'BIM 원년'에서 10년이 경과하여 드디어 BIM을 경영에 활용해보자는 의견이 나타나기 시작하였다.

그 증거로, 대형 제네콘을 중심으로 BIM 모델을 베이스로 생산시스템의 재구축을 목표로 하는 움직임이 활발해지고 있는 것은 지금까지 살펴본 대로이다. 인력 부족 등의 문제를 배경으로 설계부터 철골 제작, 시공까지를 BIM 모델과 연결하여 비용 절감과 품질 향상 등에 도움을 주고자 하는 의욕이 급속히 높아지고 있다고 말할 수 있다. 건축 프로젝트를 설계부터 공사 완료까지 BIM 모델을 베이스로 진행하는 데 빠질 수 없는 것이 건축 확인 (공사 착공 전에 건축기준법에 기초하여 건축물 계획이 법령에 적합한지 심사하는 것)과 중간 검사, 준공검사라고 하는 건축기준법에 근거하는 절차의 디지털화이다.

BIM 선진국의 하나인 싱가포르에서는 2013년 연면적 20,000m² 이상의 건물에 대한 건축 확인 시 의장에 관한 BIM 데이터를 제출하는 것을 의무화하였다. 이를 시작으로 2014년에는 연면적 20,000m² 이상의 건물의 구조와 설비에 관한 BIM 데이터 제출을 의무화하였으며, 나아가 2015년부터는 5,000m² 이상의 건물의 건축 확인 신청 시에 의장·구조·설비의 모든 BIM 데이터 제출을 요구하고 있다. 설계에서 시공까지 BIM 모델을 일관되게 활용한다는 차원에서, 설계와 시공의 중간 지점에 있는 건축 확인에서 BIM 활용은 빼놓을 수 없는 테마라고 말할 수 있다.

일본에서는 건축설계 사무소의 프리덤 아키텍트 디자인이 2016년 8월 일본 내 최초 BIM 데이터에 의한 4호 건축물(2층 이하 목조 단독 주택 등 소규모 건물)의 건축 확인 신청을 실현한 이래, 목조 3층 주택, 사무소, 호텔 등의 용도에서 BIM 모델을 활용한 심사 사례가 증가해왔다. BIM 모델에서 확인 신청에 필요한 정보를 도출하여, 자동으로 서류를 생성하는 템플릿 기능도 충실해지고 있다.

장래의 '자동심사'도 시야에

건축 확인에서는 공무원인 건축 주사나 민간의 지정확인검사기관이 의장도면이나 설비도면, 구조도면과 같은 도면의 정합성을 확인하거나, 신청된 건축물이 각 종 규정에 적합한지 여부를 체크해야 한다. 따라서 원래 하나의 3차원 모델에 건물의 정보가 집약되어, 정합이 맞추어진 BIM 모델을 활용하는 장점은 매우 크다. 3차원 구조물을 2차원 도면으로 표현하려고 하면 아무래도 도면 간에 부정합이 발생하기 쉽고, 그것을 체크하는 것도 힘들기 때문이다.

다만 'BIM을 활용한 건축 확인'이라고 말하고 있지만, 사전심사(사전 상담)는 물론, 실제 심사에서는 3차원 데이터를 활용하는 것이 아니라, 2차원 도면으로 출력하고 있는 것이 현실이다. 현재 건축 확인은 도서로 심사하도록 되어 있기 때문이다. 그래서 시미즈 건설과 지정확인검사기관인 일본건축센터는 BIM 모델로부터 출력한 2차원 도면이 아니라, 실제 BIM 모델을 사용하여 건축물의 법적 적합성을 컴퓨터상에서 심사하는 새로운 시스템을 공동으로 개발하였다. 언젠가는 실현될 것이라고 생각되는 BIM 모델에 의한 건축 확인 신청과 '자동심사'를 선점하는 것이 목적이다.

시스템의 핵심이 되는 것은 BIM 모델을 구성하는 패밀리(속성정보를 부여한 창호나 설비 등의 BIM 모델 데이터)와 BIM 모델을 위해 개발된 법적 적합성 자동판정 프로그램이다.

패밀리의 속성정보에는 방화설비와 재료(불연·준불연·난연)와 같은 건축기준법령에 관한 정보를 빠짐없이 입력한다. 그러면 판정 프로그램이 패밀리 속성정보를 기초로 법적 적합성을 판정하고, 결과를 3차원으로 비주얼화 해준다. 예를 들어 BIM 모델상으로 연소의 위험이 있는 범위를 지정하고 판정 프로그램을 돌리면 개구부에 방화설비를 사용하고 있는지 여부를 색으로 구분지어 표시되기 때문에 누구라도 간단하게 확인할 수 있다.

신 시스템이 보급되어 BIM 모델의 활용이 진전되면, 건축 확인에 필요한 기간도 짧아질 것으로 예상된다.

▎BIM 데이터로 사전심사를 마친다

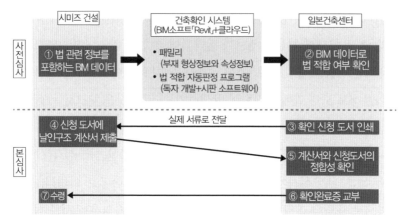

BIM 데이터를 공유하여, 판정 프로그램에서 사전 심사한다.

자료 : 시미즈 건설의 자료를 토대로 닛케이 아키텍처 작성

▎독자적으로 개발한 법 적합성 자동판정 프로그램

연소의 위험이 있는 범위에 방화 설비를 사용하였는지를 판정할 수 있는 프로그램. 시미즈 건설이 2020년 3월에 발표하였다.

자료 : 시미즈 건설

국내 첫 'BIM × MR'로 준공검사

설계나 건축 확인, 시공에서 사용한 BIM 모델을 준공검사의 효율화에 활용하는 사례가 나타났다. 준공검사란 건축공사가 종료된 후, 건물이 법령에 적합한지 건축주와 지정확인검사기관의 체크를 받는 중요한 절차이다. 검사 담당자는 현장의 육안 검사와 공사감리(도면대로 공사가 실시되어 있는지를 확인하는 것)의 서류, 계측기구 등을 사용하여, 건물이 건축신고(허가)서대로 만들어져 있는지를 확인해야 하며, 수고가 많이 드는 작업이기도 하다.

무대가 된 곳은 메르세데스 벤츠 일본과 타케나카 공무점이 2019년 3월, 약 2년간의 기간 한정으로 도쿄 롯폰기에 오픈한 전시 시설 'EQ 하우스'였다. EQ 하우스는 철골조 평지붕 건축물로 연면적 약 88m²이며, 설계 및 시공 모두 타케나카 공무점이 담당하였다.

수검자인 타케나카 공무점과 검사자인 일본건축센터가 협력하여, 육안 검사에 BIM과 MR mixed reality(복합현실)을 도입한 것이 특징이다. 헤드 마운트 디스플레이 head mounted display(이하 'HMD')에 3차원 BIM모델을 투영하여, 실제 검사 대상과 겹쳐 볼 수 있다. 타케나카 공무점 도쿄본점 설계부 설계4그룹장 하나오카 이쿠야는 "법정검사에서 MR 도입을 시도한 것은 국내 최초입니다. 대규모 건축 현장에 도입되면, 더욱 효율성이 높아질 것으로 기대됩니다."라고 말하였다.

검사에는 일본건축센터의 검사원과 타케나카 공무점의 담당자가 각각 HMD를 장착하고, 검사원은 투영된 모델을 참고로 공조·환기설비의 설치 상황을 확인하고, 휴대한 태블릿 단말로 BIM 모델에 지적사항을 작성한다. BIM 모델은 공유 클라우드에 업로드되어 있다. 검사 후 타케나카 공무점이 지적에 대한 답변을 입력하거나, 대처한 곳을 알 수 있는 사진을 탑재하기도 한다. 마지막으로 검사원이 이러한 사항들을 확인한다.

타케나카 공무점이 설계·시공을 담당한 'EQ 하우스'. 다양한 신기술이 포함된 전시 시설이다.

사진 : 닛케이 아키텍처

왼쪽 그림은 BIM 모델과 MR을 이용한 완료 검사의 모습. BIM 모델과 현실공간을 겹쳐 법 적합성을 확인할 수 있다. 오른쪽 그림은 HMD를 통해 바라 본 천장. 감지기의 감지구역이나 격리구역을 알기 쉽도록 표시하였다.

사진·자료 : 타케나카 공무점

MR을 검사에 사용하는 장점으로는 실제 건축물과 BIM 모델을 겹쳐 봄으로써 공간파악의 정확도가 높아진다는 점이다. 복잡한 구조나 부재, 기기가 가지는 기능, 방화구역이나 연소 라인(옆 건물에서 화재가 발생했을 때 연소할 가능성이 높은 부분)과 같이 현실에서 보이지 않는 부분도 시각화 할 수 있다. "수십 장의 종이 도면의 정보가 하나의 모델로 집약되어 있으므로, 검사가 원활하게 진행되었습니다. 도면에 기재되어 있지 않은 감리기록을 동시에 체크할 수 있다는 점이 큽니다."라고 일본건축센터 확인검사부·저에너지심사부의 스기야스 유카리 주사는 말한다.

검사용 모델은 별도 작성

'EQ 하우스'에는 건축 확인을 위한 사전심사에 BIM 모델을 활용하였다. 준공검사에서는 이를 베이스로 검사용 모델을 별도 작성하였다. 설비와 위생관련 확인에 MR을 사용하고, 기기와 기구, 배관, 덕트 등의 종별, 계통을 색으로 구분해 강조하였다. 자동화재통지설비의 위치와 떨어진 상황도 표시하였다.

일본건축센터 확인검사부 구조심사과장인 나카무라 마사루는 앞으로의 과제는 데이터 체크에 있다고 말한다. 나카무라는 "검사용 모델을 별도로 만든다면, 확인 신청 도서와 동일한 내용인지, 체크하는 과정이 필요하게 됩니다. 동일한 모델을 사용할 수 있다면 보다 수고가 줄어들 겁니다."라고 언급하였다.

BIM과 MR을 조합할 수 있었던 것은 설계와 시공을 타케나카 공무점이 일괄하여 전부 담당하는 프로젝트였다는 점이 컸다. 설계단계와 시공단계에서 BIM 모델을 일원화하지 못하면 실현은 어려웠을 것이다.

건축 분야 BIM 활용에 대한 전문가인 건축연구소 건축생산연구그룹의 무토 마사키 선임연구원은 "타케나카 공무점 등의 선진사례는 바로 손에 닿지 않을지도 모르지만, 확인심사에서 중간·준공심사까지 일관되게 BIM

을 활용할 수 있는 가능성이 보였습니다."라고 말한다.

앞으로의 포인트는 BIM을 취급하는 공통기반의 정비이다. 무토 선임연구원은 장기보존을 위해 범용성이 높은 파일 형식에 주목한다. 그는 "BIM 선진국가인 싱가포르에서는 제출 데이터를 IFC 형식으로 공통화하는 것을 검토하기 시작했습니다."라고 말한다.

■ 타케나카 공무점과 일본건축센터에 의한 'BIM×MR' 완료 검사

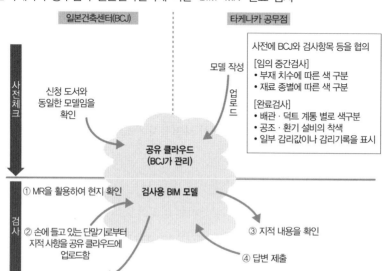

검사용 BIM 모델은 BCJ가 관리하는 공유 서버에 보관하여, 지적사항이나 답변 등을 모두에게 공유하였다. 검사 후에도 데이터는 클라우드에 남아있지만, 법적으로 필요한 도서는 종이로 보관하였다.

자료 : 타케나카 공무점의 자료를 토대로 닛케이 아키텍처가 작성

'EQ 하우스'의 경우 IFC 형식으로 모델을 작성했지만, HMD에 표시하기 위해서 데이터가 가벼운 스케치업 SketchUp; Skp 파일 형식으로 변환했다. "클라우드상에 있는 데이터를 직접 볼 수 있는 디바이스가 만들어진다면, 이러한 변환 작업도 생략할 수 있을 것입니다."라고 타케나카 공무점 도쿄본점 설계부 설비1그룹의 요시다 테츠 주임은 설명한다.

팬데믹에도 강한 BIM 워크 프로세스

이 책의 「서론」에서 소개한 바와 같이 경제산업성에 의한 DX의 정의는 '기업이 비즈니스 환경의 급격한 변화에 대응하고 데이터와 디지털 기술을 활용하여, 고객과 사회의 수요를 바탕으로 제품과 서비스, 비즈니스 모델을 변화시키는 동시에 업무 자체나 조직, 프로세스, 기업문화·풍토를 변혁하고 경쟁상의 우위성을 확립하는 것'이다.

디지털 기술의 장점을 최대한 활용할 수 있도록 자사의 체제나 업무 프로세스를 재작성하여 고객을 유치하고 실적을 늘린다. 그런 기업이 규모나 업태를 불문하고, 여기저기에 나타나게 되면 건설 산업은 다양한 인재를 유치할 수 있는 매력적인 업계로 거듭나게 될 것이다. 여기에서는 BIM을 활용하여 DX를 추진하고 있는 건축설계 사무소를 소개한다.

"COVID-19로 인해 설계 실무에서 문제가 발생하지 않았습니다. 발주자의 접객도 온라인으로 전환하여 진행하고 있습니다." 긴급사태 선언 상태인 2020년 4월 온라인 회의 줌ZOOM을 통한 취재에 이렇게 말한 것은 프리덤 아키텍츠 디자인 칸토설계감리부 BIM 설계실의 이마이 이치오 실장이다.

프리덤 아키텍츠 디자인(도쿄도 츄오구)는 연간 약 400채의 주문주택(건축주가 원하는 디자인의 단독주택)을 다루는 사원 수 232명(2020년 5월 시점)의 건축설계 사무소이다. 2014년 무렵에 오토데스크의 BIM 소프트 레빗을 도입해 불과 2년 후인 2016년에는 일본 내 최초로 BIM 데이터에 의한 4호 건축물의 확인 신청을 실현하는 등 BIM을 적용한 경영 스타일로 알려져 있다.

이 회사가 코로나 상황에도 안정적이었던 구조설계 사무소와의 연계부터 확인신청까지 하나의 BIM 데이터를 업데이트해가면서 설계 업무 프로세스를 진행하는, 디지털을 기반으로 하는 업무체제의 구축이 이미 완료되어 있었기 때문이다.

2018년 베트남 다낭에 설립한 도면과 완성예상도 작성을 담당하는 'BIM

센터'와의 업무는 이전부터 전부 온라인으로 이루어지고 있었다. "대면으로 진행하는 것보다 오히려 온라인으로 하는 편이 정확하고, 부드럽게 의사소통할 수 있습니다."라고 이마이 실장은 말한다.

건축주와의 협의에서는 BIM 데이터로부터 생성한 고화질의 완성예상도와 동영상, VR 등을 활용하여 사양을 결정한다. 일조량 시뮬레이션 등도 가능하다. 동영상은 온라인 접객에 매우 효과적이다.

▌베트남의 BIM센터와 온라인 회의

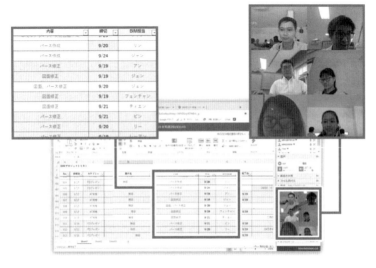

BIM센터의 멤버는 약 15명. 월간 약 100동의 BIM 데이터를 작성할 수 있다.

자료 : 프리덤 아키텍처 디자인

프리덤 아키텍츠 디자인사의 BIM 활용은 제네콘들이 거액의 비용을 투자하여 자사용 BIM 소프트웨어를 커스터마이즈하는 것과 달리 레빗이 갖춘 기본적인 기능과 애드인을 사용하여 업무를 진행하는 것이 특징이다.

이러한 노하우가 BIM의 본격 도입을 목표로 하는 설계 사무소나 공무점 등에도 도움이 될 것으로 판단하고, 프리덤 아키텍츠 디자인사는 BIM도입을 지원하는 컨설팅 서비스를 2020년 5월 1일부터 개시하였다. 이마이 실장은 "소프트웨어를 구입하더라도 제대로 활용하지 못하는 기업들이 많았습니다. 그래서 우리 회사는 월 100만 엔(세금 별도)에 약 3개월간 신청 기업 업무실태에 맞는 업무 프로세스 구축 등을 확실히 지원하는 서비스를 제공할 생각이다."라고 말하였다.

Column | **매수·연계로부터 회사 설립까지, BIM 체제 구축 활발**

토오큐 건설은 2020년 7월 7일 BIM에 의한 설비설계·구조설계를 다루는 싱가포르의 인도신 엔지니어링Indochine Engineering사의 주식을 100% 획득하기로 합의하였다. 이 회사는 베트남과 호주에 자회사가 있다. 베트남 자회사에는 80명의 기술자를 고용하고, 주로 아시아·오세아니아 지역에서 BIM에 의한 고도 설비설계·구조설계 서비스를 제공하고 있다.

토오큐 건설은 인도신 엔지니어링을 인수하여, BIM에 숙련된 기술자 부족을 보완하였다. 토오큐 건설은 2017년에 시공단계의 BIM 활용을 추진하기 위한 전문 조직을 설립하였으나 인재 부족 문제가 심각하였다. BIM을 제대로 다룰 수 있는 인재의 부족 문제가 BIM 보급에 걸림돌이 되고 있는 측면은 부정할 수 없다. 카지마 건설은 2017년 자사 이외에도 모델링이나 컨설팅 등의 BIM 관련 서비스를 제공하는 글로벌 BIM(도쿄도 미나코구)을 설립하였다.

BIM 모델의 작성에 빠질 수 없는 것이 건재나 설비, 가구, 구조부재 등의 부품 즉, BIM 오브젝트(패밀리)를 충실함이다. 오바야시구미는 2019년 10월, BIM 오브젝트 종합검색 플랫폼 '아치 로그Arch-LOG'를 운영하는 마루베니 아크 로그사와, BIM 오브젝트 확충과 플랫폼 활용을 위한 업무제휴를 체결하였다. 오바야시구미에서는 지금까지 자사에서 BIM 오브젝트를 정비해왔지만, 자사 1개 사만으로 감당하기에는 한계가 있었다. 그래서 대량으로 BIM 오브젝트를 집약·관리하는 플랫폼을 운영하는 마루베니 아크로그와 손을 잡고, BIM 오브젝트의 충실과 활용을 도모하게 되었다.

2. 빌딩 관리 플랫폼으로서의 BIM

BIM은 데이터베이스라는 점에 가치가 있다. 2023년 5월 신청사 오픈을 목표로 하는 교토후 야와타시는 이러한 생각을 가지고 BIM을 활용한 신청사 퍼실리티 매니지먼트(FM, 시설관리 등) 시스템의 구축을 발주자 주도로 추진하고 있다.

야와타시 총무부 총무과의 야마구치 준야 계장은 "새로운 청사 건설이 결정되었을 때부터 BIM을 활용하고 싶다고 생각했습니다. 다만 설계와 시공 분야에서 BIM을 활용하는 것만으로는 부족합니다. 합의 형식이 통일되어 상호 간에 의견을 맞추기 쉽게 됨으로써, 설계변경이 감소하고, 비용 증가 문제나 공기 연장 문제를 줄일 수 있다는 장점은 있지만, 이러한 장점은 건물의 라이프 사이클 전체를 보면 극히 일부에 불과하기 때문입니다"라고 말한다.

야마구치 계장은 BIM을 새로운 청사 관리에 활용하는 것이 BIM의 유효성을 최대한 끌어낸다고 생각하였다. 그래서 설계시방서에도 유지관리에서 BIM을 사용하기 위해 설계 시점에서부터 조정이 필요하다는 것을 기재하였다. 시방서에는 설계와 시공, 유지관리에서 연계를 요구하였다.

야와타시는 BIM 모델이 가지는 속성 데이터와 3차원 형상을 살린 알기 쉬운 FM시스템의 구축을 위하여 지명형 프로포잘 입찰을 실시하여, 낙찰자로 닛켄 설계를 선정하였으며, 수탁료의 상한은 1,364만 엔(세금 별도)이다. 닛켄 설계가 입찰 과정에서 제안한 것은 '야사시이 BIM'이라는 컨셉이다. 건축설계에 필요한 정보와 일상 시설관리나 중장기 보전계획에 필요한

야와타시의 새로운 청사의 완성 이미지. 2023년 5월 사용 개시를 목표로 실시 설계와 시공을 오쿠무라구미·야마시타 설계의 JV가 담당하고 있다. 닛켄 설계는 설계 단계로부터 FM 시스템의 구축을 시작하고 있다.

자료 : 야마시타 설계

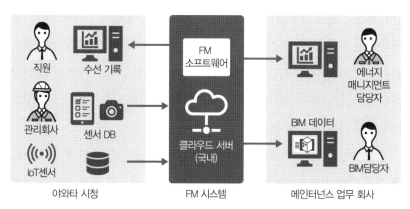

야와타시의 새로운 청사 BIM·FM의 시스템 이미지. BIM과 그와 관련된 데이터는 서버에 저장한다. 시의 직원이나 시설관리의 위탁처 등은 BIM이나 뷰어 소프트웨어가 설치되어 있지 않더라도 웹브라우저상에서 BIM 모델이나 데이터를 확인할 수 있다.

자료 : 닛켄 설계

데이터는 크게 다르기 때문에 시설관리에 필요한 정보를 철저히 정리하고, 아무 정보나 일단 담고 보는 것이 아니라, 데이터를 가볍고 다루기 쉬운 FM 시스템을 만드는 것을 제안하였다.

'야사시이 BIM' 완성 후를 이야기한다

야와타시의 야마구치 계장은 "야와타시가 주체적으로 청사관리 정보를 계속해서 파악하기 위해서는 디지털로 보존하는 것이 필요합니다."라고 말한다. 그러나 정보 취급이 어려울 경우 담당자가 바뀌게 되면 사용하지 않을 우려가 있다. 닛켄 설계가 말하는 '야사시이 BIM'이라면 계속 사용하게 될 것이라고 확신했다고 한다.

BIM과 연계한 FM에서 사용되는 것은 세계에서 2만 4,000사 이상의 도입 실적을 가진 시설 관리 소프트웨어 '아키버스ARCHIBUS'이다. 독자적인 시스템을 만들면 시스템의 유지보수나 새로운 OS 업데이트를 위한 대응 비용이 필요하게 된다. 닛켄 설계 설계부문 3D센터실의 야스이 켄스케 실장대리는 "FM은 건물을 사용하는 동안 계속 필요합니다. 계속해서 사용하기 쉬운 것을 제안하였습니다."라고 설명한다. 2020년 5월에는 어느 정보를 모델화할지를 시와 협의하고 있는 단계다. 시설관리의 업무 프로세스 등을 한창 정리하고 있으며, IoT 센서에 의한 계측 범위와 설비의 구역 설정 등은 설계 담당자와 조정하고 있다.

범용성이 뛰어나고 사용하기 쉬운 FM 시스템을 잘 활용하면, 시설관리에 대한 위탁업무도 재검토하기 쉽게 된다. 일반적으로 시설관리는 특정 기업과 수의계약을 맺는 경우가 많지만, 수년마다 입찰을 진행함으로써 경쟁이 발생하고, 비용 절감으로 이어질 수 있다.

장기적으로는 시스템을 다른 건물에 확대 적용하여 복수의 건물 관리도 가능하다. 야스이 실장대리는 "정보를 일원화하여 관리하고, 복수의 건물에서 필요한 비품 등을 일괄하여 발주할 수도 있을 것입니다."라고 설명한다. 야마구치 계장은 청사관리에 확산되는 것에 대해 "같이 고생하고 있는 건축직들에게 도움이 될 것입니다."라고 말한다. 사용자 의도를 지향하는 BIM 활용에 기대가 되는 상황이다.

국토교통성의 '건축 BIM 추진회의'

건물의 설계와 시공뿐만 아니라, 유지관리나 운영 단계에서 BIM 모델을 활용하면, 2차원에서는 표현하기 어려운 누수 장소 등의 정보를 간단하게 축적하거나, 과거 데이터를 근거로 최적의 보수계획을 작성·실행하여 건물의 라이프 사이클 비용을 절감할 수 있다. 장기적으로는 시설에 설치한 센서와 설비 등을 연동하여 건물 내의 온열 환경이나 전기 사용량 등의 최적화, 고장 파악이나 예방 등도 가능할 것으로 보인다. 설계나 시공 단계에서의 장점보다도 더 큰 과실을 얻을 수 있을 가능성이 있는 것이다. 다만, 이러한 장점은 오랫동안 발주자들이 이해하지 못했었다.

여기까지 사례와 함께 제시한 것처럼, BIM 원년부터 10년 이상이 경과하였고, 대형 건설 회사나 설계 사무소가 중심에 있다고 말할 수 있으며, 건물의 설계나 시공단계에서의 BIM 활용은 상당히 진행되어 왔다. 한편 계속해서 과제로 남아 있던 것은 유지관리·운영단계에서 활용이 진행되지 않는다는 점이었다. 야와타시의 대처는 시설 발주자(관리자)가 BIM을 활용하는 장점을 이해하고, 자주적으로 대처를 진행하고 있다는 점에서 선진적인 사례라고 할 수 있다.

기획·기본설계에서부터 설계, 시공, 나아가서는 유지관리·운영을 포함한 건축물 라이프 사이클 전체에서 BIM을 통한 디지털 정보를 활용하는 구조를 구축하기 위해서는 어떻게 하는 것이 좋을까. 국토교통성은 2019년 6월에 '건축 BIM 추진회의(위원장 : 도쿄대학 마츠무라 슈이치 특임교수)'를 설치하고, BIM 활용 추진을 위한 가속 페달을 다시 밟기 시작하였다.

"연말연시에 업무할 만한 시간이 적은 가운데 여기까지 정리해주셔서 감사합니다. 다만, 근로 개혁이 진행되고 있으므로, 자신들의 건강은 잘 챙겨주셨으면 합니다." 2020년 1월 17일에 개최된 건축 BIM 추진회의의 제3회 건축 BIM 환경정비부회에서 부회장을 맡는 시바우라 공과대학 건축학부 건축학과의 시데 카즈야 교수는 이렇게 국토교통성 주택국 건축지도과의 담당자를 포함한 출석자를 웃게 만들었다. BIM추진회의 사무국을 담당하는 국토교통성이 제시한 '역작'은 바로, 건축 BIM 추진회의의 논의를 바탕으로 2020년 3월에 공개된 「건축 분야에서 BIM표준 워크프로세스와 그 활용방책에 관한 가이드라인」(2022년 3월에 제2판이 공개됨)의 초안이었다.

이 가이드라인에서는 건물의 설계, 유지관리 등의 각 프로세스에서 일관되게 BIM을 활용할 때 표준적인 업무 프로세스를 처음으로 정리하여 제시하였다. 관계자들의 역할·책임분담 등을 명확하게 하는 것이 목적이다. 표준 워크 프로세스를 보여주는 것 외에도 데이터 전달 규칙, 예상되는 장점 등을 정리하였다. 건물 용도는 한정하지 않고, 연면적 5,000~10,000m^{2}의 민간 건물을 상정하고 있다.

가이드라인에서는 프로세스 간의 데이터 연계 레벨에 따라 5가지 대표적인 패턴의 업무 프로세스를 제시하였다. 먼저 설계·시공단계에서 연계하는 경우와 설계·시공·유지관리 단계에서 연계하는 경우로 크게 나누고, 후자에 대해서는 설계·시공 일괄발주와 설계와 시공을 분리발주 하는 경우로 상정하였다.

각 패턴에 관해서 프로세스별로 필요한 계약이나 업무 내용, BIM에 입력하는 정보 등에 대해 설정해야만 하는 규칙, BIM 활용의 장점을 기술하고 있다. 예를 들어 발주자의 장점으로는 건물의 준공 시 BIM 모델을 작성해두면, 비슷한 사양의 건물을 발주할 때 채산성 검토가 간단해지거나, 생산기간을 단축할 수 있다는 것을 생각할 수 있다.

컨설팅 사업자가 건물의 기획 단계에서 발주자에 대해서 이러한 장점을 제시하는 등을 통해 BIM 활용을 촉진한다. 국토교통성 주택건축지도과의 타부시 쇼이치 과장보좌는 "기획단계에서 발주자가 BIM을 일관되게 사용해서 얻을 수 있는 장점을 이해하는 것이 중요합니다."라고 설명한다.

새로운 업무 '라이프 사이클 컨설팅'

이 가이드라인에서 주목할 점은 유지관리에서 BIM을 활용할 경우에 '라이프 사이클 컨설팅'이라고 부르는 업무가 필요하다고 제시한 부분이다. 컨설팅은 기획단계부터 건물 완성 후의 유지관리까지를 염두에 두고, 모델링, 입력규칙 등을 설정하는 것이 주요 역할이다. 라이프 사이클 컨설팅 업무 담당자는 설계계약 이전에 발주자와 유지관리에서의 BIM 활용 방법에 대해 협의하여, 유지관리에 필요한 BIM 모델이나 모델링 규칙 등을 결정하여 설계자와 공유한다. 또한 시공단계에서 확정한 설비 등의 정보를 유지관리 BIM 작성자에게 제시한다. 가이드라인에서는 라이프 사이클 컨설팅 업무를 담당하는 사업자로서 PM project management(프로젝트 매니지먼트)/CM construction management(컨스트럭션 매니지먼트) 회사나 자산·시설·부동산의 관리 회사, 건설 컨설턴트 회사, 건축설계 사무소, 건설 회사의 FM 담당부서 등을 상정하고 있다.

야와타시가 신청사의 FM에 도입하려고 했던 것은 바로 국토교통성의 가이드라인을 선제적으로 대응한 것과 같다. 국토교통성이 가이드라인을 제시함으로써 드디어 건물의 유지관리나 운영단계에서의 BIM 활용이 진행될 수 있지 않을까 하는 기대감이 높아지고 있다.

국토교통성은 가이드라인의 다음 단계도 준비하고 있다. 2020년 6월 30일에는 '2020년도 BIM을 활용한 건축생산·유지관리 프로세스 원활화 시범사업'에서 닛켄 설계나 야스이 건축설계 사무소 등 8건의 제안을 채택했다고 발표하였다. 총 응모건수는 40건이었다.

시범사업은 국토교통성 가이드라인에 따라 BIM을 활용하는 프로젝트가 대상이다. BIM의 장점을 정량적으로 검증하고, 발주자나 설계자, 시공자 등의 관계자가 제휴하여 BIM 데이터를 활용할 때의 과제를 분석한다. 선정된 제안에 대해 5,000만 엔을 상한으로 하는 검증비용을 보조한다. 채택된 응모자의 대부분이 제안에 담고 있는 내용이 설계나 시공뿐만이 아니라, 건물의 운영이나 유지관리에서 BIM 활용을 전망한 대처이다. 예를 들어 야스이 건축설계 사무소와 니혼관재, 에이비시상회의 3자는 설계단계에서 활용한 BIM 모델에 설비 정보를 추가한 '유지관리 BIM'을 작성하여 유지관리 업무의 감소효과 등을 검증한다. 2020년에 완성되는 에이비시상회의 새로운 본사 건물이 그 무대가 된다.

지금까지 설명한 바와 같이 유지관리에 BIM을 도입하면, 문제점이나 수선 기록을 간단하게 축적·공유하거나, 유지 보수 계획 수립에 도움이 되는 등 다양한 장점이 있다고 생각된다. 다만, 설계나 시공에 필요한 정보와 유지관리에 필요한 정보는 상세도 level of detail; LOD가 다르기 때문에 데이터를 잘 취사선택하지 않으면, 정보의 과부족이 발생하여 BIM의 사용성이 나빠진다.

시범사업에서는 복수의 실제 프로젝트를 베이스로, 이러한 과제를 검증하고, 설계나 시공, 유지관리라고 하는 프로세스를 넘어 BIM을 활용하는 방법을 찾는다. 건축 BIM 추진회의가 가이드라인에서 새롭게 정의한 '라이프 사이클 컨설팅 업무' 등의 방향성에 대해서도 검증이 진행될 예정이다.

■ 가이드라인에서는 건물의 라이프사이클과 데이터의 흐름을 정리

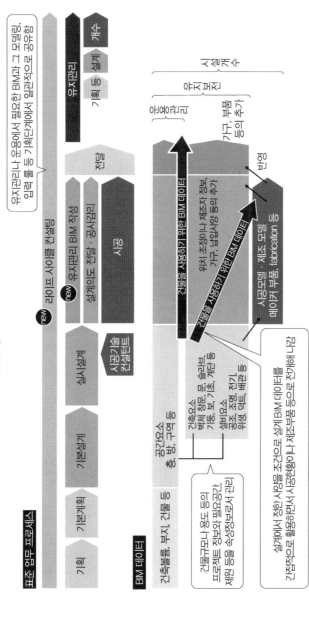

유지관리나 운용에서 필요한 BIM과 그 모델링, 입력물 등 기획단계에서 일관적으로 공유함

표준 업무 프로세스

기획　기본계획　기본설계　실시설계　시공　설계이도 전달·공사감리　유지관리 BIM 작성　전달　유지관리　기획 등　설계　개수

라이프사이클 컨설팅

시공기술 컨설턴트

BIM 데이터

건축부품, 부지, 건물 등

공간요소
층, 방, 구역 등

건축요소
벽체 창문, 보, 슬래브
기둥, 보, 기초, 계단 등

설비요소
공조, 조명, 전기,
위생, 덕트, 배관 등

건물규모나 용도 등이
프로젝트 정보와 필요공간,
제약 등을 속성정보로서 관리

설계에서 정한 사양을 조건으로 설계 BIM 데이터로
간접적으로 활용하면서 시공현황이나 제조부품 등으로 전개해 나감

건물을 사용하기 위한 BIM 데이터
위치 조정이나 제조·조치 정보,
기구, 납입사양 등의 추가

건물을 사용하기 위한 BIM 데이터
시공모델·제조 모델
메이커 부품, fabrication 등

시설개수

유지관리

안전양관리

가구, 부품
등의 추가

반영

건축 BIM 추진회의에서는, 기획부터 유지관리까지 BIM 데이터를 활용하는 경우 표준 워크 프로세스와 BIM 데이터의 관계를 정리하였다. BIM 데이터란, 3차원의 형상과 속성보 구성된 BIM 모델과 BIM에서 출력한 도서를 가리킨다.

자료: 국토교통성의 자료를 토대로 닛케이 아키텍처 작성

CHAPTER 3 BIM이야말로 건설DB의 기반이 된다 147

국토교통성의 모델사업

모델사업으로 선정된 프로젝트에서는 어떠한 대처가 이루어지는 것일까. 앞에서 설명한 에이비시상회의 새로운 본사 건물을 자세하게 살펴보자.

새로운 본사 건물은 지하 1층, 지상 9층으로, 지상 1~3층에는 전시룸과 100석 이상의 대회의실이 들어간다. 4~9층에는 오피스 플로어로, 사내 커뮤니케이션을 활성화하기 위한 코어(엘리베이터와 계단실을 집약한 부분)를 한쪽으로 모으고, 넓은 업무 공간을 확보하였다.

에이비시 상회의 본사가 있는 부지는 도쿄 아카사카의 소토보리도오리를 따라 위치하며, 신사나 공개공지의 녹지에 둘러싸인 축복받은 환경이다. 그러나 구 사옥은 개구부가 적고, 인근의 녹지를 보기 힘든 건물이었다. 또한 중심의 코어부분으로 인해 오피스 공간이 분단되어 일체감이 부족하였다. 건물의 노후화에 따라 에이비시 상회는 재건축을 결정하고, 야스이 건축설계 사무소가 설계를 담당하였다.

새로운 본사 건물에서는 야스이 건축설계 사무소가 개발하여 2018년 4월에 서비스를 개시한 건축 매니지먼트 시스템 '빌드캔 BuildCAN'이 처음으로 도입된다. 빌드캔은 BIM이 가지는 3차원의 형상 정보와 속성 정보를 건물의 유지관리에 활용하는 클라우드 서비스로, IoT 센서와 BIM을 연계시킨 것이 특징이다.

지금도 청소나 수선·개수, 보수점검의 이력 등 시설의 유지관리에 관한 정보를 도면 등과 연계하여 관리하는 서비스는 있다. 빌드캔은 이러한 정보 관리뿐만 아니라, IoT 센서에 의한 조도나 온습도, 이산화탄소 농도의 감시와 분석, 매니지먼트도 가능하게 한다. 물론 준공도서나 서류 등의 정보도 일원화하여 관리할 수 있다. 에이비시 상회의 새로운 본사는 빌드캔 도입의 첫 번째 사례가 되었지만, 설계 당초부터 이 시스템의 채용이 결정된 것은 아니었다.

■ 설계 시에 사용한 BIM 모델을 FM에 활용

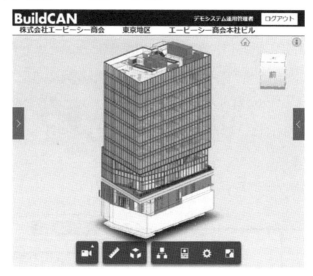

에이비시 상회의 새로운 본사의 유지관리에 사용하는 BIM 모델. 설계 시에 작성한 BIM 을 기반으로, 유지관리에 필요한 설비 등의 정보를 추가하였다.

■ BIM을 이용하여 빌딩의 경영·운영에 부가가치를 더한다

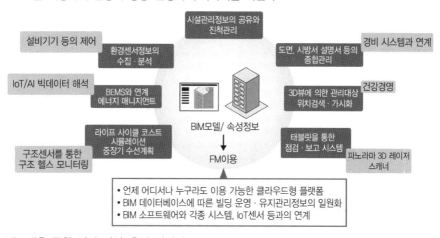

빌드캔을 통한 빌딩 경영·운영 이미지

자료 : 야스이 건축설계 사무소(위·아래)

2007년에 남들보다 빨리 BIM을 도입하고, 설계에서 활용해온 선구적 기업인 야스이 건축설계 사무소는 에이비시 상회의 새로운 본사도 BIM으로 설계하고, 시공단계에서 확정된 정보와 변경사항도 BIM에 반영하였다. 공사가 진행되는 가운데 가능한 한 오랫동안, 건전한 상태로 건물을 사용했으면 좋겠다는 취지에서 야스이 건축설계 사무소는 빌드캔을 활용한 FM지원서비스를 제안하고, 에이비시상회가 이를 채용한 것이다.

▌에이비시 상회 새로운 본사의 FM 지원 시스템의 이미지

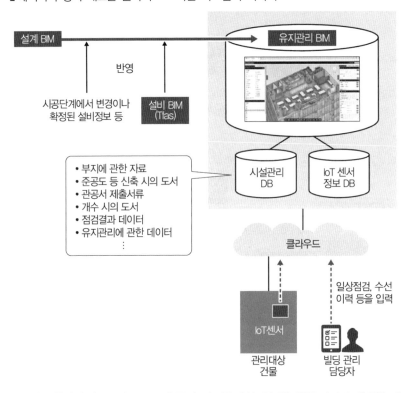

야스이 건축설계 사무소가 BIM 모델 등의 정보를 갱신·정리할 뿐만 아니라, 축적한 데이터를 분석하여 매니지먼트에 활용한다. 시스템 제공자로서 버전 업데이트 등도 지원한다.

자료 : 야스이 건축설계 사무소의 자료를 토대로 닛케이 아키텍처 작성

야스이 건축설계 사무소는 유지보전계획 작성과 그 검토를 서포트한다. 나아가 빌드캔을 플랫폼으로 한 건축 매니지먼트 시스템을 활용하여 빌딩 관리를 저인력화하고 비용절감으로 이어진다.

빌딩관리회사는 정기점검이나 응급대응 등의 유지보수 상황의 등록, 보고서 등의 데이터 관리를 담당하게 된다. 담당자는 태블릿 단말 등으로 일상점검의 보고 등을 업로드한다. 이렇게 축적한 데이터를 유지관리용 BIM 과 링크시킨다.

FM에서 사용하는 BIM 데이터는 설계 시에 작성한 BIM 모델에 시공단계에서 변경한 내용과 확정한 설비정보 등을 반영한 것이다. 빌드캔의 개발을 진행해 온 야스이 건축설계 사무소의 시게토 카즈유키 ICT실장은 "설계부터 운영까지 일관하여 하나의 BIM으로 이어지는 것이 이상적입니다만, 시공단계의 데이터는 정보량이 너무 많아서 유지관리나 운영에 사용하는 것은 어렵습니다."라고 설명한다.

예를 들자면 설계용 BIM은 방화구역의 위치 등 건물의 운영을 고려한 정보를 가진다. 이를 근거로 시공 단계에서 콘크리트의 두께 등의 정보를 만들지만, 건물의 운영 단계에서 유지보수를 검토할 때에 필요한 것은 설계 단계의 BIM에 입력한 방화구역을 알 수 있는 정보이다. 단 설계단계에서는 설비에 관한 정보가 적다는 문제점이 있다. 그래서 이번에는 시공단계에서 설비의 정보를 통합하는 형태로, 유지관리용 BIM 모델을 만들기로 하였다.

빌드캔을 활용함으로써 건물의 이용자에게도 장점이 있다. 에이비시상회의 새로운 본사에는 집무실이 있는 4~8층과 옥상에 온습도 센서와 이산화탄소 센서를 설치하였으며, 센서 정보는 빌드캔의 서버에 축적된다. 온습도와 이산화탄소 농도 정보를 기초로 쾌적성을 나누어, 각 플로어에 설치한 태블릿 단말에 표시한다. 이용자는 언제라도 실내 환경을 확인할 수 있다.

야스이 건축설계 사무소에서는 자사 오피스에서도 시험적으로 빌드캠을 도입하고 있다. 지금까지의 실증 결과로부터 종래와 비교하여 보전이나 수선, 갱신 비용이 10~20% 절감되는 것을 확인하였다. 또한 IoT 환경센서와 연동한 '자연통풍환기 어드바이스 기능'에 따라 창문을 열고, 공조 설비를 정지하는 것을 통해 공조 에너지를 1일당 최대 8% 정도 절약할 수 있었다.

시게토 ICT 실장은 "목표로 하고 있는 것은 발주자와 설계자, 시공자의 관계를 BIM에서 효과적으로 묶어주고, 사회와 발주자에게 이익을 가져다 주는 것입니다."라고 강조한다.

영국 에이럽(ARUP)사의 '뉴런(Neuron)'

빌딩 관리에 BIM 모델을 활용하려고 하는 시도는 전 세계에서 시작되고 있다. 그 가운데 일본의 건축설계 사무소나 건설 회사들이 주목했으면 하는 것이 선진적인 국제종합 엔지니어링 회사로 건축 분야에서 유명한 영국의 에이럽사가 2020년 6월에 발표한 클라우드 기반 플랫폼 '뉴런'이다.

뉴런은 빌딩 운영 시스템과 공조 시스템과 같은 여러 시스템으로부터 실시간으로 얻은 데이터를 건물 BIM 모델을 기반으로 만든 '디지털 트윈(현실세계를 가상공간으로 모델화하고, 시뮬레이션 등에 활용하는 기술)'으로 건물 관리를 효율화하는 솔루션이다.

데이터를 기반으로 상황을 파악할 뿐만 아니라 AI를 활용함으로써 에너지 수요 예측, 건물 시스템 최적화, 고장 검출, 고장 예측에 근거한 유지보수를 자동으로 수행할 수 있다고 설명하고 있다. 2008년 베이징 올림픽 수영경기장인 '베이징 국가수영센터'에 뉴런을 도입하여 최대 5%의 에너지를 절감한 실적이 있다.

홍콩 섬의 중심에 있는 4층짜리 연면적 95,000m^{2}의 복합시설 '타이쿠 플레이스One Taikoo Place'에도 뉴런을 도입하였다. 설비의 운전이력과 감시카메라의 화상해석을 통해 도출한 시설의 이용자수, 일기예보 등에 근거하여 장래의 공조 부하를 기계학습을 통해 예측하고, 에너지 소비량을 최소화하는 설비의 운전계획을 작성하여 오퍼레이터에게 제안하였다.

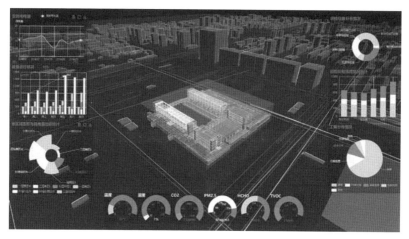

베이징 국가 수영센터(워터 큐브)에서의 뉴런의 사용 사례

홍콩의 고층 오피스빌딩 '타이쿠 플레이스'에서의 적용 사례. 태블릿 단말기에서도 시설의 정보를 확인할 수 있다.

자료 : 에이럽(위·아래)

에이럽사는 기능을 순차적으로 업데이트하고 있다. 예를 들어 COVID-19의 감염 유행에 따라 감염증 대책에 관한 기능을 추가하였다. 건물 입구에 온도카메라를 설치하여 체온이 높은 사람을 검출하는 기능이다. 기온에 의한 영향을 배제하기 위한 보정을 자동화하여 검출 정도를 높이고 있다.

뉴런은 건물의 소유자, 관리자뿐만 아니라 건축설계자에게도 장점이 있다. 건물의 실제 이용자 수나 열원피크부하 등의 정보를 바탕으로 개수 계획을 수립하거나 새로운 건물의 설계에도 활용할 수 있다.

이러한 솔루션을 체험해보면 건물의 데이터를 사장시키고 있는 것이 얼마나 안타까운지 실감할 수 있을 것이다.

3. 국토교통성의 BIM/CIM 원칙화

BIM 활용은 건축 분야에 그치지 않고, 토목 분야에서도 급격히 확대되고 있다. 국토교통성은 COVID-19 관련 경제 대책으로써 2020년 4월에 각의 결정한 2020년도 제1차 추경에서 인프라·물류 분야의 DX를 추진하는 명목으로 약 178억 엔을 계상하여, 2023년도까지 국토교통성이 발주하는 모든 공공공사(소규모는 제외)에서 BIM/CIM을 활용한다는 목표를 내걸었다. BIM/CIM은 주로 토목 분야의 BIM이라고 생각해도 지장이 없다.

국토교통성은 지금까지도 2025년도까지 모든 직할 공사(국토교통성이 직접 발주하는 공사)에서 BIM/CIM을 활용하는 'BIM/CIM 원칙화'를 발표하고 실행에 옮겼다. COVID-19 감염 확대를 배경으로 공공사업의 디지털화를 가속시킬 필요가 발생하여, 목표를 2년 앞당기게 되었다.

국토교통성은 2015년 11월에 「i-Construction」이라는 시책을 발표하고, 측량부터 조사·설계, 시공, 검사, 유지관리, 갱신에 이르는 모든 프로세스를 ICT를 활용하여, 토목 분야의 생산성을 높이고자 하였다. BIM/CIM은 그 기반으로서 위치하고 있는 것이다.

BIM의 활용에 있어서는 건축 분야가 토목보다 선배에 해당하는데, 공사의 발주자들이 관심이 없거나 장점을 느끼지 못해서 설계나 시공 같은 단계별 이용에 그쳤었다는 경위는 앞에서 설명한 바 있다.

이에 비해 토목 분야에서는 BIM/CIM 활용 역사는 짧지만, 공사의 발주자인 국토교통성이 2017년 3월에 작업순서나 유의점을 정리한 「CIM 도입 가이드라인(안)」을 정리하고, 설계업무나 공사에서 BIM/CIM보급을 강력하게 추진하고 있다. 가이드라인은 기본 사항을 나타낸 공통편과 함께, 토공, 하천, 댐, 교량, 터널, 기계설비, 하수도, 산사태, 사방, 항만의 총 11편으로 구성된다. 가이드라인을 개정해가면서 대상이 되는 공사를 서서히 확대시켜 왔다.

토목 분야의 모델사업, 발주방식과의 조합

건축 분야와 마찬가지로 토목 분야에서도 설계나 시공과 같은 각 단계 내에서 완결되기 쉬운 BIM/CIM 데이터를 연계시켜 토목공사의 프로세스 전체를 효율화하는 것이 과제가 되고 있다. 국토교통성은 2019년 3월 '3차원 정보 활용 모델사업'이라는 제목으로 전국에서 12개의 모델사업을 선정하였다. 3차원 데이터 이용을 위해 과제 등을 전부 도출하는 것이 목적이다. 모델사업으로 선정된 프로젝트 중 하나가 '국도2호 오오히바시 서고가교' 정비 사업이다. 이 고가교는 오카야마시 내를 통과하는 국도2호의 오오히바시 서쪽교차점을 입체화하는 육교이다. 현재 이 교차점은 편도 3차선으로 하루 10만 대의 교통량이 있다. 교통에 미치는 영향을 최소화하면서 교량을 가설하기 위해서는 시공하기 쉽도록 설계할 필요가 있었다. 그리하여 오오히바시 서고가교 정비 사업에서는 ECI Early Contractor Involvement라고 불리는 새로운 발주방식을 채용하였다.

ECI 방식은 설계 단계에서 시공자가 될 예정인 회사(우선교섭권자)에게 기술 협력 업무를 발주하고, 시공 노하우 등을 설계에 반영시키는 방식이다. 통상의 토목 사업에서는 건설 컨설턴트 회사가 설계한 내용을 바탕으로 공사가 발주되지만 ECI 방식에서는 설계 단계에서 건설 회사가 관여하기 때문에 시공자가 활용하기 쉬운 형태로 BIM/CIM 모델을 정비할 수 있다는 장점이 있다.

국토교통성 츄우고쿠 지방정비국은 2016년 9월 교량 설계에 강점을 가지는 다이닛폰컨설턴트에 상세 설계 업무를 발주하였으며, 반년 후인 2017년 3월에는 우선 교섭권자로 선정된 일본 팹텍·코노이케구미의 JV와 기술협력업무 계약을 체결하였다.

설계단계에서 JV의 의견을 바탕으로 BIM/CIM 모델을 시공 단계에서 사용하기 쉬운 형태로 정비한 하나의 예는 거더의 블록 분할이다. 교량의 설계자는 일반적으로 거더 전체를 하나의 블록으로 모델화한다. 그러나 크레인으로 가설하는 강교의 경우, 가설하는 블록별로 분할한 BIM/CIM 모델로 하지 않으면, 시공계획 검토 등에서 사용할 수가 없다. "시공을 염두에 두고 모델을 만들었습니다."라고 일본 팹텍 기술연구소의 타나카 신야 ICT 추진 그룹장은 말한다.

설계 단계에서는 일반적으로 도면이 어느 정도 완성되고 나서 3차원화하지만, 이 프로젝트에서는 초기 단계에서 3차원 모델을 작성하였다. "3차원 모델로 시공 순서를 작성하여 정보를 공유했기 때문에 조기 단계에서 과제가 명확해졌습니다."라고 다이닛폰 컨설턴트 오사카지사 기술부의 마츠오 소이치로 구조보전 제1계획실장은 말한다.

모델은 브라우저상에서 확인

ECI 방식과 BIM/CIM을 조합하는 과거에 없는 사업이기 때문에, 상세설계를 시작할 때에는 발주자, 설계자, 우선교섭권자의 역할 분담을 조심스럽게 체크하였다. 중심이 되는 것은 설계자이지만, 거기에 우선교섭권자가 어떻게 관여하는가를 확인하고, 상세한 분담표를 작성하였다.

관계자 간의 정보 공유에는 이토추 테크노 솔루션즈의 시스템 'CIM-LINK'

를 사용하였다. 이 시스템은 3차원 모델을 브라우저상에서 확인할 수 있는 것이 특징이다.

BIM/CIM 모델의 데이터는 용량이 매우 크기 때문에 매번 메일로 주고받는 것은 어렵다. 파일 공유 시스템을 사용하여 각자가 모델을 다운로드하더라도, 이를 보기 위한 전용 소프트웨어가 필요하다. 또한 컴퓨터의 처리 능력이 높지 않으면 제대로 처리하기 어렵다.

CIM-LINK를 사용하면 서버 측에 3차원 모델 데이터를 둔 채로 끝난다. 시점을 움직이거나, 확대·축소하거나 하는 조작을 브라우저상에서 간단하게 할 수 있다.

BIM/CIM 모델은 발주자가 설계 내용을 확인할 때에도 효과가 발휘된다. "발주자 가운데는 현지의 고저차 등 이미지가 잘 와닿지 않는 사람이 많습니다. 이러한 사람들도 3차원 모델로 보면 상황을 쉽게 이해할 수 있습니다." 국토교통성 츄우고쿠 지방정비국 오카야마국도사무소 공사과의 쇼지 아키라 과장은 이렇게 말한다.

■ 오오히바시 서쪽 고가교의 BIM/CIM 모델

그림의 상단에 희미하게 보이는 튜브 형태의 곳은 전력선으로부터의 이격거리를 가시화한 것이다.

자료 : 국토교통성 오카야마국도사무소

감독·검사에 3차원 모델 활용을 도전

국토교통성 칸토 지방정비국 코후하천 국도사무소에서는 설계 단계에 있는 신 야마나시 순환도로와 시공·관리단계인 중부 횡단자동차도가 모델사업으로 지정되었다.

신 야마나시 순환도로는 커브 구간에서 운전자들의 시야 확인에 BIM/CIM 모델을 활용하였다. 당초 설계로는 커브의 선단이 보이지 않았기 때문에 경사 등을 변경하여 안전성을 높였다. 한편 2021년에 완전 개통 예정인 츄부 횡단자동차도에서는 유지관리에 BIM/CIM 을 활용한다. 개통 전에 터널 구간의 3차원 데이터를 레이저 스캐너로 작성해두고, 개통 후에는 차량에 장비를 장착하여, 고속주행하면서 계측할 수 있는 MMS Mobile Mapping System를 이용하여 데이터를 취득한다. 3차원 데이터를 이력으로 축적하면, 터널의 경년변화를 알기 쉽게 되며, 관리 효율이 향상된다.

■ 유지관리도 3차원 데이터로

[측정]

[3차원 데이터 추출]

[전개도 이미지 작성]

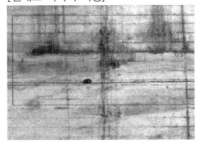

츄부 횡단자동차도 터널의 정기 점검에서 3차원 레이저 측정 시스템을 활용하였다. 점검결과의 대조 및 차후의 점검 작업 효율화로 이어진다.

자료 : 국토교통성 칸토 지방정비국
코후하천 국도사무소

이런 코후하천 국도사무소가 향후 시공단계의 공공사업에 도입을 생각하고 있는 것이 감독과 검사 업무에 3차원 데이터의 활용이다. 실제 계측치와 설계치를 컴퓨터상에서 매칭한다. "사무소의 컴퓨터에서 완성 상태(공사가 완료된 부분)를 확인하면 현장에서 입회 검사를 생략할 수 있습니다." 라고 코후하천 국도사무소의 타키자와 오사무 공사품질관리관은 설명한다. 또한 품질확인도 현장작업자가 촬영한 라이브 영상으로 진행하고 싶다고 말한다. 이러한 방식이라면 감독원이나 검사관이 올 때까지 기다리거나, 일정 조정에 시간을 낭비하는 일도 없어지므로 시공자 입장에서도 장점이 된다. 부정 방지 등 실제 운영에 있어서는 과제들도 있겠지만 현장에서 시범 적용하면서 문제점을 해결해 나갈 생각이다.

'원칙화'로 발주자의 생산성을 높일 수 있다

2019년도 국가의 직할공사에서 BIM/CIM을 활용한 프로젝트는 361건이었다. 2018년도의 약 1.7배로 급증하였지만, 2023년까지는 국토교통성이 발주하는 모든 공공 공사(소규모를 제외)에서 활용한다는 목표에는 아직 한참 부족한 상황이다. BIM/CIM을 한층 더 보급하기 위해 국토교통성은 발주자의 의식 향상과 환경 개선에 주력하고 있다. 2020년 3월에는 「발주자에 있어서의 BIM/CIM 실시요령」을 정리해 발표하였다. 여기서 주목해야 할 점은 발주자의 책무와 역할을 담았다는 점이다.

실시요령에는 'BIM/CIM모델의 확인이나 수정지시를 할 수 있도록 하드웨어나 소프트웨어, 통신환경을 정비하는 것', '발주 전에 이용 목적을 명확하게 해둘 것'과 같은 내용이 기재되어 있다. "생산성을 높일 필요가 있는 점은 수주자뿐만이 아닙니다. 발주자도 어떻게 하면 자신이 편해질 수 있는지를 생각해야만 합니다." 국토교통성 대신관방 기술조사과의 에이니시

나오 과장보좌는 이렇게 설명한다.

2020년도는 BIM/CIM을 취급하는 발주자를 육성하기 위하여 국토교통성 지방정비국마다 교육체제를 구축한다. 전국 12곳에서 실시하고 있는 BIM/CIM 활용 모델사업에서 얻은 지식을 바탕으로 커리큘럼을 작성하였다. 검사나 유지관리 등 발주자의 업무 프로세스에 따른 이용방법을 주지시켜 간다. "BIM/CIM은 업무 방식을 바꾸는 것으로 인식해주셨으면 합니다."라고 에이니시 나오 과장보좌는 말한다.

BIM/CIM의 보급이 눈에 띄게 지연되고 있는 지자체의 공사에도 지원조치가 필요하다. 소규모 공사가 많은 지방자치단체에서는 3차원 데이터를 사용하는 ICT 활용공사가 적고, 접할 기회가 거의 없을뿐더러, '투자에 걸맞는 효과를 얻을 수 없다'라고 간주하여 소프트웨어 도입이나 인재육성에 망설이는 건설 컨설턴트 회사 등이 적지 않다.

일본건설정보종합센터(JACIC)가 2017년에 건설 관련 8개 단체의 소속 기업을 대상으로 실시한 설문 조사에 따르면, 하드웨어와 소프트웨어 각각에 대한 기업의 연간 투자액은 평균 350만 엔 정도였으며, 기술자 육성에 관한 비용은 약 150만 엔이었다. 비용부담이 크며 활용의 기회가 적고, 업무 효율화의 효과도 정량화하는 것이 간단하지 않는 상황에서 중소기업이 투자를 주저하는 것은 이해할 수 있다.

이런 가운데 이바라키현에서는 발주방식을 고안하여, 지역 건설 컨설턴트 회사가 3차원 모델 작성에 임할 수 있는 환경을 만들었다. 2018년부터 시작한 '챌린지 이라바키 I형/II형' 방식이다.

이 가운데 I형은 10,000m^3 이상의 토공사 등에 적용하였으며, 공사와는 별도로 3차원 모델 작성 업무를 건설 컨설턴트 회사에 발주하였다. 포인트는 시공자와의 협의를 요구하는 점이다. 3차원 모델을 만들기 위해 시공순서 등을 반영할 필요성이 있다는 점을 고려하였다. 기성고나 공정 관리에도 3차원 모델을 사용한다. 민간기업의 청년육성도 염두에 두었다. "3차원 도면을 만들면 구조나 공사 내용을 이해하기 쉽습니다. 인재육성에 고민하는 중소기업일수록 도입 효과는 큽니다." 챌린지 이바라키를 고안한 이바라키 현 토목부 검사지도과의 나카지마 타카시게 계장은 말한다.

Column ┃ BIM/CIM 모델을 간단하게, 진화하는 설계의 자동화

BIM/CIM의 보급, 소프트웨어의 진화에 수반하여 복수 안을 비교·검토할 때마다 대량의 도면을 그려야 하고, 조건이 바뀌면 처음부터 전부 다시 해야 하는 토목의 설계 방법에서 변화의 조짐이 보인다.

설계자동화를 위해 움직이기 시작한 것은 대형 건설 컨설턴트 회사인 퍼시픽 컨설턴트사이다. 소프트웨어 대기업인 프랑스의 다쏘시스템의 캐드CAD 소프트인 카티아(이하 'CATIA')를 채용하고, 제조업 등에서 이용되어 온 '파라메트릭 설계'를 도입하기 시작하였다.

파라메트릭 설계에서는 교각 등의 3차원 모델을 미리 템플릿으로서 준비한다. 프로그래밍으로 높이나 폭 등의 파라미터에 따라 구조 계산 등을 성립시키면서 형상을 자유롭게 바꿀 수 있도록 해둔다. 이를 통해 숫자를 입력하면 3차원 BIM/CIM 모델을 쉽게 수정할 수 있다.

철근 콘크리트 구조물의 경우, 피복 두께(내부의 철근과 콘크리트 표면까지의 거리)나 철근 간격을 설정하여 자동으로 배근하는 프로그램을 템플릿에 포함시켜 두면 개별 구조 검토는 거의 필요치 않다.

기술자는 지형과 선형에 맞게 템플릿을 배치하여 대략적인 설계를 마친다. 예를 들어 교각의 예비 설계에서는 T형이나 원주형 등 몇 개의 템플릿으로부터 형상을 선택하여 경간 수(경간은 교각 간 또는 그 거리를 가리킨다)를 지정한다. 그러면 설정한 교량의 선형에 따라 자동으로 높이 등을 조정하면서 몇 개의 교각이 복사, 붙여넣기를 한 것처럼 순식간에 작성된다.

단면 형상을 직사각형에서 원형으로 바꿔서 비교·검토할 때에는 템플릿을 수정하면 모든 교각을 한 번에 변경할 수 있다.

또한 템플릿을 다른 프로젝트 간에 사용할 수 있다는 장점도 있다. 토목 설계에서는 성과품 하나를 가지고 반복해서 사용한다는 발상이 없었다. "도예처럼

정성을 담아 교량을 하나씩 설계하는 것이 당연했습니다." 퍼시픽 컨설턴트 사업강화추진부 i-Construction 추진센터의 이토 야스시 기술총괄부장은 말한다.

철도교에서 많이 사용되어 온 지간이 8~10m인 3경간 철근콘크리트 형식을 '3-8 라멘'이라 통칭하는 것은 좋은 예라고 할 수 있다. 구조는 거의 같음에도 불구하고, 지형이나 지질에 따라 다리마다 철근 양을 조정하면서 설계·작도하는 작업을 50년 가까이 반복해왔다. 템플릿을 사용하면 이러한 반복 작업에서 벗어날 수 있다.

퍼시픽 컨설턴트사는 시작 단계에서 교량과 사방댐의 설계에서 CATIA의 시범 적용을 진행하였다. "설계와 작도가 하나의 3차원 모델로 완결되면, 도면의 부정합 방지로도 이어집니다." 퍼시픽 컨설턴트의 마츠이 히로 상무는 이렇게 기대한다.

▌수치의 입력만으로도 교각의 푸팅을 확대할 수 있다

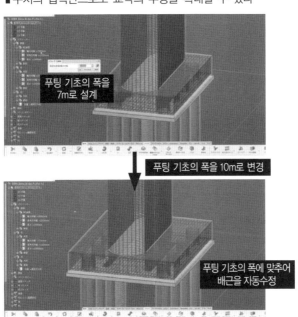

■ 템플릿 모음에서 필요한 부재를 고른다

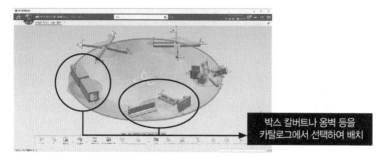

한번 등록된 템플릿은 몇 번이든 사용할 수 있다.

자료 : 퍼시픽 컨설턴트

■ 파라메트릭 모델의 데이터베이스를 작성한다

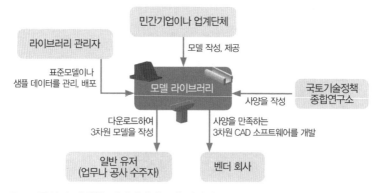

국토교통성이 작성한 데이터베이스의 이미지

자료 : 국토교통성의 자료를 토대로 닛케이 컨스트럭션 작성

파라메트릭 모델의 융통성

BIM/CIM의 원칙화를 진행하는 국토교통성도 3차원 모델의 재사용에 주목하고 있다. 폭과 높이를 수치 입력으로 조종할 수 있는 3차원의 '파라메트릭 모델'을 다른 캐드 소프트웨어에서 이용하기 위한 기본적인 개념을 2020년 3월에 제시하였다. 향후 옹벽이나 박스 암거 등 사용빈도가 높은 구조물을 중심으로 파라메터 설정 규칙을 정리하여, 민간 기업이 파라메트릭 모델을 제안할 수있는 데이터베이스를 구축한다. CATIA와 같이 배근 정보까지 모델에 포함시

킬 예정은 없지만, 작도하는 노력을 줄일 수는 있다.

　파라메트릭 모델은 프로젝트의 합의형성을 원활하게 할 수 있는 효과도 기대할 수 있다. "발주자·수주자의 협의나 주민 설명 시 즉시 도면을 수정해 가면서 확인할 수 있는 것이 장점입니다." 국토교통성 기술정책종합연구소 사회자본 정보 기반연구실 아오야마 노리아키 주임연구관은 이렇게 말한다. 가지고 돌아가서 도면을 수정하고, 다시 회의를 진행하는 불필요한 프로세스를 생략할 수 있으므로, 업무방식의 개혁에도 기여할 수 있을 것이다.

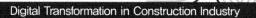

제4장

창조성을 해방하는
건설 3D 프린터

1. '단품수주생산'의 한계에 도전

네덜란드의 수도 암스테르담에서 열차로 1시간 반을 달리면 네덜란드 제일의 '발명도시'라고 불리는 아인트호벤시에 목적지인 공장이 있다. 커다란 체육관 정도의 넓이를 가지는 시설에 들어가는 순간 레일 위를 달리는 높이 2m 정도의 산업용 로봇 암이 눈에 들어온다.

여기는 네덜란드의 건설 회사 밤 인프라BAM Infra사 등이 설립한 유럽 첫 시멘트계 건설 3D 프린터 공장이다. 2019년 1월에 교량이나 주택 등의 대형 구조물과 부재의 제조거점으로 개설되었다. 3D 프린터라고 하지만 보이는 것은 공장에서 사용되는 로봇 암이 설치되어 있을 뿐이므로, 플라스틱 등을 재료로 하는 탁상 사이즈 3D 프린터밖에 모르는 일반인은 어리둥절할지도 모른다.

"펜스 밖으로 나가주세요. 지금부터 인쇄 시작합니다." 헬멧을 쓴 남성이 노트북의 키를 누르고, 로봇 암이 천천히 움직이기 시작하였다. 노즐 끝에서 모르타르(모래와 물과 시멘트를 반죽하여 만드는 건축자재)를 토출하여, 약 1cm의 두께로 정확하게 적층해 간다. 보고 있는 사이에 순식간에 1m 정도의 높이의 블록을 쌓아올렸다.

밤 인프라사는 3D 프린터로 교량을 만들고, 실제로 가설한 실적을 가진 몇 안 되는 건설사이다. 아인트호벤 공과대학 등과 공동으로 2017년 10월 당시에는 세계 최초로 시멘트계 재료를 이용한 3D 프린터로 제작의 자전거·보행자 다리를 완성시켰다.

시멘트계 건설 3D 프린터 공장에서 새로운 교량의 부재를 제조하는 시연 작업 모습. 로봇 암으로 모르타르를 층별로 적층해 나간다.

대형구조물의 제조에 특화된 프린터로 만든 구조물의 일부(사진에서 앞부분). 재료의 모르타르는 사진 안쪽으로부터 로봇 암의 끝부분의 노즐로 보내진다.

사진 : 밤 인프라(위·아래)

밤 인프라는 새로운 도전에 나섰다. 완성하면 세계 최장이 되는 3D 프린터 교량 건설을 10만 유로(약 4,900만 엔)에 수주한 것이다.

새로운 교량은 네덜란드 동부의 나이메헨시를 흐르는 강에 설치되는 자전거·보행자 다리이다. 길이는 29m, 폭은 3.5m이다. 네덜란드 공공사업·물 관리국과 나이메헨시, 디자이너 미셸 반 델 클레이가 공동으로 진행하는 국가적인 프로젝트로, 공공사업·물 관리국이 공사발주와 감독을 담당한다.

거푸집 불필요, 자유로운 디자인

이 새로운 교량의 가장 큰 특징은 유선형 디자인에 있다. 이는 나무줄기에서 가지가 늘어나는 모습을 표현했다고 한다. 디자인을 담당한 미셸 반 델 클레이는 "종래의 시공 방법으로는 도저히 실현할 수 없는 조형을 목표로, 자연계에 존재하는 군더더기가 없는 형상에 도달했습니다."라고 설명한다.

건설업에서 3D 프린터를 사용하는 최대의 장점은 '거푸집'이 필요 없어진다는 점이다. 콘크리트의 건물이나 교량을 건설할 때에는 일반적으로 거푸집이나 철근을 기능자가 수작업으로 설치하고, 거기에 생 콘크리트를 부어 굳힌다. 거푸집은 합판 등으로 만들어지기 때문에 자유로운 곡면을 배치한 디자인을 표현하는 것은 매우 어렵다. 3D 프린터라면 이러한 제약이 없다.

교량은 39개의 부재로 나누어 인쇄된 후, 현장 근처에서 조립된다. 20개가 넘는 거더 부재에는 완성 후에 1경간마다 강재를 관통시키고, 강재를 긴장시켜 프레스트레스를 도입해 일체화시킨다.

■ 자연계에 존재하는 디자인을 모방

▼ 적층 가능한 부재로 분할

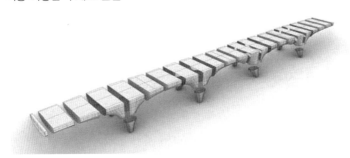

네이머헌시에 가설 예정인 교량의 이미지. 3D 프린터로 제조하기 쉬운 사이즈로 나누어
제조하고, 결합시킨다.
자료 : 위의 사진은 미치엘 반 데르 클리(Michiel van der Kley)와 핌 페이젠(Pim Feijen),
　　　아래는 밤 인프라

실물 크기의 실험체를 사용한 하중실험의 모습. 아인트호벤 공과대학의 테오·살렛 교수가
성능실험을 검수하였다.

자료 : 밤 인프라

시멘트계 건설 3D 프린터로 이러한 규모의 교량을 만든 사례가 없기 때문에 품질이나 안전성의 확인에 종래의 기준을 그대로 적용할 수 없다는 것이 난점이다.

그래서 공공사업·물관리국은 부재 제작에 앞서, 중앙의 한 개 경간 분의 실제 사이즈 시작품과 시험방법의 체계화를 아인트호벤 공과대학 건축환경학부의 테오 살렛 교수에게 의뢰하였다. 힘을 가해 균열이나 휨 발생량을 조사한 결과 교량 가설 후에는 상정되는 하중의 3배 가까운 하중에도 버틸 수 있는 것을 확인할 수 있었다.

적층속도의 절묘한 조절

레이어 형태로 모르타르를 쌓아가는 것은 언뜻 보면 간단할 것 같다. 하지만 실제로는 다양한 조건을 고려하여, 시행착오를 겪어가면서 최적의 방법을 찾아내고 있다.

예를 들어 모르타르를 적층하는 속도를 생각해보자. 토출된 모르타르 층을 다음 층과 일체화시키기 위해서는 곧바로 경화시키지 않고, 어느 정도의 유동성을 유지한 채로 둘 필요가 있다. 적층 시의 유동성이 불충분하면 층과 층 사이에 공극이 발생해서 콜드 조인트라고 불리는 불연속적인 이음새가 생겨버릴 우려가 있기 때문이다. 이러한 이음새는 외형적으로 보기 좋지 않을 뿐만 아니라 균열을 유발하여 구조물이 열화되는 시발점이 되기도 한다.

한편 모르타르의 경화가 너무 불충분한 상태로 적층을 계속하면 상부 층의 무게로 인해 하부 층이 변형되고 형태가 무너질 수 있다. 따라서 모르타르가 경화를 시작하는 데 걸리는 시간을 계산하여 프린터의 노즐이 움직이는 속도와 이동 경로를 미세하게 조정할 필요가 있다.

게다가 모르타르의 상태는 배합하는 첨가재의 양과 물의 온도 외에도 기온이나 습도 등에 따라 바뀌어 버릴 정도로 섬세하다. 밤 인프라사는 모르타르를 제공하는 생 거바인Saint-Gobain사와 위버 비아믹스Weber Beamix사는 공동으로 믹서와 노즐 등에 센서를 설치하여 데이터를 분석하고 최적 조건을 찾고 있다.

적층한 모르타르의 표면에 울퉁불퉁한 자국이 남아도, 내부 층간에는 공극 없이 일체화되어 있는 것을 알 수 있다.

자료 : 닛케이 컨스트럭션

생 거바인사와 위버 비아믹스사에서 마케팅매니저를 맡고 있는 마르코 봉크는 "펌프 내에서 압력이 가해지고 있는 동안에는 유동성이 높아지고, 노즐에서 토출되어 감압하면 젤처럼 굳어지는 특수한 모르타르를 개발하였습니다. 사실 원형이 되는 재료는 1990년대에 개발했었지만, 당시에는 설계나 로봇 제어 기술이 충분치 않아 보급에는 이르지 못했었습니다."라고 말한다.

참고로 물체에 힘을 가했을 때에 유동성이 일시적으로 감소하고, 방치하면 원래대로 돌아오는 성질을 틱소트로피성 Thixotropie(요변성)이라고 부른다. 인쇄에 사용되는 재료는 프린터에서 토출된 후에 모양이 무너지지 않도록 이러한 성질을 지니고 있을 필요가 있다.

또한 재료가 노즐에서 끊어지지 않고 토출할 수 있는지를 보는 지표는 '압출성능'이라고 불리며, 재료의 유동성뿐만 아니라 노즐이 움직이는 속도와 방향 등에도 영향을 받는다. 그리고 재료가 자중으로 무너지지 않고 얼마나 위에 적층할 수 있는지를 가리키는 것이 빌더빌리티 Builderbility(적층성)이며, 시간경과에 따른 재료의 압축 강도 등에 따라 달라진다.

24시간 시공도 꿈이 아니다

환경문제에 대한 의식은 세계 제일이라고 불리는 네덜란드다. 네덜란드 정부는 건설용 3D 프린터 기술이 환경 문제에 공헌할 수 있다고 판단하고, 적용에 적극적인 자세를 보이고 있다. 앞에서 설명한 바와 같이 거푸집의 제한이 없다는 특징을 살리면 종래보다 참신하고, 게다가 합리적인 설계를 실현할 수 있다. 재료의 낭비를 줄이고 이산화탄소 배출량과 폐기물량을 절감하는 효과를 예상할 수 있다.

3D 프린터의 활용에 따라 예상되는 장점에는 공사기간의 단축이나 저인력화도 있다. 수작업을 중심으로 한 건설 현장의 기계화에 의한 생산성 향상에 대한 기대도 크다. 밤 인프라의 공장에서는 현재 길이 1m 미만인 다리 부재 하나를 제작하는 데 약 1일이 소요된다. 하지만 장래에는 재료의 반죽부터 로봇에 의한 제조까지의 공정을 완전히 자동화하여, 대폭적으로 시간 단축을 해볼 생각이다.

"하루 24시간 쉬지 않고 제조를 계속할 수 있게 되면, 교량 전체를 만드는 데 1주일도 걸리지 않습니다. 언젠가는 가격경쟁력에서 종래 공법을 상회하는 장면이 확실히 나올 겁니다." 밤 인프라에서 프로젝트 리더를 맡고 있는 피터 파커는 3D 프린터가 보다 실용적인 기술이 되는 미래를 예상하고 있다. 그는 이어서 "1년째에는 이익이 나오지 않을지도 모릅니다. 그러나 장래에는 확실히 성장할 기술입니다. 이렇게 회사를 설득해서 3D 프린터 공장의 개설을 진행하였습니다. 건설 회사에서는 드문 일입니다. 디지털화나 로봇 기술의 경험을 빠르게 쌓아두면 새로운 시장을 개척할 수 있을 것으로 믿고 있습니다."라고 말한다.

건설 3D 프린터의 임팩트

교량이나 주택을 자유자재로 인쇄한다. 조금 전까지도 꿈의 기술처럼 보였던 건설 3D 프린터는 네덜란드 밤 인프라사의 사례에서 알 수 있듯이 실용화에 빠르게 접근하고 있다.

미국 서던캘리포니아대학 베록 코시네비스Behrokh Khoshnevis 교수가 시멘트계 재료를 적층하여 건물을 만드는 구상을 제시한 것은 1990년대 후반이었다. 그 후 유럽을 중심으로 활발한 연구 개발이 진행되었다. 2010년대에 들어와서 건설업계의 거대기업에 의한 투자가 증가하고, 자금을 조달한 스타트업 기업들이 각축전을 벌이게 되었다. 현재에는 시멘트계의 재료뿐만이 아니라, 금속계 재료를 이용한 건설 3D 프린터도 나오고 있다.

그러면 왜 이렇게 건설 3D 프린터가 주목을 받고 있는 것일까. 여기서 일단 건설 3D 프린터가 건설업의 제조방법의 방향성, 건축과 도시공간의 다양성에 미치는 임팩트를 정리해보자.

건설 3D 프린터를 활용하는 장점을 생각하면, 가장 먼저 떠오르는 것이 건물이나 교량 등의 설계의 합리화와 디자인성의 향상이다.

3D 프린터라면 디지털 도구를 사용하여 만들어낸 디자인을 그대로 인쇄할 수 있다. 사람이 시공하기에는 수고와 비용이 너무 많이 들어 현실적이지 않았던 곡면이나 공동 등도 쉽게 시공할 수 있게 된다. 시공기술의 제약으로 실현할 수

없었던 참신한 디자인이 가능하게 되어 보다 다양하고 풍부한 도시 공간을 만들 수 있게 된다. 현대 도시를 형성하고 있는 기둥·보로 만들어진 사각형의 건물은 머지않아 과거의 유물이 될지도 모른다.

미국의 아이콘사가 3D 프린터로 24시간 이내에 건설한 소규모의 주택

사진 : Regan Morton Photography

어떤 형태라도 제조할 수 있으므로 강도를 유지하면서 재료의 사용량을 극한까지 줄이는 합리적인 설계도 가능하다. 건물 등을 대폭 경량화 할 수 있다면 운반에 필요한 크레인도 소형으로 충분하게 되고, 건설비용에서 차지하는 비용이 큰 기초 공사나 지반 개량 공사 등의 간소화도 기대할 수 있다. 시멘트 등의 사용량을 줄이면 이산화탄소 배출량을 감소시키는 데도 기여할 수 있다. 현지에서 인쇄하면 자재의 운송에 따른 환경 부하도 경감할 수 있다. 운송의 낭비를 줄이면 물류 업계에서 심각해지고 있는 인력 부족의 해결로도 이어질 수 있다.

완전자동화로 하루 종일 쉬지 않고 계속해서 제조할 수 있게 되기 때문에 건설 3D 프린터가 보급되면 건설비용이 떨어질 것이라는 기대가 크다.

특히 곡면 등을 포함한 복잡한 형상의 건물 등을 만드는 경우에는 종래보다 자재비나 인건비를 줄여줄 가능성이 높다. 사람이 시공하는 것과 달리 품질이 안정화되기 쉬운 것도 장점이다.

2018년 3월에는 미국의 스타트업 기업인 아이콘 ICON사가 소규모 주택을 3D 프린터로 4시간 이내에 건설했다고 발표하였다. 거의 모르타르만으로 만들어진 이 주택은 개발도상국의 저소득자에게 제공하는 것을 상정하고 만든 것이다. 건설비용은 4,000달러(약 43만 엔)로 매우 저렴하다. 이러한 주택은 지진이 적은 지역에서 주택을 적은 비용으로 빠르게 정비하는 수단으로서 주목받고 있다.

이렇게 건설 3D 프린터로 복잡하고, 합리적인 디자인의 구조물을 저렴하고, 빠르게 시공하는 기술을 확립할 수 있으면, 제작자의 사정이 아니라, 진정으로 사용자가 원하는 디자인이나 환경부하를 줄인 구조물을 실현할 수 있게 된다.

4,300억 엔 시장에 움직이기 시작하는 세계

건설업의 특징으로서 자주 언급되는 것이 '단품수주생산'이라는 것이다. 그 말대로 발주자의 요구에 따라 매회 다른 기능이나 형상, 공간을 가진 대형 구조물을 생산해야 한다. 이는 '소품종 대량생산'을 기본으로 하는 제조업과의 가장 큰 차이점이기도 하다.

건설업은 이 특징이 약점이 되어 기계화나 자동화에 의한 생산성 향상이 진행되지 않고, 제조업과의 사이에서 생산성에 큰 차이가 고착화 되어버린 역사가 있다. 3D 프린터는 이러한 건설업의 특수성을 극복하는 데 중요한 기술 중 하나라고 할 수 있다. 디지털 기술이 발전함에 따라 건설 3D 프린터 시장은 확실히 앞으로 급속한 확대가 예상된다. 시장 조사회사 미국 스마텍 SmarTech사는 2027년에 전 세계에서 약 40억 달러(약 4,300억 엔) 규모로 성장할 것으로 예상하고 있다.

■프린트 서비스와 소프트웨어를 중심으로 확대될 것으로 전망

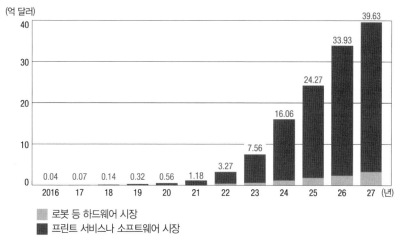

미국 스마텍사에 의한 건설 3D 프린터의 시장 예측

자료 : 스마텍

　현재 건설 3D 프린터는 산업용 로봇 암을 이용한 타입과 도어형 타입의 2종류가 주류를 이루고 있다. 도어형은 프린터의 폭이나 높이에 따라 제조할 수 있는 구조물의 크기가 제한된다. 한편 로봇 암은 프린터의 위치를 바꾸기 쉽기 때문에 조형의 자유도가 높다.

　프린터의 가격은 로봇 암 타입이 비싼 경향이 있다. 판매가격을 공개하고 있는 기업의 자료에 따르면 가장 싼 것도 약 2,000만 엔, 상위기종에서는 1~2억 엔에 달하는 것도 있다. 프린터 본체가 저렴하더라도, 전용 모르타르를 세트로 구입하지 않으면 프린트할 수 없는 제품도 있다.

　다만 건설 3D 프린터 관련 비즈니스는 기계나 재료가 메인이 아니다. 오히려 산업용 로봇 암을 움직이기 위한 소프트웨어가 핵심 위치를 차지한다고 할 수 있다. 예를 들면 뒤에서 설명하는 네덜란드의 스타트업 기업 MX3D

의 강점은 바로 3D 프린터를 제어하는 소프트웨어에 있다. 기존의 산업용 로봇 암과 용접 와이어, 그리고 이 소프트웨어를 갖추면 누구나 건물이나 교량을 제조할 수 있다는 것이다. MX3D사는 하드웨어인 프린터를 팔기보다, 건조물의 인쇄라고 하는 서비스, 이를 위한 소프트웨어를 건설 회사에 제공하여 수익을 올리려고 하고 있다.

패권을 쥐는 것은 중국?

건설 3D 프린터의 개발에서 가장 존재감을 보여주고 있는 나라는 어디일까. 현재 중국으로 보인다. 3D 프린터로 만든 구조물의 세계최고 혹은 세계최장 기록은 전부 중국이 독점하고 있다. 상하이에 본사를 두고 있는 윈선^{WinSun} 사는 2015년에 3D 프린터로 제작한 5층 집합주택을 공개하여 '세계 최고'를 선언하였다. 이 집합주택은 전시용으로 보이지만, 철근 등으로 3D 프린터제의 벽을 보강하여, '중국 정부의 건축기준을 맞추었다'라고 설명하고 있다. 2019년

3D 프린터로 제작된 세계 최장 보도교

사진 : 칭화대학

1월에는 칭화대학의 연구팀이 3D 프린터로 보도교를 완성시켰다고 발표하였다. 이 보도교는 길이 약 26m의 아치교로 세계 최장을 기록하였다.

다만 다른 나라에서도 국가적으로 연구 개발에 나서고 있다. 유럽에서는 앞서 설명한 네덜란드 외에도 영국이 2017년, 3D 프린터 기술에 관하여, 2018~2025년을 대상으로 한 국가전략을 수립하였다. 러프버러 대학을 중심으로 산학연계의 기술 개발이 진행되고 있다. 스위스에서는 2014년에 취리히 연방 공과대학이 중심이 되어, 건설의 디지털화에 관한 전문 국립연구센터 'dfab'를 설립하였다. dfab에서는 민간 파트너와 3D 프린터를 포함한 다양한 연구 개발을 진행하고 있다.

미국에서는 국방부 Department of Defense가 군의 병영이나 임시가교 등을 3D 프린터로 제조하는 연구 개발을 진행하고 있다. 미 항공우주국 NASA은 2014~2019년에 걸쳐 3D 프린터로 화성에 주택을 건설하는 기술에 대한 콘테스트를 개최하였다.

2015년에 중국에서 완성한 3D 프린터 제작 5층 집합주택

사진 : 원선

건설 분야의 디지털화를 위해 노력하고 있는 싱가포르에서는 난양이공대학이 3D 프린터 기술에 특화한 연구소를 2016년에 개설하였고, 건설업에 응용하기 위해 노력하고 있다. 싱가포르 정부는 국립연구재단을 통해 연구소에 10년간 4,200만 싱가포르달러(약 33억 엔)을 넘는 투자를 실시할 계획이다.

아랍에미리트 United Arab Emirates(이하 'UAE')에서는 30년까지 두바이의 신규 건조물의 25%를 3D 프린터로 건설하는 것을 목표로 설정하였다. 이를 위해 두바이 정부는 2021년까지 3D 프린터에 대응한 건축기준을 정비할 예정이다.

그러면 일본은 어떨까. 슈퍼 제네콘이라고 불리는 대형 건설 회사가 모두 연구 개발을 진행하고 있으며, 작은 교량이나 정자 등 소규모 구조물을 만드는 것은 이미 가능한 상황이다. 다만 시공성이나 비용에 대해서는 아직 기존 공법이 압도적으로 유리한 실정이다. 또한 내진성 및 내구성 확보라는 과제의 해결도 필요한 상황이다.

▌ 건설 3D 프린터의 업계 지도

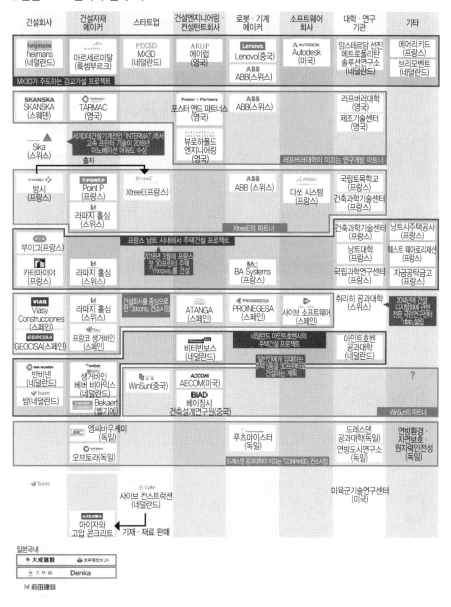

2019년 6월 시점에서 입수 가능한 보도 자료와 취재를 토대로 작성함. 특정 프로젝트에 있어서의 주요한 협력관계를 표시하였다.

자료 : 닛케이 컨스트럭션

"100년 전 시공방법에서 탈피"

아인트호벤 공과대학
건축환경공학부
테오 살렛(Teo Salet) 교수

1990년에 아인트호벤 공과대학 건축환경학부에서 박사학위를 취득. 2012년 아인트호벤 공과대학 건축환경학부에서 비상근강사로 취임. 2019년부터 아인트호벤 공과대학 건축환경학부 교수 및 학부장. 전문 분야는 콘크리트구조학.

Q 건설 3D 프린터의 가능성을 어떻게 생각하십니까?

A 환경부하의 경감이나 생산성 향상, 다양화하고 있는 수요의 대응, 건설업이 직면하고 있는 과제를 해결하기 위해서는 산업 전체의 디지털화가 필수적입니다. 건설 3D 프린터에는 그 흐름을 가속시키는 힘이 있다고 생각합니다. 구조물 설계에는 이미 BIM이 침투하기 시작하였습니다. 그럼에도 불구하고, 콘크리트 구조물의 공법은 100년 전부터 거의 변하지 않았습니다. 효율화의 여지는 매우 크다고 할 수 있습니다.

당연히 보통 방법으로는 되지 않습니다. 3D 프린터로 적층한 모르타르는 일반적인 콘크리트와 마찬가지로 압축에 강하고 인장에 약한 특징이 있습니다. 압축력으로 힘을 전달하는 아치 구조로 하지 않는 한은 하중을 지탱할 수 없으며, 구조물로서 사용할 길이 거의 없습니다. 따라서 3D 프린터로 만든 구조물을 보강하는 방법이 중요합니다.

2017년에 네덜란드의 밤 인프라사와 공동으로 가설한 3D 프린터 교량에서는 복수의 거더 부재에 강재를 통과시켜 프리스트레스를 도입하여 일체화하는 방법을 채용하였습니다. 또한 3D 프린터의 노즐을 개조하여 모르타르를 적층하면서 중앙에 강철의 와이어를 매립할 수 있도록 한 것입니다. 우리는 이 밖에도 합성섬유나 강섬유를 사용한 콘크리트, 모르타르의 보강도 진행하고 있습니다. 사실 3D 프린팅 기술과 섬유보강은 매우 궁합이 좋습니다.

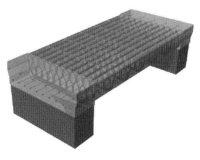

2017년 10월에 3D 프린터로 제작한 교량을 건설한 모습(왼쪽)과, 그 내부의 모식도(오른쪽). 교량 축 방향으로 강재를 통과시켜 긴장시키고, 복수의 부재를 일체화하였다.

자료 : 아인트호벤 공과대학

Q 상호작용성이 좋다는 것인가요?

A 섬유 재료는 모르타르를 적층하면서 필요한 곳에 필요한 양만큼 배치할 수 있는 장점이 있습니다. 섬유의 분포를 제조 과정에서 모두 기록하는 것도 가능하므로, 어떤 종류의 섬유를 어떻게 배치하는 것이 최적인지 데이터에 근거하여 판단할 수 있습니다. 어쨌든 건설 현장에 3D 프린터를 설치

하여 필요에 따라 부재나 구조물을 구축할 수 있도록 하고 싶습니다. 현재의 기술로 일정한 품질을 확보하기 위해서는 기온이나 습도를 자유롭게 조정할 수 있는 실내 공장에서 프린트 작업을 해야 합니다. 그러나 이것으로는 기존의 프리캐스트 공법(공장에서 미리 제작한 부재를 건설 현장으로 옮겨 조립하는 공법)에 대해 우위성을 보이기 어려울 것입니다.

옥외에서 인쇄하려면 로봇이 스스로 주변 환경에 맞게 혼화제 등을 적절히 조정할 필요가 있습니다. AI 등을 이용한 최첨단 제어 기술을 도입하는 것은 물론 꾸준한 데이터 축적도 빠뜨릴 수 없는 테마입니다.

2. 스타트업의 프린터 혁명

　건물이나 교량 등을 만드는 건설 회사, 설계 사무소, 시멘트 등의 재료 메이커, 대학 등 건설 3D 프린터의 실용화에 임하는 주체들은 다양하다. 그중에서도 3D 프린터의 미래에 가능성을 발견하고, 건설업계에 새로운 바람을 불어넣으려고 하는 것이 스타트업 기업이다. 스타트업 기업들의 기술을 도입하려고 세계 최대 규모의 건설기업도 협업이나 출자를 제출하고 있는 상황이다. 세계에서 주목받는 스타트업 기업들의 전략을 살펴보면서 세계의 흐름을 좀 더 구체적으로 찾아보자.

엑스트리(XtreeE) △ 프랑스의 거인, 방시(Vinci)사 등과 협업

　연간 5조 엔의 매출을 기록하는 유럽 최대의 건설 회사 방시 Vinci사가 3D 프린터 기술력을 인정한 스타트업 기업이 있다. 방시사의 고향인 프랑스에서 2015년에 창업한 엑스트리사이다. 2017년 11월, 방시사의 그룹사가 엑스트리사에 출자를 발표하였다. 엑스트리사는 모르타르를 적층하는 타입의 3D 프린터로 높이 4m의 지주나 대형 파빌리온을 인쇄한 실적이 있다. 방시사 외에도 시멘트 대형 라파지 홀심 Lafarge Holcim사(스위스), 산업용 로봇 대기업 ABB(스위스), 소프트웨어 대기업 다쏘시스템 Dassault Systèmes사(프랑

스)와 같은 거대 기업과 제휴하여 현재도 3D 프린터를 사용한 여러 건설 프로젝트에 진행하고 있다.

XtreeE사의 강점은 높은 제조 품질과 설계력이다. 3D 프린터에 적합한 형태로 설계하는 디지털 디자인에 대해서도 그 일부를 자사에서 직접 다룬다. "제조와 설계, 양쪽의 기술을 발전시키지 않으면 건설 3D 프린터의 발전은 없습니다." XtreeE사의 제네럴 매니저를 맡은 장 다니엘 쿤은 이렇게 단언한다. 프린트 기술만 발전시켜 앞서나가더라도 그 잠재력을 끌어낼 수 있는 설계역량이 동반되지 않으면, 과거부터 존재하는 프리캐스트 콘크리트에 비해 장점이 적어 도입이 진행되지 않을 것이기 때문이다.

또한 XtreeE사는 장기적인 목표로서 3D 프린터에 관한 데이터를 통합하는 플랫폼의 구축을 제시하고 있다. 설계자와 자재 메이커와의 상호작용을 하나의 기반으로 통합하여, 고객이 원할 때 원하는 형태의 구조물을 조달할 수 있는 체제를 목표로 한다.

XtreeE사는 이 체계를 교통 분야에서 화제인 MaaS Mobility as a Service에 빗대어 'PaaS Print as a Service'라고 부른다. 이것이 실현되면 고객이 설계자나 자재 메이커와 개별적으로 발주·수주를 진행할 필요가 없어져 프로세스를 간략화 할 수 있다. 고객이 부재를 선택하기 쉽도록 설계 데이터 라이브러리도 정비할 계획이다.

XtreeE사는 이를 실현하기 위해 제조 거점의 개척을 진행하고 있다. 2025년까지 세계 각지에 66개의 협력 회사를 확보하는 것을 목표로 내세우고 있다.

일본 기업과의 협업도 이미 시작되고 있다. XtreeE사는 2017년 가을에 일본의 대형 섬유회사 쿠라보우사와 협력을 시작하였다. 쿠라보우사는 건설 3D 프린터를 사용한 사업을 검토하고 있으며, XtreeE사의 기재를 국내 공장에 도입하여, 건물의 외장재나 경관재료 등 부가가치가 높은 시멘트계 제품의 영역에서 사업 전개를 노리고 있다.

XtreeE사의 장 다니엘 쿤. 180cm에 가까운 신장을 보유한 쿤보다 훨씬 큰 높이의 모르타르 적층에 성공하였다.

▌필요할 때 언제라도 원하는 디자인의 부재를 조달하는 기반을 구축

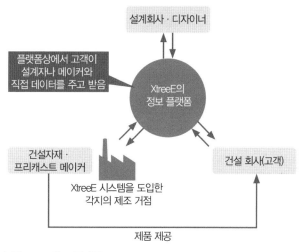

XtreeE사가 목표로 하는 플랫폼

자료 : 닛케이 컨스트럭션(위·아래)

사이브(CyBe) 컨스트럭션 △ 현지 제조에 의한 합리화로 선행

"시멘트계 3D 프린터로 건설업을 재정의 하겠습니다." 2013년에 창업한 사이브 컨스트럭션 Cybe Construction사는 높은 목표를 내걸었다. 콘크리트 제품을 종래보다도 빨리 저렴하게 제공하는 기술로서 3D 프린터에 주목하고, 창업부터 불과 3년 만에 기자재와 전용 모르타르를 판매할 수 있을 정도로 기술력을 끌어올렸다.

창업자인 베리 핸드릭스 CEO는 부친이 운영하는 건설 회사에서 시공관리를 했던 경력을 가지고 있다. "하나의 건물을 만드는 데에 막대한 시간과 인력을 소모하는 프로세스에 의문을 가지고 있었습니다."라고 베리 헨드릭스 CEO는 당시를 돌이켜본다. 그는 때마침 미국에서 화제가 되기 시작한 3D 프린터에 가능성을 느끼고 창업을 하였다.

기술의 핵심이 되는 재료 개발에는 2년이 소요되었다. 베리 헨드릭스 CEO가 특히 중시한 것은 모르타르가 굳어서 강도가 발현될 때까지의 시간이다. 고속으로 적층하더라도 자중에 의해 붕괴하지 않도록 수분 이내에 경화가 시작되는 것을 최저 조건으로 설정하고, 손이 닿는 세계의 모든 원자재 업체에 문의하고, 지금의 모르타르의 원형을 발견해낼 수 있었다. 그것은 한 기업이 소규모 보수공사용으로 개발하였으나 점도가 부족하여 창고에 처박힐 뻔한 제품이었다.

그로부터 개량을 거듭하여 현재의 모르타르는 적층하고 3분 이내에 경화가 시작되고, 대략 24시간이면 20N/mm^{2}의 압축강도가 발현된다. 가격은 일반적인 모르타르의 3배 정도로 살짝 비싸지만, "공기를 절반 이하로 할 수 있다면 비용면에서의 장점은 확보될 수 있습니다."라고 헨드릭스 CEO는 말한다.

사이브 컨스트럭션사의 베리 헨드릭스 CEO. 3D 프린터를 건설 현장에 도입하는 데 있어서 "건설 회사에서 근무한 경험이 활용되는 경우가 많다."고 하였다.

사진 : 닛케이 컨스트럭션

사우디아라비아에서 주택 벽면을 프린트하는 모습. 먼지를 방지하기 위해 건설 현장에 가벽을 설치하였다.

사진 : 사이브 컨스트럭션

2016년 이후 사이브 컨스트럭션사가 개발한 3D 프린터와 모르타르는 대형 건설 프로젝트에서 활용되었다. 2018년 가을, 사이브 컨스트럭션사는 사우디아라비아 최초의 3D 프린터 주택 건설을 담당하였다. 건설 현장에 3D 프린터의 기자재를 반입하여 1주일에 2개의 부재를 프린트하였다. 프린터를 크롤러에 올려 설치 장소를 바꿔가면서 주택 벽면을 쌓았다.

3D 프린터를 건설 현장에 반입하고, 그 자리에서 부재를 인쇄하면, 자재 조달 등에 걸리는 시간을 대폭 생략할 수 있다. 다만 기온이나 습도의 변화에 따른 품질관리가 어렵다는 이유로 이를 실제 적용하고 있는 회사는 아직 적다. 사이브 컨스트럭션사는 각국의 파트너 기업을 통해 기술을 세계에 넓히는 전망을 그린다. "언젠가는 동일한 장비와 재료가 있으면 전 세계 어디에서나 설계 데이터를 공유하여, 동일한 구조물을 재현할 수 있게 됩니다. 우리는 로봇을 파는 것이 아니라 완전히 새로운 건설 프로세스를 파는 것입니다."라고 벤드릭스 CEO는 설명하였다.

사이브 컨스트럭션사와의 기술교류를 계기로 3D 프린터를 도입한 일본 기업도 있다. 생콘크리트(레미콘)이나 프리캐스트 콘크리트 사업을 하는 사와자와 고압콘크리트사(홋카이도 도마코마이시)이다. 이 회사는 2018년 9월 ABB의 대형 로봇 암과 사이브 컨스트럭션의 컨트롤러를 조합한 시멘트계 3D 프린터를 도입하여, 성능의 판별과 문제점 도출을 진행해왔다. 향후에는 실제 현장에의 적용 단계로 옮겨갈 예정이다.

이 회사가 계획하고 있는 것은 인도를 무대로 한 바이오 화장실의 보급 사업이다. 인도는 화장실 사정이 매우 나쁘고, 위생문제가 심각해지고 있다. 그래서 NGO에 협력하는 형태로 하수 시설이 불필요한 바이오 화장실의 설치를 제안하였다. 3D 프린터로 외장을 인쇄한다. "사회공헌을 통해 3D 프린터의 유용성을 알리고 싶습니다."라고 사와자와 죠히로 사장은 포부를 말한다.

사와자와 고압콘크리트사가 2020년 9월에 발표한 상하수도가 필요하지 않는 화장실. 외벽을 3D 프린터로 인쇄하였다. 왼쪽의 그림은 인도용의 프로토 타입이고 오른쪽의 그림은 일본 국내용이다.

사진 : 사와자와 고압콘크리트

윈선(WinSun) △ 5년간 주택 150만 동 건설

2003년에 중국, 상하이에서 창업한 윈선사는 중국 쑤저우의 5층 집합주택과 UAE 두바이의 오피스 등 3D 프린터에 의한 대형 건설 프로젝트를 계속해서 발표하고 있다. 그 기술력의 디테일은 밝혀지지 않았지만, 전 세계가 주목하고 있다.

2017년 3월 사우디아라비아 정부는 5년간 저가 주택 150만 동을 만드는 사업에서 윈선사에 기술협력을 요구하고, 1.5억 달러의 계약을 맺었다. 같은 해 5월에는 세계적인 글로벌 엔지니어링사인 미국의 에이컴AECOM사와 건설 3D 프린터에 관한 협력을 약속했다. 양사는 중동을 기점으로 아프리카와 아시아 시장도 개척할 계획을 세운 듯하다.

곡면 형태의 벽으로 설계된 건물 시공 실적이 많은 원선사

사진 : 원선

'마샤'의 건설 이미지. 인력을 사용하지 않고, 화성에서 조달할 수 있는 재료를 활용하여 건설하는 것을 상정하였다. 창문도 로봇이 끼워 넣는다.

자료 : AI 스페이스 팩토리사

AI 스페이스 팩토리(AI SpaceFactory) △ 화성에 집을 짓는다

미 항공우주국 NASA은 2019년 5월 3D 프린터에 의한 화성용 주거건설 콘테스트의 우승자를 발표하였다. 60개가 넘는 작품을 제치고 상금 50만 달러(약 5,400만 엔)를 획득한 것은 미국 뉴욕의 설계 사무소 AI 스페이스 팩토리 사가 제안하는 '마샤 MARSHA'이다.

화성에서 건설하는 이상, 화성에서 조달할 수 있는 재료나 재생 가능한 재료를 사용하는 것이 우선적이다. AI 스페이스 팩토리는 현무암으로 만든 복합재료와 식물로 만들어진 바이오 플라스틱을 사용하여, 높이 4.5m의 계란형 프로토 타입을 사람 손을 거의 거치지 않고, 약 30시간 만에 구축해 보였다.

수직으로 긴 구조에는 로봇이 화성 지표를 돌아다니는 범위를 좁게 하여 전도될 위험요소를 줄이고, 시공속도를 높이는 의도가 있었다고 한다. 압축시험에서는 위로부터 20톤 이상의 하중을 버틸 수 있는 것으로 확인되었다. AI 스페이스 팩토리는 화성용으로 개발한 기술을 응용하여, 지구상에서도 재생 가능재를 사용한 건물의 건설을 추진하겠다고 발표하였다.

3. 국산 3D 프린터로 집을 짓는 날

　해외에서 활약하는 건설 3D 프린터의 선구자들이 있다. 그러면 일본기업의 움직임은 어떠할까. 그 움직임은 아직 미약하지만 건설 3D 프린터가 보급되는 장래를 내다보고, 연구 개발을 진행하는 일본 내의 플레이어는 적지 않게 존재한다.

　시멘트계의 건설 3D 프린터를 단독으로 선두적인 위치에 있는 것이 슈퍼 제네콘 오바야시구미이다. 2019년 8월 29일 건설 3D 프린터를 활용하여 2종류의 시멘트계 재료를 일체화하여 국내 최대 규모의 구조물을 만드는 기술을 개발하였다고 발표하였다. 철근을 사용하지 않고, 압축강도와 인장강도를 겹쳐 자유로운 형태의 구조물을 제조할 수 있었다.

　오바야시구미의 기술연구소에서는 이날 완성되면 전장 약 7m, 폭 약 5m, 높이 약 2.5m의 '쉘 형 벤치'를 3D 프린터로 제조하는 모습을 기자들에게 공개하였다. 오바야시구미에 따르면 시멘트계 재료를 사용한 3D 프린터에 의한 구조물로서는 국내 최대 규모이다(오바야시구미는 2020년 4월 완성한 벤치를 공표하였다).

　3D 프린터의 기자재로는 공장에서 사용되고 있는 산업용 로봇 암을 활용한다. 암이 닿을 수 있는 최대범위에서 벤치를 설계하였다. 로봇 자체를 레일 위에서 움직이게 하면 더욱 대형의 부재도 제작할 수 있다. 오바야시

구미 기술연구소장이며, 기술본부 부본부장인 카츠마타 히데오 집행임원은 기자회견에서 "기술적으로는 토목구조물이나 건축물의 구조체 등을 제조할 수 있는 상황까지 이르렀습니다."라고 대답하였다.

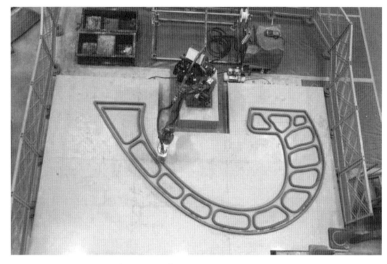

특수 모르타르를 적층하여 '쉘 형 벤치'의 부재를 제조하는 오바야시구미의 3D 프린터

사진 : 닛케이 아키텍처

완성된 '쉘 형 벤치'. 철근과 거푸집을 사용하지 않고, 곡면만으로 구성하였다.

사진 : 오바야시구미

과거에는 1.8m 길이의 아치교를 시험 제작

오바야시구미는 2014년에 건설 3D 프린터의 개발에 착수하였다. 2017년에는 화학 메이커인 덴카사(도쿄도 츄오구)와 공동으로 개발한 특수 모르타르를 이용하여 3D 프린터로 제조한 중공 블록으로 길이 약 1.8m의 소규모 아치교를 시험 제작한 실적이 있다. 그 당시 남은 과제가 2가지가 있었다. 하나는 인장강도가 충분히 나오지 않는다는 점이었다. 모르타르와 같이 콘크리트계의 재료는 압축 방향의 힘에는 매우 강하지만, 인장력에는 매우 약하다. 그래서 압축에 강한 콘크리트 내부에 철근을 배치하여 인장력을 부담시키는 것이 우리가 평소에 보고 있는 철근 콘크리트 RC조의 구조물이다. 그러나 3D 프린터로 구조물을 인쇄하는 경우에는 내부에 철근을 배치할 수 없다. 이 때문에 프린터로부터 토출되는 모르타르만으로 인장강도를 내야 하지만, 이것이 그렇게 간단한 문제가 아니었다.

또 하나의 과제는 암을 움직이면서 재료를 적층시킬 때의 경로의 자유도가 낮다는 점이다. 아치교를 시범 제작한 2017년 시점에는 부재를 제조할 때 도중에 멈추지 않고 단번에 특수 모르타르를 토출해야만 했고, 적층 경로는 교차하지 않는 '한붓그리기'로 그릴 수 있는 것으로 한정해야만 했다. 그러나 이렇게 해서는 자유로운 모양의 구조물을 인쇄할 수 있는 3D 프린터의 특성을 살릴 수 없다.

그래서 오바야시구미는 재료와 기계 양면에서 이 두 가지 과제를 해결하기 위해 도전하였다. 첫 번째 인장강도에 대해서는 두 종류의 시멘트계 재료를 사용하는 접근법으로 해결을 도모하였다. 구체적으로는 먼저 3D 프린터로 특수 모르타르를 적층하여 외각(형틀)을 만들고, 거기에 초고강도 섬유 보강 콘크리트 '슬림 크리트'를 흘려넣는 방법을 취했다. 슬림 크리트는 2010년에 오바야시구미와 우베흥산사가 공동으로 개발한 모르타르 재료이다. 섬세한 강섬유를 섞음으로써 강도를 높이고, 게다가 상온에서 경화하는 우수한 재료이다.

또 하나의 과제였던 '한붓그리기'의 제약을 돌파하기 위해서 3D 프린터에 대해서도 개량을 진행하고 있다. 로봇 암에 재료 토출을 중단·재개할 수 있는 밸브 부착 노즐을 붙인 것이다. 암 쪽에서 펌프에 지시를 내리면 밸브가 닫히는 구조이다. 이를 통해 보다 자유로운 형상의 구조물을 3D 프린터로 제조할 수 있게 되었다.

'3D 프린터로만 만들 수 있는 디자인을'

쉘 형 벤치는 총 2개 부재로 이루어지며, 큰 파도와 같은 형상이다.

설계를 담당한 오바야시구미 설계본부 설계부 교육시설과의 마츠나가 나리오 부과장은 "3D 프린터가 아니면 실현할 수 없는 디자인을 의식하여 곡면과 중공을 도입했습니다. 설계본부의 이와테 사원과 스터디를 거듭한 결과입니다."라고 말한다. 3D 프린터 제조를 전제로 하는 경우 설계 프로세스에서 3차원 데이터를 취급해야 하는 것은 기본이다.

예를 들어 이번 벤치의 경우는 다음과 같다. 먼저 구조물의 형태를 BIM으로 모델링한다. 이를 바탕으로 구조상 필요한 부분에만 재료가 배치되도록 '토폴로지 최적화'라고 부르는 계산을 실시한다. 이후 의장과 구조, 3D 프린터의 제어기술 등을 고려한 세부 사항을 결정한다. 3D 프린터의 적층경로도 BIM 모델에서 자동으로 생성할 수 있도록 한다.

오바야시구미 설계본부 구조설계부의 나카츠카 코이치 부장은 "중층 주택이라면 내진 성능도 포함하여 문제없이 제조할 수 있습니다. 건축기준법상의 절차도 시각력 응답해석으로 구조설계를 실시하고, 장관인정을 받으면 문제없습니다."라고 말한다.

▌'토플로지 최적화'로 재료 배치를 결정

최적화 전

구조상 필요한 곳에
재료를 배치
➡

최적화 후

'토플로지 최적화'를 활용한 내부 구조의 검토 이미지

자료 : 오바야시구미

▌2종류의 모르타르로 인장강도를 확보

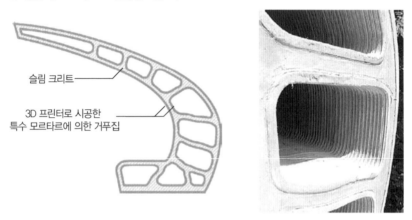

슬림 크리트

3D 프린터로 시공한
특수 모르타르에 의한 거푸집

왼쪽의 그림은 특수 모르타르와 슬림 크리트에 의한 복합 구조의 이미지. 오른쪽의 그림은 단면의 사진. 3D 프린터 특유의 매듭과 같은 적층의 흔적에 의해 2종류의 모르타르가 충분히 부착된다.

자료 : 오바야시구미, 사진 : 본 잡지

3D 프린터로 특수 모르타르의 거푸집을 만들고, 슬림 크리트를 붓는 경우의 공사비는 곡면 거푸집과 철근, 콘크리트에 의한 재래 공법의 공사비와 비교했을 경우 거의 동등했다고 한다. 합리적인 중공 구조로 가능해서 재료비는 약 절반으로 줄어든다.

"원래 재래 공법으로는 같은 형상을 한 구조물을 만드는 것 자체가 어렵습니다. 중공 부분의 곡면 거푸집 탈형이 어렵기 때문입니다. 3D 프린터라면 곡면이나 중공이 많고, 종래 기술로는 실현할 수 없는 구조제를 주문제작으로 만들 수 있습니다."라고 오바야시구미 기술본부 기술연구소 생산기술연구부의 카네코 토모야 주임기술자는 말한다.

오바야시구미는 쉘 형 벤치 완성 후에 노출시험을 실시하여, 내구성과 보수성 등의 확인을 진행할 예정이다. 카츠마타 소장은 "작은 우려사항도 모두 계측하여 데이터를 축적합니다. 그러자면 2년은 필요하다고 생각하고 있습니다. 그리고 나서 우선은 자사 프로젝트나 기술연구소 내의 시설에 적용할 생각입니다."라고 말한다.

타이세이 건설의 3D 프린터도 노즐이 뛰어나다

오바야시구미 이외의 제네콘도 가만히 있는 것은 아니다. 타이세이 건설은 건설 기계 렌탈 대기업인 액티소사(도쿄도 츄오구), 타이헤이요 시멘트, 아리아케 공업전문학교와 공동으로 시멘트계 건설 3D 프린터 'T-3DP'를 개발했다고 2018년 12월에 발표하였다.

T-3DP는 오바야시구미가 채용한 암 형이 아니라, 도어형 건설 3D 프린터이다. 제어용 컴퓨터에서 읽어 들인 3차원 데이터에 기초하여 시멘트계 재료(모르타르)를 1층당 약 1cm 두께로 밀어내어 적층해간다. 노즐부의 이동 속도는 최고 속도로 초당 10cm에 달한다. 폭 1.7m, 길이 2m, 높이 1.5m까지 콘크리트 부재를 제작할 수 있다.

타이세이 건설의 3D 프린터 개발은 2015년도에 시작되었다. 처음에는 적층조형에 적합한 시멘트계 재료의 프로토 타입을 개발했다. 2016년도에는 소형 시작품을 제작하고, 적층 조형실험을 반복하였다. 그리고 2017년도에는 특수 노즐을 개발하고, 2018년부터는 장치의 대형화에 도전하여, 현재의 T-3DP로 이어졌다. T3DP의 최대 특징 가운데 하나는 아리아케 공업전문학교와 공동으로 개발한 특수 노즐이다. 형상이나 기계구조, 제어 시스템 등에 공부를 집중하여 2개의 구조를 도입하였다. 하나는 재료의 공급방법에 관계없이 토출량을 일정하게 유지하는 구조이며, 또 하나는 토출을 그만둘 때 노즐 선단부터 재료가 늘어지지 않게 하는 구조이다.

장래에는 스스로 이동하는 프린터로 교각 건설

토출량을 일정하게 유지하게 됨으로써 압송용 펌프로서 스퀴즈 펌프를 사용할 수 있게 되었다. 스퀴즈 펌프는 건설 현장에서 콘크리트 타설 등에 사용되는 일반적인 펌프이다. 이 펌프는 일반적으로 압송 시에 맥동이 동반된다. 그대로 대책을 강구하지 않고 3D 프린터에 사용하면, 모르타르의 압출량에 혼란이 생겨 토출 형상이 안정되지 않게 된다. 개발을 담당한 타이세이 건설 기술센터 사회기반기술 연구부 부재공법연구실의 키노무라 사토시 프로젝트팀 리더는 "현장 적용을 상정하여 개발을 진행한 성과입니다."라고 강조한다.

또한 노즐로부터 재료가 늘어지지 않게 하는 구조를 채용함으로써 불연속 구간에서도 노즐을 자유롭게 이동할 수 있게 되었다. 이 구조를 사용하면 '한붓그리기' 이외 형상의 프린트나 형상이 다른 복수의 부재를 한 번에 적층 조형하는 것도 가능하게 된다.

'T-3DP'에서 사용하는 모르타르는 2018년도부터 연합에 합류한 타이헤이요 시멘트와 공동개발로 태어난 재료이다.

베이스가 되는 시멘트계 재료에 수경성 무기질의 혼화재를 첨가함으로써 유동성과 속경성을 양립시켰다. 경화시간은 수십 분부터 2, 3시간 사이로 조정할 수 있다. 압축강도는 재령 28일에 60MPa(N/mm) 정도로 하였다. 이러한 특성에 의해 대형 부재의 적층 조형이 가능하게 되었다. 타이세이 건설에서는 조형물의 추가 대형화를 달성하기 위해 균열 위험요소를 억제

타이세이 건설 등이 개발한 건설 3D 프린터 'T-3DP'. 모르타르의 토출량을 항상 일정하게 유지하는 특수 노즐의 개발을 통해 '맥박'을 동반하는 압송 펌프와의 결합도 가능하다. 제작 가능한 최대 치수는 폭 1.7m×길이 2.0m×높이 1.5m

사진 : 타이세이 건설

하는 품질 관리 방법, 조골재(입경이 큰 자갈 등)나 섬유·철근에 의한 보강 방법 확립과 같은 연구 과제를 진행하고 있다. "재료에 조골재를 넣기 위해서는 입경에 따른 장치의 대형화나 내마모성의 향상이 필요하게 됩니다. 섬유·철근을 적층조형의 과정에 어떻게 넣을 것인가라는 문제도 해결해야만 합니다."라고 키노무라 프로젝트 팀리더는 말한다.

타이세이 건설은 3D 프린터가 보급되면 장치나 사용재료의 가격 저하로 이어질 것으로 보고 있다. 나아가 복수의 3D 프린터를 한 사람이 조작함으로써 생산성 향상이 진행되고, 종래 공법보다도 비용을 줄일 수 있는 가능성이 있을 것이라고 기대한다. 이와 함께 소량다품종의 프리캐스트 제품의 제작이 용이하게 될 것으로 보인다. 거푸집이 필요하지 않은 3D 프린터를 도입하면 거푸집 제작비와 제작기간이 불필요하게 된다. 따라서 소량생산에서도 비용 절감과 공기단축을 실현할 수 있게 된다.

▌복수 부재의 동시제작이 가능하다

[복수부재의 동시제작 모델]

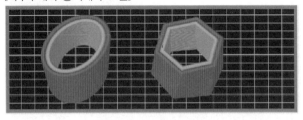

[불연속 구간의 이동]

모르타르가 노즐 끝단에서 겹쳐지지 않도록 구조적인 아이디어가 적용되었기 때문에, 불연속 구간에서의 이동이 가능하다. 형상이 다른 복수의 부재를 동시에 제작할 수 있다.

사진·자료 : 타이세이 건설

키노무라 프로젝트 팀리더가 실제 건설 현장에 도입한 사례로서 들고 있는 것이 교량의 하부공사(거더 등 교량 하부의 공사)이다. 비계에 설치한 궤도 위를 복수의 건설 3D 프린터가 스스로 이동하면서 콘크리트를 적층하여 교량을 만든다. 타이세이 건설 기술센터의 마루야 츠요시 부기술센터장은 "3D 프린터가 보급될지 여부는 앞으로 몇 년간의 대처에 달려 있습니다. 승부처입니다."라고 각오를 다지고 있다.

타케나카 공무점이 주목하는 스타트업 기업과 연계

산업용 로봇 암의 선단에 용접 토치를 부착하여 시판 용접 와이어를 공급하면서 덧붙임 용접을 반복하고 금속 구조물을 '인쇄'해간다. 슈퍼 제네콘의 한 축을 담당하는 타케나카 공무점은 금속계 3D 프린터를 개발하고 있는 네덜란드 암스테르담의 스타트업 기업, MX3D사와 연계를 하고 대공간 건축물의 '접합부'를 시범 제작하였다. 건축의 접합부란 기둥이나 보의 이음새를 말한다. 양 사는 실제 프로젝트에서 적용하는 것을 염두에 두고 연구 개발을 진행하고 있다.

금속 3D 프린터로 시범 제작한 접합부의 중량은 약 3kg, 높이는 약 500mm 이다. 시작품이기 때문에 실제 대공간 건축물에서 사용하는 접합부에 비해서 다소 작다. 실제 활용 시에는 보다 큰 접합부를 제작할 것을 염두에 두고, 금속제 외피를 인쇄하여 내부에 모르타르를 충전하는 서로 다른 소재에 의한 복합 구조를 채용하였다. 용접량을 가능한 한 줄이고, 인쇄에 필요한 시간과 비용을 절감하려는 목적이 있다.

용접 와이어로는 뛰어난 구조 강도와 내식성을 가지는 2상 스테인리스강용 제품을 사용하였다. 이번에는 유럽 규격에 적합한 제품을 사용했지만, 일본산업규격JIS의 와이어를 이용하는 것도 가능하다.

MX3D사가 개발한 금속 3D 프린터로 접합부를 인쇄하는 모습

타케나카 공무점과 MX3D사가 금속 3D 프린터로 제작한 대공간 건축물의 접합부. 집성재가 4방향에서 붙는다.

사진 : 타케나카 공무점, MX3D

MX3D사의 3D 프린팅 기술은 WAAM(와이어와 아크 용접을 이용한 금속 적층 조형 기술) 등으로 불리며, 금속 분말에 레이저 빔을 쏘아서 굳히는 SLM Selective Laser Melting이라는 수법에 비해 재료 단가가 매우 저렴하고 인쇄 속도도 우수하다. 표면의 요철이 눈에 띄는 것이 문제이지만 건축이나 토목 등의 대형구조물을 인쇄하는 데는 적합하다.

길이 10m를 넘는 강교를 인쇄

MX3D사는 2018년 3월 금속 3D 프린터로 인쇄한 길이 2.5m의 강제 교량을 발표하여 화제를 불러일으킨 스타트업 기업이다. 곡선을 많이 도입한 디자인이 특징인 이 교량은 암스테르담 운하에 설치 예정인 육교이다. 총중량 약 4.5톤의 강재를 네 대의 로봇을 사용하여 6개월에 걸쳐 제작하였다. 디자인은 네덜란드의 요리스 라만 작업실이, 구조는 영국의 세계적 엔지니어링 회사인 에이럽사가 담당하였다.

금속 3D 프린터로 전례가 없는 규모의 교량을 만들려면 구조 설계나 재료에 관한 전문지식이 필요하다. 그래서 MX3D사는 사외 협력자를 모집하였다. 신기술에 대한 큰 기대를 보여주듯이 협력자에는 유명한 기업들이 이름을 올렸다. 산업용 로봇 대기업인 ABB사나 세계최대의 철강 메이커인 아르셀로 미탈 Arcelor Mittal사(룩셈부르크), 오토데스크 Autodesk사(미국) 등이 그 대표적인 회사이다. 자금 모집도 어렵지 않게 진행되고 있다.

"최종적으로는 자금의 약 70%를 네덜란드 정부를 포함한 스폰서로부터 조달할 수 있었습니다."라고 MX3D사의 하이스 반 델 베르덴 CEO는 밝힌다.

금속 3D 프린터로 대형 구조물을 만드는 기술은 다른 산업에서도 주목을 끌고 있다. MX3D사가 눈여겨보고 있는 것은 산업기계나 조선 등에서 사용하는 대형 금속제품이다. 반 델 베르덴 CEO는 "같은 부품을 대량 생산한다면 주형제조 쪽이 효율적입니다. 그러나 특수한 형태의 부품을 주문 제작한다고 하면 3D 프린터 쪽이 압도적으로 빠릅니다."라고 설명한다.

계산결과는 '최적'이더라도, 실현불가능

　MX3D사의 강점은 로봇을 제어하는 소프트웨어에 있다. MX3D사는 'Metal XL'이라고 불리는 캐드ᶜᴬᴰ 데이터를 읽어 들여 용접의 패스(용접 이음새를 따라 실시하는 1회의 용접 작업)를 자동 생성하는 기능 등을 갖춘 소프트웨어를 개발하고 있다. 기존의 산업용 로봇과 용접 와이어, 그리고 이 소프트웨어를 갖추면 누구나 건물이나 교량을 제조할 수 있게 된다는 것이다.

　타케나카 공무점이 세계적으로 주목을 받고 있는 MX3D사에 연락을 취한 것은 2018년 여름이다. 2018년 10월에는 프로젝트에 착수하고 컨셉의 공유와 디자인 협의 등을 거쳐, 2019년 11월에는 제작한 접합부를 선보였다. 접합부를 만드는 데 필요한 기간은 준비 등을 포함해 1개월 정도였다.

　시험 제작한 접합부는 큰 지붕을 지지하는 집성재가 4방향에서 설치되는 복잡한 형상이다. 설계에는 앞서 오바야시구미도 벤치 설계에서 사용한 '토플로지 최적화'라고 불리는 수법을 이용하였다. 연구 개발을 담당하는 타케나카 공무점 기술연구소 첨단기술연구부 수리과학그룹의 키노시타 타쿠야 연구주임은 토플로지 최적화에 대해 "가장 효율적인 재료 분포를 결정하는 수법입니다."라고 설명한다. 필요한 강도를 채우면서 재료의 사용량을 줄여 최적의 형상을 도출한다.

MX3D사가 금속 3D 프린터로 인쇄한 길이 12.5m의 강교

디지털 디자인 수법을 반영하기 쉽게 한다

사실 토폴로지 최적화 자체는 이전부터 존재한 방법이지만, 건축설계의
영역에서는 그다지 보급되지 않았다. 계산결과는 '최적'이더라도 현장의
기술자가 보기에는 부재 제작이나 시공에 필요한 수고나 비용이 높아져 실
현 불가능한 구조가 되어버리는 경우가 많았기 때문이다.

설계한 형상을 그대로 인쇄할 수 있는 금속 3D 프린터를 활용하면 이러
한 시공상의 제약을 없애주어 설계와 구조 합리성을 희생시키지 않고, 최
적의 공간을 실현할 수 있을 가능성이 있다. "토폴로지 최적화나 AI 등을 활
용한 디지털 디자인 수법도 지금보다 도입하기 쉬워지고 있습니다."라고
키노시타 연구주임은 말한다.

금속 3D 프린터로 제작한 접합부의 적용 이미지

자료 : 타케나카 공무점

접합부는 그 상징적인 사례이다. 지금까지 주강(주형을 사용하여 만든 강철제 주물) 등을 사용하지 않으면 실현할 수 없었던 복잡한 형상을 비용을 억제하면서 자유롭게 만들 수 있게 되면 골조 전체의 디자인 자유도도 향상되고 이를 통해 건물의 공간을 풍부하게 하여 부가가치를 높일 수도 있다.

키노시타 연구주임은 "디지털이며, 로보틱한 제조 기술인 3D 프린터를 활용하면 설계를 디지털화하는 컴퓨티셔널 디자인과 시공을 디지털화하는 시공 BIM을 연결시킬 수 있습니다. 건축의 디지털화를 추진하여 보다 풍부한 공간을 만들어가고 싶습니다."라고 의지를 밝혔다. MX3D사에서 리더 엔지니어를 맡고 있는 필리포 지랄디도 "설계에서 부재 제작까지를 일관되게 디지털화하면 건축의 창조성이 기술 제약에서 해방되게 된다."라고 하였다.

타케나카 공무점은 금속 3D 프린터에 의한 접합부의 실용화를 위해 기초적인 재료 시험 등을 실시 완료하였다. 품질 확보 및 설계 방법 정비와 같은 과제를 클리어해가면서, 우선은 가설구조물 등을 대상으로 적용하는 것을 목표로 하고 있다. 로보틱스로부터 용접, 설계에 이르기까지 폭 넓은 영역에 걸치는 테마이기 때문에 외부의 협업처를 늘리는 것도 고려하고 있다.

자기 스스로 모든 것을 만들어내는 자전주의에 구애받지 않고 해외 유력 스타트업 기업과의 협업을 통해 3D 프린터 기술을 도입하고자 하는 타케나카 공무점의 시도는 많은 시사점을 가지고 있다.

지금까지 보았듯이 다른 건설 회사들은 독자적인 건설 3D 프린터를 개발하고 있지만, 소프트웨어가 기술의 핵심인 이상 건설 3D 프린터 그 자체 개발에 제네콘이 제로베이스에서 임하는 것은 아무래도 가성비가 나쁜 전략이다. 3D 프린터의 잠재력을 이끌어내는 사용법의 연구에 전념하는 편이 다양한 건설 기술을 조합하여, 복잡하고 거대한 제조(건설)를 해온 제네콘의 강점을 살릴 수 있을 수도 있다.

도쿄대학 공학계연구과
이시다 테츠야 교수

"저인력화만으로 끝내지 마라"

1999년에 도쿄대학대학원 공학계연구과 사회기반학전공으로 박사 학위를 취득. 2013년부터 현재까지 도쿄대학 교수로 재직. 2019년부터 일본 콘크리트공학회에서 3D 프린팅 활용에 관한 위원회의 위원장을 맡고 있음

3D 프린터 기술은 로보틱스나 재료, 건설 등 여러 분야에 걸쳐 있습니다. 해외에서는 다른 분야의 연구자나 기업이 연계하여 선진적인 기술에 임하고, 거기에 정부가 출자하는 사례가 많습니다. 한편 일본은 연구예산 규모나 정부로부터의 지원이 압도적으로 적습니다. 어려운 환경이지만, 국내에서도 3D 프린터에 관한 분야를 넘어서는 논의를 진행할 필요성을 느끼고 있습니다.

3D 프린팅이 생산성 향상이나 디지털화에 공헌하는 기술이라는 것은 틀림없습니다. 사람 손을 거치지 않아도 일정한 품질의 것을 높은 재현도로 얻을 수 있게 되는 것에 대한 기대는 매우 큽니다.

그러나 국내에서 기술 개발에 임하는 건설 회사의 동향을 살펴보면 앞으로 5~10년의 목표 설정에 난항을 겪고 있는 상황입니다. 건축기준법의 규제가 강하고, 요구되는 품질 수준도 높기 때문에 수요를 찾아내기 어려울 것입니다.

하지만 혁신적인 기술이 태어날 때는 반드시 수요가 선행되는 것은 아닙니다. 예를 들어 미국 애플 Apple사의 아이폰 iPhone은 소비자의 수요에 부응하여 생긴 것이 아니라, 수요를 새로이 창출하여 대히트하는 상품이 된 것이라고 말할 수 있습니다. 건설 3D 프린터도 지금까지 없었던 구조의 가능성을 개척하는 등 새로운 가치를 제공할 수 있는 잠재력이 있습니다. 단순히 사람에 의한 작업을 치환하는 것만으로 보는 것은 안타깝습니다.

우선은 과제해결형의 기술 개발로 전환할 필요가 있습니다. '할 수 있을 것 같으니까'와 같은 이유로 기술 개발을 먼저 진행하고, 나중에 사용처를 찾는 것으로는 발전하지 않습니다. 세상에 있는 과제를 먼저 찾아내고, 기술의 난제를 해결해나가는 자세가 중요합니다.

**"설계 발상을 근본적으로 바꾸고
자연과의 융합을"**

게이오대학 환경정보학부
타나카 히로야 교수

2003년에 도쿄대학 공학계연구과 사회기반공학전공에서 박사 학위를 취득. 2012년에 게이오대학 SFC연구소(Social Fabrication Lab)를 설립하고 대표로 취임. 2016년부터 게이오대학 환경정보학부 교수로 취임

3D 프린터 기술을 발전시키기 위해서는 설계의 발상을 근본적으로 바꿀 필요가 있습니다. 특히 지금까지 접할 수 없었던 내부 구조를 어떻게 설계해 나갈지가 포인트가 될 것입니다.

건축설계 사무소 등에서 일반적으로 사용하고 있는 종래의 캐드 소프트웨어는 기본적으로는 '면'의 조합으로 구조물을 형성합니다. 한편 3D 프린터는 재료를 '점'이나 '선'의 형태로 겹쳐 조형해 나간다는 점에서 크게 다릅니다. 그 때문에 종래와 같이 캐드로 그린 설계에서는 생각대로 조형할 수 없는 케이스가 있습니다.

3D 프린터로 만들 수 있는 디자인의 폭을 넓히기 위해서는 적층으로 만드는 것을 전제로 설계를 재조립할 필요가 있습니다. 이러한 설계 방법을 DfAM Design for Additive Manufacturing이라고 부릅니다. DfAM에 대응한 설계나 구조계산 소프트웨어를 정비해나가는 동시에 새로운 발상으로 설계할 수 있는 인재 육성도 진행해 나가야 할 것입니다.

현재 저희 연구실에서는 3D 프린터로 만드는 디자인의 체계화를 진행하고 있습니다. 내부 구조를 포함하여 디자인 최적화를 극복하면, 자연계의 조형에 가까워지는 경향이 있다는 것을 발견하였습니다. 토목이나 건축에 있어서도 주위의 환경이나 생태계와 친화성이 높은 디자인이 구조물의 새로운 가치로서 인정받을 가능성이 있지 않을까요.

나아가 3D 프린터는 건설업에서 복합재료의 가능성도 넓힐 것입니다. 섬유와 콘크리트 등 이미 실용화되어 있는 재료의 조합에서도 각각의 최적 배합을 설계 단계에서 고려하게 된다면 재미있을 것입니다.

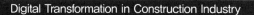
제5장

모듈화의 시대, 무대는 현장에서 공장으로

1. 모듈 건축의 융성

2019년 6월 철근 콘크리트 모듈(규격화된 유닛)을 이용한 건축물로서는 세계에서 가장 높은 트윈 타워 맨션이 싱가포르 클레멘티 지구에 완성되었다. 이 맨션은 프랑스의 대형 건설 회사 부이그 Bouygues사의 그룹회사인 드라가지 싱가포르 Dragages Singapore사가 시공한 클레멘트 캐노피 The Clement Canopy이다. 높이 140m, 10층 건물로 연면적 약 46,000m² 505세대의 규모이다.

말레이시아 스나이의 야드에서 골조 모듈을 제작한 후 싱가포르 투아스 공장에서 배관과 배선, 타일과 도장, 방수처리까지 실시하여, 현장으로 수송하였다. 그 후에는 미리 정한 순서대로 1,899개의 모듈을 하루에 10개 정도의 속도로 레고 블록처럼 조립하였다. 시공에는 타워크레인을 이용하여 1개당 26~31톤 정도의 모듈을 오차 2mm로 정확하게 쌓았다.

플로어 플랜의 모듈화 등은 드라가지 싱가포르사와 싱가포르의 대형 설계 사무소인 ADDP Architects LLP사가 BIM을 이용하여 진행하였다.

모듈화를 진행함으로써 기존에는 건설 현장에서 실시했던 작업들을 공장에서 진행할 수 있으므로 악천후의 영향으로 공기가 지연되는 위험을 줄일 수 있었다. 현장에서 기초 공사를 진행하면서 이와 병행하여 공장에서 골조를 제작할 수 있다는 점도 강점이다. 이 프로젝트는 예정보다 반 년 일찍 30개월 만에 완성되었다. 공사기간을 대폭 단축하면 입주시기가 빨라지므로 디벨로퍼 회사의 자금 흐름도 개선된다.

클레멘트 캐노피의 모듈. 1개당 26~31톤이다.

완성한 클레멘트 캐노피의 외관. 바로 앞의 건물과 사진 안쪽에 있는 같은 사이즈의 건물로 구성된 트윈 타워 맨션이다.

사진 : 부이그(위·아래)

산업화에 의해 품질 관리도 용이해진다. 현장에 많은 수의 작업자가 출입할 필요가 없기 때문에 안전성이나 시공효율도 높다. 부이그사와 드라가지 싱가포르사는 "폐기물의 70% 절감할 수 있다. 현장의 소음이나 분진도 줄일 수 있다."라고 한다.

드라가지 싱가포르사가 클레멘트 캐노피의 건설에 이용한 공법은 프리패브 공법 PPVC; Prefabricated Prefinishied Volumetric Construction 으로 불리며, 싱가포르 정부가 추진하고 있는 건축 생산 방식이다. 국가가 임대해주는 토지에 주택을 지을 경우 연면적의 65% 이상에서 PPVC 공법을 사용해야만 한다.

싱가포르의 건축건설부(BCA)는 PPVC의 장점에 대해 최대 40%의 생산성 향상, 현장의 환경 개선, 품질 향상을 들고 있다. 철저한 공업화를 진행함으로써 현장에서 일하는 외국인 노동자를 줄이려는 정치적 목적도 있다고 한다.

현재는 기존의 철근 콘크리트조 건물보다 8% 정도 비용이 증가하지만, 적용 사례를 늘리면 비용 절감이 가능할 것으로 판단하고 있다. 싱가포르에 진출하고 있는 일본의 대형 건설 회사들도 PPVC에 높은 관심을 보이고 있다.

메리어트의 고급 호텔도 모듈화

모듈 건축은 공장에서의 작업이 기둥이나 보와 같은 부재의 제작만 진행하는가, PPVC와 같이 마감까지 적용하는가, 컨테이너를 개조하는가, 또는 공업화 정도나 사용하는 부재 등에 따라 프리캐스트공법, 프리패브공법, 유닛하우스, 컨테이너하우스 등으로 명칭이 바뀌고, 플랜의 유연성 등에도 차이가 발생한다. 과거에는 모듈 건축은 단순하고 획일적인 이미지를 가지는 것이 일반적이었다. 그러나 최근에는 공장 제작이 가져오는 높은 생산성과 높은 디자인성을 양립시키는 것을 목표로 한 프로젝트가 급격히 늘어났다.

세계 최대의 호텔 체인인 미국 메리어트 인터내셔널사가 6,500만 달러를 투자하여 뉴욕 시내에 건설 중인 'AC 호텔 뉴욕 노마드AC Hotel New York NoMad'는 168객실의 26층 건물로, 높이 약 110m의 모듈 건축이다. 완성되면 모듈 방식을 채용한 미국에서 가장 높은 호텔이 된다(2019년 계획발표 시점에는 2020년 가을 개업 예정이었으나 COVID-19 문제로 2022년 현재 시공 보류 중_옮긴이 주). 노동자 부족 등에 기인한 공기 장기화에 대응하기 위해 메리어트 인터내셔널사는 2014년도부터 모듈 건축을 진행해왔다.

AC 호텔 뉴욕 노마드에는 라운지, 피트니스 센터, 회의실, 커피 바 등을 갖추고 있으며, 3~4층에는 야외 어메니티 스페이스를 배치한다. 객실은 5~25층에 있다. 싱가포르의 PPVC와 마찬가지로 공장에서 화장실과 욕실 등을 포함시켜 내장과 외장의 마무리를 한 철골조 객실 모듈을 현장으로 운송하여, 타워크레인을 사용하여 불과 90일 만에 쌓아올린다. 기존 공법에 비해 공사기간을 6개월 단축시킬 수 있다.

객실 모듈의 크기는 12ft(약 3.6m) × 25ft(약 7.6m)로 되어 있으며, 1개 층당 객실 수는 8개이다. 로비와 레스토랑 이외의 건물 중앙 코어 부분(엘리베이터나 계단실 등)은 종래의 공법으로 건설하고, 객실과 옥상 바 등은 모듈화를 적용하였다.

"객실의 베리에이션을 확보하면서 객실의 치수를 일정하게 하고, 디테일을 유형화함으로써 대폭적인 비용 절감을 도모하였습니다."라고 설계를 담당한 미국 대니 포스터 앤 아키텍처사는 설명한다.

모듈의 제조는 폴란드 DMD 모듈러DMD Modular사가 도급하였다. 폴란드에 있는 DMD 모듈러사의 공장에서 제작한 모듈을 수송하여, 모듈 건축에 강점을 가지고 있는 미국 스카이스톤 그룹Skystone Group이 시공한다.

미국 메리어트 인터내셔널이 건설 중인 'AC 호텔 뉴욕 노마드'의 완성 이미지

폴란드의 공장에서 제작한 'AC 호텔 뉴욕 노마드'의 객실 모듈

사진 : 대니 포스터 앤 아키텍처(위·아래)

토지 가격이 비싸서 시공용 공간을 충분히 확보하기 어려운 뉴욕 시에서는 현장에서의 작업이 간단하고 기간이 단축될 수 있는 모듈 건축을 채용한 AC 호텔 뉴욕 노마드와 같은 프로젝트가 늘어나고 있다.

'어포더블 하우스(Affordable House)'의 공급

부동산 회사가 온라인으로 제공하고 있는 '461 딘 스트리트'의 버추얼 투어로, 입구에서 건물을 올려다 본 모습

사진 : Greystar Real Estate Partners

세계 대도시에서 과제가 되고 있는 중·저소득자 층의 주택난에 대응한 '어포더블 하우스'에 신속한 공급이 가능한 모듈 건축을 활용하고자 하는 움직임이 있다.

미국의 저명한 건축설계 사무소인 샵 아키텍츠 Shop Architects 사가 미국 뉴욕주 브루클린에 설계하여 2016년에 완성된 32층 건물의 집합주택 '461 딘 스트리트 461 Dean St.'도 그 가운데 하나이다.

합계 350개의 철골조 모듈을 인근 공장에서 제조하여 현장에서 조립하였다. 모듈을 잘 조합하여 23종류의 레이아웃을 만들어내었다. 모듈을 복잡하게 결합하기 때문에 BIM 모델을 사용하여 의장·구조·설비 간에 세부 사항을 조정하였다.

'461 딘 스트리트'를 작업한 미국의 중고층 모듈건축 메이커 풀 스택 모듈러 FullStack Modular 사는 "어포더블 하우스 외에도 집합주택이나 숙박시설, 기숙사 등으로 구성된 630억 달러(약 6.7조 엔)의 건축 시장을 타깃으로 하고 있습니다."라고 말한다.

신종 코로나 바이러스(COVID-19) 대책에도 출동

필요한 공간을 신속하게 제공할 수 있는 모듈 건축의 특징은 일본에서 COVID-19 대응책에서 활용되었다. 컨테이너 건축을 다루는 디벨로프사(치바현 이치카와시)는 2020년 4월 말 나가사키 시에 정박 중인 대형 크루즈 여객선의 탑승자가 집단 감염된 사태를 맞아, 재해 시의 이용을 상정한 컨테이너형 호텔 '레스큐 호텔'을 의료종사자용으로 제공하였다. '레스큐 호텔'은 컨테이너를 이용한 객실을 재해 시에 재해지로 이설하여 임시 숙박시설 등으로 활용하는 구조이다.

2020년 4월 26일 정부와 나가사키 현, 크루즈선 회사로부터 출동요청을 받은 디벨로프사는 다음날인 27일에 치바현 나리타시, 28일에 도치기현 아시카가시에서 각기 영업하고 있던 컨테이너형 호텔로부터 합계 50객실 분을 긴급 수송하였다. 29일에는 나가사키시에 있는 미츠비시중공업 나가사카조선소의 부지 내에 도착하여 설치공사를 시작하였다.

'레스큐 호텔'에는 바퀴가 달린 새시 위에 컨테이너를 얹은 '차량형'과 컨테이너를 새시에서 내려 고정해서 사용하는 '건축형'이 있다. 이번에 출동한 것은 모두 '차량형'이었다. 견인차에 컨테이너 차를 연결하여 운반하였다. 나가사키에 도착한 후에도 바퀴를 붙인 채 컨테이너를 배치하였다. 견인차로 곧바로 장소를 이동시킬 수 있어서 컨테이너의 배치 변경이 용이하다.

트럭으로 '출동'하는 레스큐 호텔

사진 : 디벨로프사

레스큐 호텔의 객실. 각 컨테이너에는 에어컨이 설치되어 있다.

사진 : 디벨로프사

'레스큐 호텔'은 평소에는 컨테이너형 호텔 '더 야드'로 영업하고 있다. 그렇기 때문에 실내는 비즈니스호텔 그 자체이다. 더 야드는 건축용 컨테이너 모듈을 이용한 1동 1실 형식의 숙박시설로, 이번 컨테이너는 1실 면적이 약 13m² 이다.

컨테이너에는 침대와 유닛 배스(욕조), 에어컨, 냉장고, 텔레비전, 전자레인지 등이 구비되어 있으나 부엌은 없다. 컨테이너 바깥쪽에는 에어컨의 실외기가 붙어 있어 전실이 개별 공조로 작동한다. 이 때문에 이설 후에도 컨테이너에 전력을 공급하면 곧바로 에어컨으로 실내 온도를 호텔 수준으로 유지한다.

출동 시에는 상하수도나 전기, 가스, 통신 등의 배관과 배선을 분리하여 실내외의 마감처리를 하고, 컨테이너 채로 현지에 이설한다. 나가사키에서는 각 컨테이너에 상하수도와 전기, 가스, 통신을 각각 연결하여 순차적으로 이용가능하게 하였다.

디벨로프사는 건축용으로 개발한 기둥과 보로 구성된 라멘 구조의 전용 컨테이너 모듈을 이용하여 컨테이너 건축을 제공하고 있는 기업이다. 2017년부터 컨테이너형 호텔 사업에 진출하였다. 디벨로프사는 '레스큐 호텔'을 '숙박 시설이 이동하여 영업하고 있다'는 생각으로 제공하고 있다. 따라서 개략적인 요금은 수송비를 제외하고, 통상의 호텔 1박분의 요금에 출동 일수를 곱하여 계산한다고 한다.

2. 건물은 제품으로, 가치의 원천은 공장으로

건설 산업에서 가치의 원천은 '현장'에서 '공장'으로 이동한다. 미국 대형 경영 컨설팅사인 맥킨지 McKinsey는 2020년 6월에 발표한 보고서 「건설산업의 넥스트 노멀 The next normal in construction」에서 숙련 작업자의 부족과 엄격해지고 있는 안전·환경 규제, 기술 진화 등을 배경으로 건설 산업에서 '공업화'가 가속될 것으로 지적하였다. 모듈 건축을 다루는 플레이어가 급성장을 이루고, 기존 제네콘의 존재감이 상대적으로 저하될 가능성이 있다고 예측한 것이다.

보고서에서는 과거에 주문제작으로 제품을 제조한 민간항공기 업계에서 공업화와 표준화가 진행되어, 유럽의 에어버스 Airbus사와 미국의 보잉 Boeing사라는 2대 기업이 성장하게 된 역사 등에 비추어 건설 산업에서도 같은 변화가 찾아올 수 있다고 제언한다.

건축물이 '제품'이 된다

건축설계 사무소나 건설 컨설턴트 회사가 프로젝트별로 제로베이스에서 건물 등을 설계하고 제네콘 이하의 많은 하도급회사, 건재·설비 메이커, 렌탈 회사 등의 다양한 플레이어가 복잡하게 얽히면서, 가혹한 노동 환경의 건설 현장에서 사람 손에 의지하여 시공을 진행하는 것이 현재의 건설 프로젝트이다.

한편 공업화 건설 프로젝트는 모듈을 조합하는 커스터마이징을 통해 고객 요구에 맞춘 설계를 하고, 이에 따라 공장에서 건물의 모듈이나 프리패브 부재를 제조하여, 현장으로 운반하여 조립하는 형태이다. 이러한 생산 방식은 디지털 기술을 베이스로 발전하게 되면 건축물의 표준화와 제품화가 진행되고 다양한 장면에서 드라마틱한 변화가 일어날 가능성이 있다는 것이다.

예를 들어 건설 회사는 제조업을 생업으로 하는 기업처럼 모듈을 제조하기 위한 로봇이나 설비를 갖춘 공장에 대한 투자가 필수적인 것이 될 것이다.

또한 산업 전체에서 모듈화와 표준화가 진행되면 지금까지 다른 지역이나 다른 국가의 건설 시장에서 진입 장벽으로 작동했던 '지역성'이 희미해진다. 그러면 제조업과 마찬가지로 동업자와의 경쟁하기 위해서는 규모의 경제를 일으켜 저비용화를 추진하는 것이 중요해지기 때문에 적극적으로 해외 진출을 도모하기 위해 규모를 추구하는 건설 회사가 나올지도 모른다.

건축이나 토목의 '제품화'에 따라 고객을 유치하는 브랜드가 더욱 중요해진다. 여기서 말하는 브랜드에는 자동차나 항공기 등 제조업과 마찬가지로, 품질이나 신뢰성, 납기, 보증 등을 포함한다.

맥킨지사의 보고서에서는 이미 이러한 변화의 징조가 나타나고 있다고 한다. 예를 들어 북미의 신규 건축 프로젝트에서 모듈 건축 시장의 점유율은 2015년부터 2018년까지 51%나 증가하였다.

▌건설업의 가치 사슬은 크게 변화할 가능성이 있다

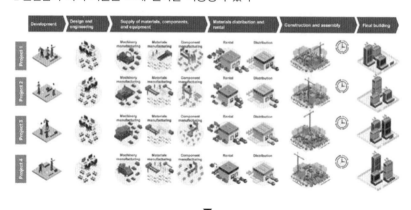

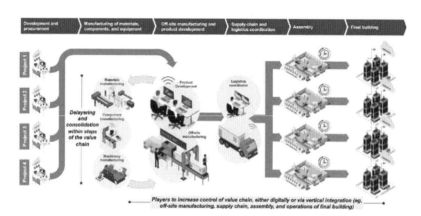

위의 그림은 현재의 건설 생산 프로세스, 아래의 그림은 미래의 건설 생산 프로세스이다. 현재는 프로젝트별로 많은 플레이어가 관여하지만, 장래에는 규격화나 표준화가 진행되어 가치 사슬의 수직 통합이 진행될 것이다.

자료 : 맥킨지 & 컴퍼니

■ 미국 맥킨지가 예측하는 9가지 변화

제품 베이스로 접근	건축물은 표준화된 '제품'으로서 제공된다. 안전하고 안정된 환경의 공장에서 제조한 부재를 건설 현장에 운송하여 조립하게 된다.
전문특화	이익 확보나 차별화를 위해 기업은 고층주택, 병원이라고 하는 자사가 우위성을 발휘할 수 있는 영역에 특화된다.
가치 사슬의 제어와 산업 서플라이 체인의 통합	기업은 수직통합이나 전략적 제휴 등을 통해 서플라이 체인을 통합한다. BIM 등의 디지털 도구가 이를 지원한다.
통폐합	전문특화나 이노베이션 투자에 대한 수요가 높아지고, 건축물의 표준화가 진행됨으로써 기업 규모가 중요해진다.
고객중심주의와 브랜드화	건축물의 제품화와 기업의 전문특화에 따라 고객 등을 붙잡기 위한 브랜드가 중요하게 된다.
기술이나 설비에 투자	건축물의 제품화에 따라 공장이나 생산설비에 대한 투자의 중요성이 커진다. 모듈화하지 않은 현장에서도 자동화를 위한 설비나 드론 등에 투자가 필요하게 된다.
인재 투자	디지털이나 가치 사슬의 제어, 전문특화 등을 진행하기 위해서는 인재 투자가 빠질 수 없다. 특히 디지털 인재를 획득하기 위해서는 장래의 비즈니스 모델을 제시하여 그들을 끌어들일 필요가 있다.
국제화	표준화가 진행되면 경쟁에서 우위에 서기 위한 규모가 중요하게 된다. 따라서 기업은 글로벌화를 지향하게 된다. 단, COVID-19의 영향으로 글로벌화의 속도가 늦어질 가능성도 있다.
지속가능성	기후변동이 가져오는 위험요소 등에 대응하기 위해 지속가능성이 더욱 중요하게 된다. 자재조달 시에 환경에 미치는 영향을 고려하는 전기식의 기계를 사용하는 등의 대응이 다양한 장면에서 요구된다.

자료 : 맥킨지& 컴퍼니의 자료에 기초하여 닛케이 아키텍처 작성

일본에서는 아직 건축 모듈화를 위한 움직임은 그다지 활발하지 않지만, 건설 현장의 사무소 등에 이용되는 '유닛 하우스'의 렌탈 사업을 다루는 산쿄 프론티어사는 공장에서 생산한 유닛 하우스를 활용하여, 디자인성이 높은 오피스를 건설하거나, 스스로 호텔 운영에 나서면서 존재감을 키우고 있다. 산쿄 프론티어사는 2020년 3월기 연결매출은 전기 대비 9.3% 증가한

457억 엔을 기록하였으며, 올림픽 특수도 있어 2016년 3월 대비 약 44%가 증가하는 급성장을 기록하고 있다.

공장에 대한 투자를 강화하여 '제조' 기술을 연마하고 있는 제네콘도 있다. 초고층 맨션의 설계·시공을 강점으로 콘크리트의 프리캐스트 공법(PCa공법, 공장에서 제조한 기둥이나 보 등의 콘크리트 부재를 사용하는 공법)에 힘을 쓰는 미츠이 스미토모 건설은 2019년 5월 IoT 기술로 프리캐스트 부재 제조공장을 관리하는 시스템 PATRAC-PM을 개발했다고 발표하였다.

그룹회사인 SMC 프리콘크리트사가 이바라키 공장에서 이 시스템을 도입하여, 초고층 맨션 등에서 사용하는 프리캐스트 부재의 생산을 효율화하고 있다. 미츠이 스미토모 건설은 생산 상황의 가시화와 데이터의 집계·축적을 통해 제조 프로세스를 가시화하여 그 최적화를 도모할 생각이다.

이 시스템에서는 블루투스를 이용하여 전파의 도달각도로부터 실시간으로 측위하는 기술 Quuppa Intelligent Locating System을 통해 데이터를 취득한다. 구체적으로는 공장 건물의 천장에 수신 장치를 작업자의 헬멧과 크레인 등의 측위대상에 태그를 부착하여, 각 부재의 제조에 필요한 작업 시간, 각 작업원의 이동 이력 등을 공정별로 수집한다. 데이터 수집빈도는 1초 간격이며, 위치 오차는 50cm 정도이다.

프리캐스트 부재의 완성 후 수집한 데이터를 자동으로 집계하여 화면에 표시하는 동시에 생산 실적으로서 축적해 간다. 이를 통해 작업별 미세한 상황부터 공장 전체의 생산 상황까지를 평가, 검토하는 것이 용이해진다고 한다.

미츠이 스미토모 건설은 프리캐스트 공장의 품질과 생산성 향상을 목표로 차세대 PCa 생산관리 시스템인 PATRAC-PM 개발을 진행해왔다. PATRAC-PM은 이러한 흐름에서 개발된 것이며, 미츠이 스미토모 건설은 프리캐스트 공장의 자동화와 부재의 자동화 시공을 추진할 방침이다.

소프트뱅크가 투자하는 카테라(Katerra)사의 정체

모듈화를 대담하게 도입하고, IT를 활용하여 급성장을 목표로 한다. 건설 산업의 DX를 구현하고 있는 기업으로서 세계에서 가장 주목받고 있는 기업이 2018년에 소프트뱅크 비전펀드가 8억 6,500만 달러 투자를 발표한 미국 카테라사이다. 매킨지사의 보고서에서도 카테라사의 존재를 중요하게 의식하여 다루고 있다.

'건설업계를 재정의하는 기술 기업'으로 자인하는 카테라사와 기존의 제네콘과의 근본적인 차이는 모듈화와 IT활용을 베이스로 원도급과 하도급으로 이뤄진 '수평 분업'이 아니라, 기획·설계, 모듈화한 부재의 제조, 현장에서의 시공까지를 자사와 그룹사에서 원스톱으로 제공하는 '수직 통합'으로 이익을 창출하고자 하는 점이다. 지금까지 설계 사무소나 건설 회사를 차례로 인수하고, 수직통합 모델을 실천하고 있다.

카테라사는 건물의 구조부재와 창문, 욕실 등을 모듈화하여 자체 공장에서 제조하고, 현장으로 수송하여 조립하는 생산 방식을 채용하고 있다. 캘리포니아주 트레이시의 공장에서는 벽과 지붕 트러스, 창 등의 부재를 로봇을 이용하여 자동으로 제조하는 생산 라인을 갖추고 있다. 이 회사의 제조 책임자인 매트 라이언은 "8대의 고정 로봇과 2대의 이동 로봇 및 무인반송차를 사용한 디지털 제조 프로세스가 특징입니다."라고 설명한다.

카테라사가 특히 힘을 쓰고 있는 것은 이산화탄소 배출량을 억제할 수 있는 지속가능한 구조재료로서 일본에서도 보급이 시작된 CLT(직교집성판, 나무의 판을 섬유 방향이 직교하도록 겹쳐서 접착한 패널)이다. 집합주택 등의 벽이나 바닥에 사용한다. 2019년 9월 23일에는 북미 최대 생산을 자랑하는 연면적 약 25,000m^{2}의 CLT 공장을 워싱턴주 스포캔밸리에 오픈하였다.

디지털 플랫폼의 상용화

수직통합 모델을 실천하는 건설 회사이며, 기술 기업이기도 한 카테라사를 상징하는 것은 이 회사가 2019년 2월 19일 건설 회사 등을 대상으로 상용 서비스화를 발표한 아폴로 Apollo라고 부르는 디지털 플랫폼이다.

카테라사는 미국에서 가장 주목받는 신흥 건설 회사이다.

카테라사가 워싱턴주 스포켄밸리에서 완성시킨 총 25,000m^{2}의 CLT 공장. 카테라사는 프리캐스트 콘크리트 공장 등도 보유하고 있다.

사진 : 카테라사(위·아래)

설계나 시공과 같은 건설 프로젝트의 일부가 아니라 프로젝트의 계획단계부터 준공 후까지 전체를 대상으로 서플라이 체인 전체의 비용이나 공정, 자재, 노무 등을 일관되게 관리할 수 있다고 한다. API(프로그램끼리가 데이터를 교환하기 위한 구조)로 다른 디지털 도구와 연계할 수도 있다. 아폴로에는 2020년 6월에 '아폴로 인사이트 Apollo Insight', '아폴로 커넥트 Apollo Connect', '아폴로 컨스트럭트 Apollo Construct'의 3가지 응용프로그램이 개발되어 있다.

'아폴로 인사이트'는 프로젝트 초기 단계에서 자금 계획과 프로젝트 실현가능성 등을 3차원 모델 등으로 간단하게 검증할 수 있는 응용프로그램이다. 계획지의 주소를 조회하기만 하면 최적의 레이아웃이 자동으로 생성되고, 비용을 정확하게 견적할 수 있다. 디벨로퍼가 지금까지 몇 주가 소요되던 투자 판단에 걸리는 시간을 수 시간으로 단축할 수 있다고 한다.

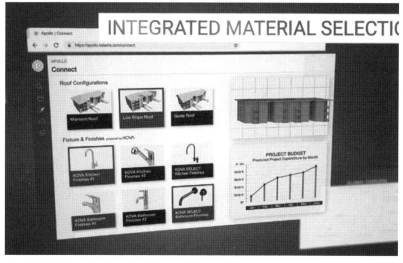

카테라사가 상용 서비스화를 발표한 디지털 플랫폼, 아폴로의 소개 동영상

사진 : 카테라사

'아폴로 커넥트'는 설계의 조정이나 공사 착수 전에 준비에 사용하는 응용프로그램이다. BIM과 연동하여 설계 데이터를 바탕으로 자동으로 견적

을 작성하여, 서플라이 체인에 관계되어 있는 멤버들과 공유할 수 있다. '아폴로 컨스트럭트'는 정확한 적산과 공정계획 작성, 스케줄 관리 등이 가능한 시공관리용 솔루션이다.

카테라사는 계획부터 설계, 설계부터 시공이라고 하는 프로젝트의 단계 간에 데이터 인계가 번잡하고 불충분한 것이 건설업의 생산성 저하를 초래하고 있다고 지적하고, 아폴로를 사용함으로써 이러한 문제를 해결할 수 있다고 생각하고 있다.

수평분업에서 수직통합으로

카테라사가 채용하고 있는 수직통합 모델은 일본의 제네콘들이 과거에 버린 비즈니스 모델이다. 한때는 자사에서 시공 팀을 끌어안고 직영 방식으로 공사를 실시하던 제네콘은 그 후, 경영 효율을 추구하는 과정에서 시공 관리에 전념하고 실제 작업을 협력 회사(하도급 회사)에 외주하는 생산 체제로 전환하였다. 외주화의 진전과 함께 하도급 구조의 중층화가 진행되어 협력 회사와의 관계성도 줄어들게 되었다.

이러한 '원도급-하도급'으로 구성된 분업생산체제가 아이러니하게도 건설서비스의 범용화(부가가치를 잃어 어느 기업의 서비스도 고객에게는 큰 차이가 없게 되는 것)를 초래해 왔다는 지적은 이전부터 있었다. 예를 들어 건설경제연구소는 리먼 쇼크의 영향으로 경기가 크게 악화되었던 2009년 6월에 발표한 보고서에서 다음과 같이 말하고 있다.

"건설시장이 확대가 이어지는 시대에는 차등을 두지 않고 동등하게 취급하는 병렬주의로도 제네콘이 존속할 수 있었다. 그러나 앞으로도 건설 투자가 크게 늘어날 것으로는 기대할 수 없는 가운데 일본 건설업계는 이미 기업 간 경쟁 상태에 들어가 있다. 향후 제네콘의 경영의 방향성을 검토하는 가운데, 타사와 제품(서비스)의 품질(가치)을 차별화할 수 없게 되는 가치 사슬의 균질화를 초래하는 구조적 문제를 가진 분업 생산 체제를 근본부터 재검토해봐야 할 시기에 와 있는 것은 아닌가 생각된다."

당시보다 인력 부족 문제가 악화되고 COVID-19 발생에 따라 리먼 쇼크 때와 비슷한 어려운 경영 환경이 되고 있는 지금, 이러한 지적이나 카테라사의 등장은 시사하는 바가 크다.

▌건설업계에서는 서서히 외주화가 진행되고 있다

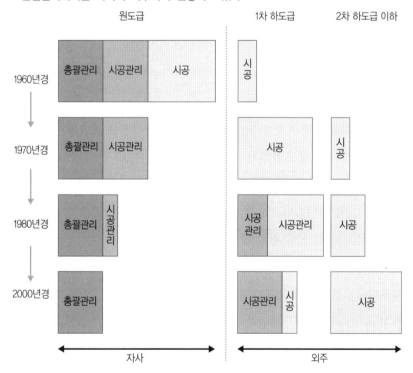

건설경제연구소는 2009년에 발표한 보고서에서 외주화의 진전과 함께 하도급 업체의 비고정화·중층화가 진행되어, 제네콘이 경쟁력을 상실하고 있다고 분석하고 있다.

자료 : 건설경제연구소의 자료를 토대로 닛케이 아키텍처 작성

미츠비시 지쇼 등이 목재회사 설립

모듈화 및 수직통합 모델을 통해 중간 비용을 줄이려는 시도를 의외의 대기업이 추진하고 있다. '마루노우치의 집주인'으로 알려져 있는 대형 부동산 회사인 미츠비시 지쇼이다.

미츠비시 지쇼 등 7개 회사는 2020년 7월 27일 새로운 종합목재회사 'MEC 인더스트리 MEC Industry'를 설립한다는 것을 발표하였다. 건축용 목재 생산에서부터 유통, 시공, 판매까지를 새로운 회사가 일관되게 담당함으로써 중간 비용을 없애, 건축물의 목질화(내장이나 외벽 등에 목재를 사용하는 것)에 사용할 수 있는 새로운 건재나 목조 조립식 공법을 채용한 단독 주택 등을 저렴한 가격에 공급하려는 것이다. 설립부터 10년만에는 100억 엔의 매출액을 목표로 하고 있다.

미츠비시 지쇼라고 하면 도심 1등지에 수많은 고급 초고층 오피스 빌딩을 가지고 있는 디벨로퍼로서 유명하지만, 최근에는 CLT와 같은 목재를 사용한 중고층·대규모 목조 건축물에도 공을 들이고 있다.

새로운 회사에는 미츠비시 지쇼 외에 타케나카 공무점과 다이호건설, 마츠오 건설 같은 종합 건설 회사, 건축 자재 등을 취급하는 종합상사인 난코쿠식산(카고시마시), 건축용 금속 제품의 제조·판매하는 켄텍(도쿄도 치요다구), 집성재 메이커인 야마사목재(카고시마현)의 총 7개 회사가 출자하였다. 자본금 19억 2,500만 엔 가운데 70%를 미츠비시 지쇼가, 남은 30%를 나머지 6개 사가 출자하였다.

기존에는 목재 조달이나 제재, 가공 등의 각 단계는 소규모 기업들이 각각 개별적으로 담당하고 있어 비용 낭비가 발생하고 있었다. 7개 회사의 기술과 판매 채널을 활용하여 상품개발부터 제조, 판매까지의 비즈니스 프로세스를 통합하여 중간 비용을 줄인 새로운 비즈니스 모델을 수립하였다.

MEC 인더스트리의 모리시타 요시타카 사장(왼쪽으로부터 4번째)과 주주 7사의 대표자
사진 : 닛케이 크로스텍

■목재 제재부터 판매까지 한번에 처리한다

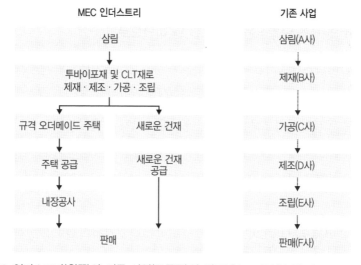

MEC 인더스트리(왼쪽)와 기존 사업(오른쪽)의 비즈니스 프로세스의 비교
자료 : MEC 인더스트리

예를 들어 목재 조달에 있어서는 벌채하여 시장에 도매한 후에 매각처를 찾는 '푸시 PUSH형' 원목조달 시스템으로부터 벌채 전에 삼림측에 원하는 목재를 전달하는 '풀 PULL형' 조달 시스템으로 전환한다. 이를 통해 종래에

는 유효하게 활용하기 어려웠던 대구경의 나무도 쉽게 활용할 수 있게 된다.

상품개발에는 미츠비시 지쇼가 가지고 있는 디벨로퍼로서의 노하우를 살려서 고객 수요를 바탕으로 상품을 추구하여, 종래와 같은 다품종 소량생산이 아니라 라인업을 좁혀 저비용화를 실현하려고 생각하였다.

미츠비시 지쇼 출신으로 MEC 인더스트리사의 사장으로 근무한 모리시타 키타카는 2020년 7월 8일 기자회견에서 "우선은 미츠비시 지쇼가 디벨로퍼의 입장에서 적극적으로 목재를 활용해나가는 것이 새로운 회사의 엔진이 될 것입니다. 장래에는 중고층 건축물이나 대규모 건축물에서 목재 이용을 실현해 나갈 것입니다."라고 포부를 밝혔다.

100m²의 목조 단층집을 1,000만 엔 미만으로

MEC 인더스트리사는 주로 '새로운 건재 사업'과 '목재 프리패브릭 사업'의 2가지 사업에 집중하고 있다.

새로운 건재 사업으로는 가고시마현과 미야자키현, 구마모토현 등에서 조달한 국산 목재를 가공한 CLT와 투바이포재 등을 활용하여 철근 콘크리트조나 철골조 건물을 목질화하기 쉽게 해주는 새로운 건재를 개발·공급한다.

그 첫 번째로서 미츠비시 지쇼와 켄텍이 다이호건설의 협력을 얻어 개발한 '배근부착 거푸집(가칭)'을 2021년 4월에 판매 예정이다. 제재목판에 철근을 부착한 콘크리트 타설용 거푸집으로, 목판을 그대로 천정 마무리재로 이용할 수 있어 시공의 저인력화 및 디자인성 향상을 기대할 수 있다.

목재 프리패브릭 사업에서는 공장 생산한 CLT나 집성재 등의 부재를 현장에서 조립하는 규격형 저가격 상품을 개발·공급한다. MEC 인더스트리사는 100m², 단층 목조주택을 1,000만 엔 미만으로 판매할 수 있다고 설명하고 있다.

MEC 인더스트리사의 이토 야스카 부사장은 "종래의 목조에 비해 시공 간소화를 도모할 수 있다. 공기 단축이나 인력부족 문제의 해결에도 효과가 있을 것으로 생각합니다."라고 설명한다. 단독주택뿐만이 아니라 편의점이나 공장, 창고 등으로의 확대도 가시화 되고 있다.

MEC 인더스트리사는 2020년 8월 7일 자사의 생산거점이 되는 목재가공 시설(카고시마현)의 건설 공사에 착수하였다. 2021년 4월부터 순차적으로 가동할 예정이다(2022년 5월 준공 완료, 2022년 6월 가동_옮긴이 주).

3. '프리캐스트'는 왜 보급되지 않을까

하루에 7만 대의 차가 달리는 도쿄의 대동맥, 수도고속도로 하네다선이 있다. 이 도로를 관리하는 수도고속도로회사는 2016년 하네다선 가운데 케이힌운하 위에 건설되어 있는 '히가시시나가와 잔교'와 '사메즈 매립지'의 총 1.9km 구간을 재건설하는 대규모 사업에 착수하였다. 1963년에 개통한 이 구간은 노면과 수면의 고저차가 불과 3m밖에 없었고, 염분이나 조수간만의 영향으로 심하게 열화되어 있었다.

수도고속도로회사는 우선 우회로를 건설한 후 상행선을 해체하고 같은 장소에 도로를 재건설하기로 했다. 잔교 철거부지에는 1.2km에 이르는 고가교를 세우고, 매립지에 대해서는 노면을 3m 성토할 계획을 세웠다. 하행선에도 동일한 계획을 세웠다. 그러나 문제는 공사기간이었다. 2020년에 예정되어 있던 도쿄 올림픽에 맞추기 위해 착공 후 4년 만에 우회로와 상행선을 완성시켜야 했기 때문이다.

그래서 매립지 성토 구간에 약 460m에 걸쳐 채용된 것이 프리캐스트 공법이었다. 마치 교량의 거더와 같은 단면을 한 폭 9m, 높이 3m의 거대한 프리캐스트 부재 300개를 좁은 시공 야드에 실로 꿰매듯이 운반해 지반에 늘어놓고, 그 위에 바닥판(차량의 하중을 거더나 교각 등으로 전달하는 판)과 방호벽을 타설한다. "프리캐스트를 최대한 사용하지 않으면 공정이 성립되지 않는 상황이었습니다."라고 공사를 지휘하는 수도고속도로 서국 프로젝트본부·시나가와 공사사무소의 이시바시 마나부 공사장은 증언한다.

사진 중앙이 상행선의 매립부에서 채용한 프리캐스트 부재. 오른쪽은 상행선의 우회로, 왼쪽은 기존의 하행선이다. 왼쪽 안쪽은 도쿄 모노레일이다.

사진 : 수도고속도로회사

'i-Construction'의 주요 시책

제5장에서는 주로 건축·주택 분야에서 모듈화의 동향을 살펴보았지만, 토목 분야에서도 프리캐스트의 활용이 주목받고 있다. 수도고속도로의 사례에서 알 수 있듯이 고속도로의 교량이나 터널의 갱신·수선공사와 같은 통행금지 기간 단축을 강하게 요구받는 공사에서는 특히 프리캐스트가 활발하게 사용되고 있다.

국토교통성이 2015년에 선언한 건설 현장의 생산성 향상에 관한 시책 'i-Construction'에서도 콘크리트 공사의 효율화를 ICT 활용과 나란히 정책의 핵심이 되는 두 개의 축으로 설정하고, 디지털 기술과 궁합이 좋은 프리캐스트 이용 촉진을 중심적인 시책으로 설정하였다.

　그러나 토목 시장을 전체적으로 보자면 프리캐스트의 보급이 진행되고 있다고는 도저히 말하기 어렵다. 최근 5년간 프리캐스트 제품에 사용된 시멘트 양은 전체 판매량의 불과 13~14%에 그쳐서 생콘크리트의 비율이 크게 높았다. 무엇이 보급을 막아왔는지, 그리고 해결책은 어디에 있는지 순서에 따라 살펴보자.

장점을 평가하기 어려운 적산 기준

　현장에서 프리캐스트의 채용을 오랜 기간 어렵게 한 요인 중의 하나는 공기단축이나 생산성 향상 등의 장점을 평가할 수 없는 적산기준이다. 적절한 이유가 없는 한 공공 공사에서 콘크리트 공사는 직접공사비(재료비와 노무비 등 공사에 직접 필요한 경비)가 싼 현장타설 콘크리트(건설 현장에서 거푸집을 조립하여 콘크리트 구조물을 시공하는 방법)로 발주된다.

　예를 들어 공공 공사에서 교량의 구조 형태 선정 방식을 떠올려보면 이해하기 쉽다. 우선은 예비설계(선형이나 구조를 결정하고, 대략적인 공사비를 산출하기 위한 설계)에서 현장의 조건에 맞는 형식을 현장 타설 콘크리트와 프리캐스트를 포함하여 10개 안 정도 열거하고, 각각의 직접 공사비를 비교하여 3개 안 정도로 좁힌다. 이어지는 기본 설계에서 시공 방법이나 공정을 검토하고, 마지막으로 비계 등의 가설비도 산출하여 최종안을 결정한다.

　이와 같이 예비설계 단계에서는 세세한 현장 조건이나 시공 방법이 결정되지 않았기 때문에 직접공사비의 비교만으로 우열을 결정하는 경우가 많다. 가설비 등을 포함시켜 비교하면 공사 전체로 봤을 때 저렴한 경우도 적지 않지만, PC건설업협회의 니시오 히로시 기술위원장은 "프리캐스트는 예비 설계

■ 직접공사비는 프리캐스트(PCa)가 높아지기 쉽다

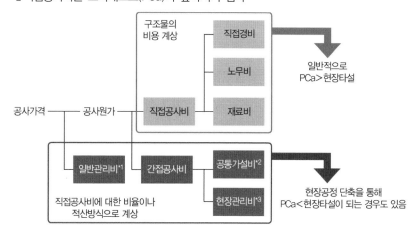

*1: 본사 종업원의 급여와 복리후생비 등
*2: 현장사무소의 경비나 경비원의 배치 등에 필요한 비용 등
*3: 노무관리비나 배치기술자의 급여 등

지금까지 예비 설계에서는 간접공사비 항목 가운데 직접공사비에 계수를 곱하여 산출하는 항목만을 사용하는 경우가 많았다.

자료 : 토목학회의 자료나 취재를 토대로 닛케이 컨스트럭션 작성

단계에서 거의 제외됩니다. 기본설계에 착수할 때에는 이미 현장 타설 콘크리트 후보만 남아있습니다."라고 설명한다.

예비설계에서 가설비를 고려하면, 프리캐스트가 첫 번째 평가를 통과하여 채용될 가능성이 높다. 그래서 국토교통성은 2017년 4월에 지방정비국에 보낸 통지를 통해 예비설계에서 복수안의 비용을 비교할 때 가설비를 포함하도록 요구하였다. 국토교통성 대신관방기술조사과의 사토 시게타카 공사 감시관은 "상세설계나 설계변경 타이밍에서 프리캐스트화를 검토할 때에도 가설비를 고려해주었으면 합니다."라고 기대하고 있다.

한편 프리캐스트 업계에서는 '생산성 향상이라고 하는 비용 이외의 장점도 고려해 비교해야만 한다.'는 목소리도 많다. '교량 등 프리캐스트화 및 표준화에 의한 생산성 향상 검토위원회(위원장 : 무츠요시 히로시 · 사이타

마대학 명예교수)'는 2018년 6월에 「콘크리트교의 프리캐스트화 가이드라인」을 정리하였다. 이 가운데 가설비뿐만이 아니라, 안전성 향상과 시공 중의 소음 감소와 같은 효과에 대해서도 고려할 필요가 있다고 정리하였다.

국토교통성이 개최하는 '콘크리트 생산성 향상 검토협의회(회장 : 마에카와 코이치·요코하마국립대학 교수)'는 비용 이외의 평가할 때의 개념으로서 '효율성'이라는 지표를 제시하고 있다. 1m³당 콘크리트 구조물의 시공에 필요한 인원에 일수를 곱한 값의 역수로 정의한다. 높이 5m의 L형 옹벽 (100m³) 시공의 현장 작업일수는 현장 타설 콘크리트의 24일과 비교하여 프리캐스트로는 3.6일이 단축되어, 프리캐스트의 효율성은 현장 타설 콘크리트의 5.2배가 된다고 견적하였다.

공공공사 발주의 전제가 되는 회계법에서는 비용이 저렴한 공법을 선택하는 것이 원칙이기 때문에 효율성만을 지표로 선정하는 것은 어렵겠지만, 프리캐스트가 가져올 효과를 적절하게 평가하기 위해서 중요한 관점이다.

설계에 관한 기준 및 가이드라인의 정비가 허술했던 것도 프리캐스트의 활용이 진행되지 않은 한 원인이라고 생각된다. 지금까지 프리캐스트 메이커가 개별적으로 개발한 제품의 설계나 품질증명 방법은 기업마다 달랐다. 사내 실험 결과 등을 바탕으로 규격화한 제품이 시장에 범람하였고, 공통된 평가 기준이 없었기 때문에 발주자나 시공자가 객관적으로 성능을 비교하기 어려웠다.

"가전 제품 등은 메이커 단체가 성능을 보증하는 것이 당연했습니다. 프리캐스트 제품 업계는 이러한 것이 없었습니다."라고 도로 프리캐스트 콘크리트 제품기술협회의 마츠시타 토시로 기술위원장은 이렇게 반성하는 말을 하였다.

도로 프리캐스트 콘크리트 제품기술협회는 2017년 10월, 박스 컬버트(박스형 콘크리트 구조물) 등의 프리캐스트 제품의 설계, 제조, 품질 관리 방법 등을 정리한 「도로 프리캐스트 콘크리트공 지침」을 발행하였다. 지침에 따라 협회 각사가 보유한 제품을 심사하여 품질을 증명하는 제도를 확립하고, 2019년도부터 운용을 시작하였다.

심사에서는 요구되는 성능에 따라서 프리캐스트 제품을 소형범용 제품, 통상형 제품, 고성능형 제품의 3가지로 구분한다. 예를 들어 해안에 가까운 지역에서 이용될 제품은 높은 내구성능을 충족할 필요가 있기 때문에 고성능형 제품에 해당하고, 피복두께(철근과 콘크리트 표면까지의 거리) 등이 기준을 충족하고 있는지 여부를 확인한다.

마츠시타 기술위원장은 "발주자가 요구하는 성능을 충분히 만족시키는 제품을 제공할 수 있습니다. 프리캐스트의 채용 이유도 설명하기 쉬워질 것입니다."라고 말한다.

지금까지 손을 대지 못했던 프리캐스트 설계방법의 체계화도 진행되고 있다. 토목학회에서는 2018년 4월 '프리캐스트 콘크리트 공법의 설계시공· 유지관리에 관한 연구소위원회(위원장 : 와타나베 히로시·국립토목연구소 첨단재료자원연구센터장)'를 설립하고, 방호벽이나 옹벽 등 구조물마다 설계 매뉴얼을 만들기 시작하였다. 제조나 시공관리 방법도 포함해서 보고서로 정리한다.

프리캐스트 채용 확대를 위한 남은 과제는 검사 체제이다. 토목학회 '프리캐스트 콘크리트 공법의 설계시공· 유지관리에 관한 연구소위원회'에서 부위원장을 맡은 사이타마대학의 무츠요시 히로시 명예교수는 "프리캐스트의 품질은 접합부가 좌우합니다. 검사 체제 등 소프트 대책을 충실히 할 필요가 있습니다."라고 지적한다. 제품 자체의 품질이 좋더라도, 현장시공에서 이음매에 결함이 있으면 내구성이 떨어진다. 국토교통성과 국립토목연구소는 외관의 평가방법과 입회검사 항목 등 검사방법 확립을 도모하고 있다.

열화된 도로교의 바닥판을 철거하고, 프리캐스트 바닥판으로 대체하는 고속도로의 대규모 갱신 사업이 활황을 보이고 있다. 수 조 엔 규모의 시장을 조금이라도 많이 획득하기 위해 건설 회사가 기술 개발에 나서는 테마가 '이음매' 구조이다. 프리캐스트는 무게나 크기에 운송의 제약이 있기 때문에 구조물이 대형화되면, 필연적으로 부재끼리의 접합부가 생긴다. 쿠마가이구미는 가이아트사, 오리엔탈 시라이시사, 지오스타사와 공동으로 접합부에 '쐐기Cotter식 이음매'를 채용한 바닥판을 개발하였다. 2017년에 처음으로 실제 교량에 적용하여 2년간 모니터링을 실시하였다. 충분한 내구성이 있어, 바닥판의 교체와 이음매의 시공에 소요되는 시간을 종래의 절반으로 단축할 수 있는 것을 확인하였다.

Cotter식 이음매의 H형 금속품을 고정하는 작업의 모습
사진 : 쿠마가이구미

'쐐기식 이음매'는 바닥판 패널의 가장자리에 매립된 C형 주철제의 금속 브라켓을 서로 맞대고 위에서 H형 금속품을 끼우는 단순한 구조이다. H형 금속품을 고정한 후에는 섬유를 혼합한 전용 그라우트(유동성이 있는 모르타르)를 흘려 넣는다. 현장 타설 콘크리트의 타설은 필요하지 않고, "초보자도 조립할 수 있습니다."라고 쿠마가이구미 교량이노베이션사업부 카미야 료타 사업부장은 말한다.

브라켓을 맞물리는 데 필요한 바닥판의 설치정밀도는 교량축·교량축직각방향 모두 5mm까지이다. 현장 타설 콘크리트로 연결하는 공법과 비교하여 엄격한 관리가 필요하지만, 실용적인 수치이다. 쿠마가이구미는 교량 바닥판 교체 시장에서는 후발 주자에 해당한다. 카미야 사업부장은 "공기 단축의 요청은 많습니다. 먼저 시·정·촌 공사 등의 실적을 쌓아갈 생각입니다."라고 설명한다.

업계재편의 움직임

숙련 작업자의 부족이 심각화되는 지금, 프리캐스트의 장점을 종합적으로 평가하고, 기준 등을 정비해나가면 보급할 수 있는 길은 열릴 것이다. 국토교통성은 2019년 3월 토목설계의 기본구상을 제시하는 「토목구조물설계 가이드라인」을 23년만에 개정하여, 프리캐스트의 이용촉진을 명시하였다. 산·학·관 모두가 기준 정비를 시작한 것이다.

한편 민간기업측에서도 움직임이 나타나고 있다. 2018년 10월 프리캐스트 메이커의 뉴스가 건설업계를 놀라게 하였다. 하수도 분야에 강점을 가진 제니스 하네다(도쿄도 치요다구)와 도로분야에서 안정된 점유율을 가진 호쿠콘(후쿠이시)의 경영통합이다. 양사 모두 업계 내에서 대형 건설업체의 기준이 되는 매출 100억 엔을 훌쩍 뛰어넘는 업체이다.

양 사의 모회사로서 새로이 설립한 버텍트 코퍼레이션 VERTEX Corporation의 츠치야 아키히데 사장은 "지금까지와 같이 업계 내에서 같은 것만 만들어서는 살아남기 어렵습니다. 기술력을 높이고, 차별화를 도모해야 합니다."라고 말했다. 양 사는 각기 다른 기술 분야에서 강점을 가지기 때문에 경쟁이 적다. 영업기반도 칸토 지역과 칸사이 지역으로 나뉘어 있기 때문에 서로가 제품을 제공할 수 있는 장점도 있다.

통합 후에 먼저 착수한 것은 건설 회사를 통한 판매루트의 개척으로 2019년

2월 키쿠이치 건설(도쿄도 마치다시)에 출자하였다. 버텍트 코퍼레이션에 따르면 키쿠이치 건설은 하도급회사로서 대형 건설 회사와 강력한 커넥션을 가지고 있다. 츠치야 사장은 "프리캐스트 제품과 공법을 합쳐서 대형 건설 회사 등에 제안할 수 있는 엔지니어링 회사를 목표로 합니다."라고 말한다. 동일한 지역에 보유하고 있는 공장의 통합 등 경영의 효율화를 진행하여, 프리캐스트의 이용 확대에 대비한다.

한편, 2019년 3월에는 후쿠오카현을 거점으로 하는 야마우사와 구마모토현 기반의 야맥스라고 하는 큐슈 지방의 회사가 업무 제휴를 위한 기본합의서를 체결했다고 발표하였다. 거푸집 등을 융통하여 합리화를 도모할 생각이다(2019년 10월에 계약 체결).

전국에 지점과 공장을 가진 하천 분야 대기업인 쿄와콘크리트공업(삿포로시)도 업계 재편을 주도한다. 도로 분야에서 강점을 가진 토세키 프로덕츠(아키타현)와 환경 분야가 특기인 일본 내츄록(도쿄도 미나코구) 등을 차례차례로 자회사화하였다. 쿄와콘크리트공업의 소마 요시타카 전무는 "특수한 기술을 가지고 있는 회사나, 지금까지 진출하지 않은 지역의 회사와 함께 하고 싶습니다."라고 말한다.

▌프리캐스트 제작사의 경영통합과 자회사화의 주요 움직임

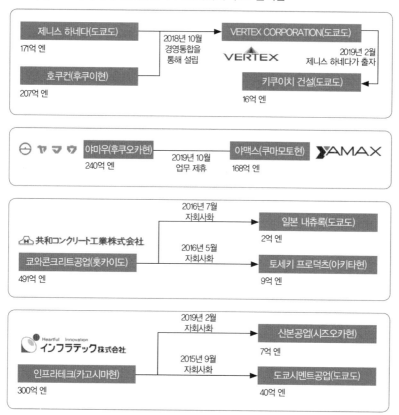

괄호 안은 본사 소재지. 그림 가운데의 금액은 2019년 6월 시점의 매출액이다.

자료: 취재와 각 기업의 발표를 토대로 닛케이 컨스트럭션 작성

건설 × AI로
단순작업을 초고속화

1. 유지보수뿐만이 아닌 건설 AI

건설·인프라 산업에서 AI에 관한 연구 개발이 눈에 띄기 시작한 것은 2016년 무렵부터이다. 기계학습의 일종인 딥러닝 Deep Learning이 각광을 받게 된 것을 계기로, 건설 회사나 건설 컨설턴트 회사에서도 스타트업 기업이나 연구기관과 함께 잇달아 개발에 착수하였다. 처음에는 인프라 유지 보수 분야를 중심으로 개발이 진행되었다. 콘크리트의 균열을 영상인식을 통해 검출하는 것이 그 대표적인 예라고 할 수 있다.

그 이후 건축·토목 분야 관계없이 설계나 시공관리와 같은 폭넓은 업무에 까지 AI의 적용을 모색하는 움직임이 나타났다. AI라는 키워드는 과거부터 있어왔기 때문에 새로운 것은 아니지만, 현재는 본격적인 도입을 앞두고 있는 단계에 와 있다.

AI를 통해 인프라 유지관리의 인력절감을 비롯하여 중장비의 자동화, 시공관리의 효율화 및 고도화 등이 가능할 것으로 기대된다. 인력 부족과 장시간 노동의 개선, 안전성 향상 등 건설 산업이 계속해서 안고 있는 과제 해결을 목표로 하는 경우가 많다. AI에 의한 업무 효율화, 고속화에 대해 건설업계가 거는 기대가 얼마나 큰지 알 수 있다. 이에 호응하듯이 폐쇄적인 이미지를 가지고 있는 건설 산업에 진입하는 스타트업 기업, 타 업종의 대기업 등이 최근 2, 3년간 크게 증가하였다.

개발사례가 늘어나면서 AI 초창기에 나타났던 '마술지팡이처럼 무엇이든 할 수 있다'라고 하는 AI에 대한 과도한 기대는 줄어들고 있는 가운데 기업들은 구체적으로 어떠한 작업에 AI를 적용할 수 있을 것인가에 대한 고민을 하고 있다.

단순작업의 고속화에 기대

예를 들어 건축 설계에 대해서는 이 책의 제1장에서 소개한 바와 같이 타케나카 공무점과 AI 개발기업 히어로즈 HEROZ가 진행한 '구조설계 AI'와 같은 사례가 있다(7쪽 참조). AI를 통해 구조설계 업무 가운데 단순 작업을 고속화하고, 이로 인해 절약한 시간을 고객과의 대화나 창조적인 일에 활용하는 것이 목적이다.

시공 분야에서는 AI를 사용한 중장비의 자동화 등이 활발해지고 있다(100쪽 참조). 이 밖에 작업원의 동작 분석과 완성된 상태의 확인 등 시공관리의 효율화에도 기대가 높다. 방재에 AI를 활용하려는 시도도 눈에 띄고 있다. 예를 들어 대형 지질조사회사인 오요오지질은 지형도로부터 토사재해의 잠재적인 위험 장소를 추출하는 모델을 개발하고 있다.

건설 분야의 AI 유행은 1990년대에도 있었지만 당시에는 기술적인 한계가 있었기 때문에 이렇다 할 성과를 남길 수 없었다. 그런 만큼 이번 AI 유행에서는 실용적인 건설 AI가 등장할 수 있지 않을까 하는 기대가 높다.

이어서 건설 생산 프로세스의 다양한 장면에서 상황에 대하여 적용 검토가 이뤄지고 건설 AI의 개발동향을 설계나 시공과 같은 단계별로 살펴본다.

▌건설 'AI' 사례 지도

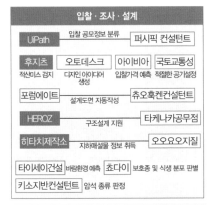

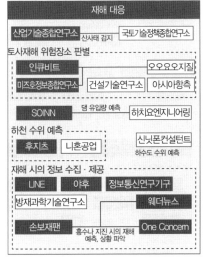

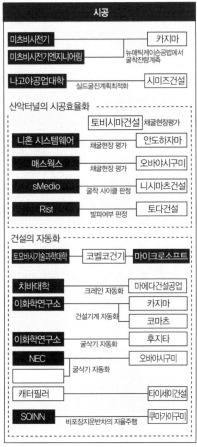

2017~2019년도의 각 기업의 보도 자료와 취재를 토대로 작성함. AI를 활용한 연구 개발과 서비스를 분류하였다. 개발에 도전하는 기업과 연구 기관의 명칭과 기술의 개요도 표시하였다.

자료 : 닛케이 컨스트럭션

① 건축계획 × AI

건설비용이나 임대료를 순식간에 예측 △ 스타츠 코퍼레이션 외

"ARCHSIM의 활용으로 임대주택의 제안 건수가 기존의 4배 이상 증가하였습니다."라고 건설·부동산 사업을 다루는 스타츠 코퍼레이션의 세키도 히로타카 부회장은 말한다.

스타츠 코퍼레이션의 그룹 계열사인 스타츠 종합연구소가 AI를 활용하여 임대주택의 건축계획과 사업계획을 자동으로 생성하는 시스템을 개발한 것은 2018년 3월이었다. ARCHSIM이라고 명명하고, 2018년 5월부터 사내에 운용을 시작했다. 그리고 약 1년 후 2019년 4월 시점에 제안 건수는 1만 2,000건에 달하였다. 2017년도의 약 3,000건에 비해 크게 증가한 것이다.

ARCHSIM의 사용방법은 매우 간단하다. 토지 정보를 입력하는 것만으로 끝난다. NTT 공간정보(현 NTT 인프라넷)의 지도·지번 데이터베이스와 컴퓨터시스템연구소사(도쿄도 신주쿠구)의 설계 엔진, 오요오지질사의 3차원 지반 모델 데이터를 API로 연계하여, 현행 법규 내에서 건설할 수 있는 건물의 볼륨과 배치를 자동으로 작성해준다. 그 과정에서 AI는 건설비용과 임대료를 순식간에 예측한다. 과거에는 1주일이 걸렸던 작업이 단 15분만에 끝난다. 스타츠 코퍼레이션에서는 영업직 직원들이 활용하고 있고 토지 소유자나 부동산 투자자들에게 사업 제안을 하는 데 도움이 되고 있다. 스타츠 코퍼레이션의 신규사업추진실의 미츠다 유스케는 "과거에는 계획 초기의 조건 정리나 건설비의 개략 산출 등을 설계자가 진행하였습니다. ARCHSIM을 활용함으로써 제안 작성의 스피드가 빨라지고, 설계자들은 보다 창조적인 작업에 시간을 활용할 수 있게 되었습니다."라고 말한다.

스타츠 코퍼레이션의 AI는 기계학습의 일종인 선형회귀분석을 이용하고 있다. 정보처리시스템에 대량의 데이터를 입력하면, 컴퓨터가 스스로 학습 내용을 법칙화한다. 그러면 미지의 데이터에도 법칙을 적용하여 예측할 수 있게 된다.

■ARCHSIM의 도입으로 제안 건수가 크게 증가하였다

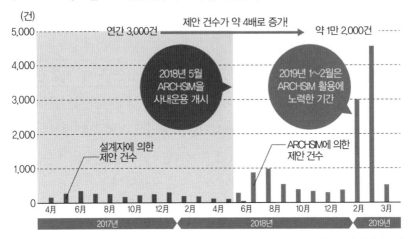

ARCHSIM의 사내 운용을 개시하고부터, 사업계획의 제안 건수는 4배로 증가하였다. 건축에 대한 전문지식이 없어도 간단하게 이용할 수 있도록 한 결과이다.

자료 : 스타츠 코퍼레이션의 자료를 토대로 닛케이 아키텍처 작성

학습에 사용하는 학습 데이터에는 임대주택의 설계·시공 등을 다루는 스타츠 CAM사가 축적해 온 3년간의 건설비용 데이터 약 1,600건과 부동산 중개 회사 피탓토하우스 등에서 얻은 2년 반의 임대 공고 데이터 약 2억 건, 3년간의 임대 성사 데이터 약 31만 4천 건이라고 하는 방대한 데이터를 활용하였다.

AI는 학습한 건설비 데이터를 바탕으로 연면적이나 층수 등의 정보에서 콘크리트와 철근 등의 수량을 예측하여 골조의 건설비를 추정한다. 이와 함께 임대 공고 데이터와 임대 성사 데이터를 노선별로 나누어 학습시킴으로써 계획지에 따른 임대료와 공실손실을 예측한다.

"사람이 건설비 등을 예측하는 경우에는 5% 정도의 오차가 나옵니다. AI가 예측한 결과의 정밀도도 거의 사람과 동일하여, 사람이 계산한 결과와

차이가 없습니다."고 미츠다는 말한다. 스타츠 코퍼레이션은 ARCHSIM에 대해 특허를 출원하고 있다. 앞으로는 보다 정밀한 결과를 예측할 수 있도록 시스템 개량을 진행할 예정이다.

② 설계 × AI
택지의 자동 분할 시스템 △ 오픈하우스사

오픈하우스사는 도쿄를 중심으로 단독 주택 분양 사업에서 급성장하고 있는 회사이다. 이 회사는 AI를 활용한 '택지 자동 분할 시스템'을 개발해 택지 매입 검토 단계에서 실시하는 분할 설계 작업을 자동화하려 시도했다.

오픈하우스사는 구매한 토지를 2~3개의 주택으로 분할하여 판매하는 케이스가 많다. 이 택지 분할을 사람이 실시하면, 작업의 의뢰부터 택지 분할이 이루어져 설계도가 나올 때까지 약 1~2일이 소요된다. 실무에서 토지 구매 여부를 판단하는 데에는 속도가 중요하다. 그래서 택지 분할 설계를 AI에 맡기고, 설계 기간을 단축하기로 했다. 오픈하우스사에 따르면 AI를 이용한 택지 분할 자동 설계는 세계 첫 시도이며, 특허를 출원하고 있다.

이 시스템은 토지 형상 데이터와 설계 요건이 되는 파라메터를 입력하면 조건에 맞는 택지 분할을 자동으로 설계한다. 파라메터로서 입력하는 내용은 건축기준법 등의 법령에 관한 조건과 자사에서 정한 조건에 기초한다. 법령 관련 조건이란 건폐율이나 용적률, 접도구역 폭, 전면도로의 폭 등이다. 자사에서 정한 조건에는 옆 건물과의 거리와 최소한 필요한 건물, 주차장 면적 등이며, 분할하려고 하는 주택 수도 미리 결정해 입력한다.

■ 택지 자동 분할 시스템의 조작 화면

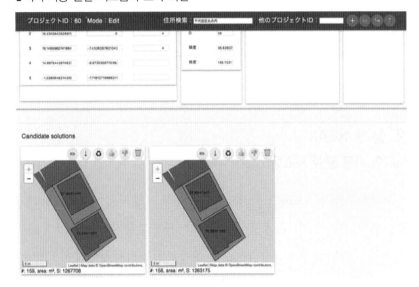

Candidate solutions

조건을 입력하면 랜덤으로 택지 자동 분할 방안을 생성하고, 그것들을 평가하여 최적의 방안으로 좁혀나간다.

자료 : 오픈 하우스

이 시스템은 랜덤으로 택지 분할을 100건 정도 생성하고, 평가하여 최적 방안을 도출한다. 이 작업을 AI가 담당함으로써 자동 설계를 실현하고 있다. 평가의 포인트는 규칙을 충족시키고, 건물의 볼륨이 최대가 되고, 각 부지의 접도구역 폭이 넓고 균등한 것 등이다.

설계자가 시스템이 제안한 안에 대해서 납득을 할 수 없다면, 같은 작업을 반복한다. 파라메터를 조금 바꿔서 새로운 안을 낼 수도 있다. 나온 안의 치수 등을 재검토하는 것도 가능하다. 이렇게 해서 납득할 수 있는 방안이 도출된다. 결과는 CAD 데이터로 다운로드하여 설계 등의 업무에 사용한다.

"부정형 토지나 협소지에 효율적으로 건물을 배치하기 위해서는 섬세한 조정이 요구됩니다. 사람이 설계하면 시간과 노력이 필요하지만, 조정을 반복하는 작업은 AI 시스템이 특기인 업무입니다." 오픈하우스사의 정보시스템부 디스럽티브 기술추진그룹의 나카가와 과장은 AI 활용 목적을 이렇게 말한다.

이 시스템에는 타임 인터미디어사(도쿄도 신주쿠구)의 AI플랫폼 '진화계산 다윈DARWIN(2020년 6월에 진화계산 텐케이TENKEI로 명칭 변경)'을 활용하고 있다. 주어진 과제에 대해 몇 억 개 종류의 패턴 가운데서 효율적으로 다양성이 있는 소수 패턴을 생성·평가하여 최적의 패턴을 도출하는 시스템이다.

번거로운 바람 환경 예측을 순식간에 △ 타이세이 건설

타이세이 건설은 빌딩의 바람환경을 빠르게 예측하는 AI를 개발하였다. 건물형상 데이터를 입력하는 것만으로 풍속이나 풍향을 산출한다. 설계 초기단계부터 바람 환경을 고려한 건물 배치·형상을 간편하게 검토할 수 있다. 과거에 타이세이 건설이 수행한 시가지 $5km^2$분의 수치 시뮬레이션 결과로부터 생성한 약 3,200만 장의 이미지를 학습 데이터로, 딥러닝을 실시하였다. 딥러닝에서는 뇌의 신경회로를 모방한 정보처리 시스템인 신경망을 컴퓨터상에 기계학습층을 구축하여 대량의 데이터를 입력한다. 그러면 컴퓨터가 스스로 데이터의 특징을 배우고, 미지의 데이터를 인식·분류할 수 있게 된다.

이렇게 건물의 배치나 형상과 바람 환경의 관계성을 학습한 AI에, 설계 중인 건물과 그 주변의 시가지 형상을 입력하면, 보행자에 미치는 영향을 평가하는 데 필요한 지상 1.5m에서의 예측 결과를 즉시 출력한다. 범위를 한정하고, 예측 시간을 단축시키고 있다. 타이세이 건설 기술센터 도시기반기술연구부의 나카무라 요헤이 부주임연구원은 "예측시간은 입력 시간을 포함해서 몇 분 정도 소요되며, 계획하고 있는 건물 부근에서는 정밀도 높은 결과를 얻을 수 있었습니다."라고 자신감을 표현한다.

일반적으로 환경영향평가(환경 어세스먼트) 등의 일환으로 실시되는 풍동실험에는 약 2개월, 수치 시뮬레이션에는 1~2주 정도의 기간이 필요하다. 모처럼 시간을 들여 건물을 설계해도, 풍동 실험 단계에서 강한 빌딩풍이 발생하는 것으로 확인되면 대폭적인 설계 변경을 진행하고 재실험을 해야 하는 경우도 있다. 타이세이 건설 기술센터 도시기반기술연구부 요시카와 유우 팀리더는 "풍동실험에는 1,000만 엔 정도의 비용이 소요되는 케이스도 있습니다. 실험 결과가 좋지 않아 설계 변경을 해야 하면 공정에도 큰 지연이 발생합니다."라고 설명한다.

AI 활용을 통해 이러한 재작업 위험요소를 줄일 수 있는 가능성이 생긴다. 타이세이 건설은 앞으로 AI 모델을 개량하여 예측정밀도를 향상시키고, 사내에서 설계지원 프로그램으로서 활용할 예정이다. 2020년도 이후 운용 개시를 목표로 하고 있다.

▌의장 설계자도 간단하게 바람 환경을 확인할 수 있는 타이세이 건설의 AI

[AI에 의한 예측결과]　　　　　　　[수치 시뮬레이션의 결과]

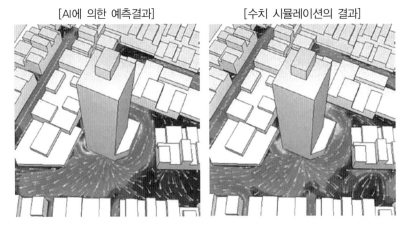

AI에는 BIM 등으로 설계한 건물의 형상 데이터를 입력한다. 주변 시가지의 구역은 시판의 3차원 지도 데이터를 이용한다.

자료 : 타이세이 건설

▌재작업의 위험요소를 대폭 감소시킨다

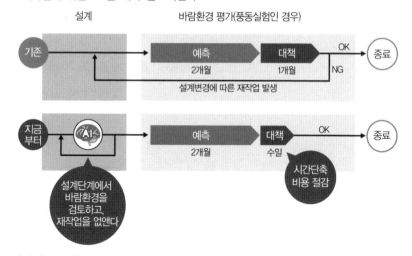

바람 환경 계획의 프로세스. 상단은 종래의 프로세스이며, 하단은 타이세이 건설의 AI 를 활용한 프로세스로써, 바람 환경 평가 후의 설계 변경이나 재검토 등에 필요한 비용 을 절감할 수 있다.

자료 : 타이세이 건설

AI와 RPA가 옹벽 설계의 일부를 자동화 △ 안타스

과연 AI는 기술자를 대신하여 교량 등 토목구조물을 설계할 수 있을까. 결론부터 말하면 AI 단독으로 백지상태에서부터 설계 성과를 만들어 내거 나 비용과 시공성의 밸런스를 조정하는 것은 아직 불가능하다. 다만 잘못 된 용도로 사용하지 않으면 일부 설계작업의 자동화는 가능하다.

디지털 기술의 개발 등을 다루는 안타스사(삿포로시)는 성토와 절토의 법면(인공적인 경사면)을 보강하는 옹벽 설계에 AI를 적용하였다. 컴퓨터가 반복 작업을 자동으로 처리하는 RPA Robotic Process Automation와 조합하여 토목 기술자가 시판 설계 소프트웨어로 작업하고 있던 순서를 모방하여 3일이 소 요되었던 검토를 불과 1시간으로 단축시켰다.

■ AI로 법면 설계를 자동화

[종래의 설계 소프트웨어 활용 방법]

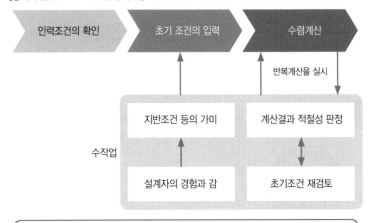

[설계 소프트웨어 입력에 AI 등을 활용]

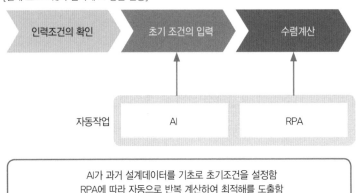

작업을 '가시화'하면 디지털 기술을 사용할 만한 여지가 보인다.

자료 : 안타스사의 자료를 토대로 닛케이 컨스트럭션 작성

과거에는 현장 지질 등을 기초로 옹벽 높이라고 하는 초기 조건을 입력하여, 원호 경사면을 산출하여 보강 안전성을 판정하고, 거기에 경제성과 시공성을 바탕으로 결과를 확인하면서 몇 번이나 계산과 수정을 반복하였다. 초기 조건의 정밀도가 높을수록 반복 계산이 단시간에 끝나기 때문에 숙련된 기술과 기술자의 감에 의존하게 된다.

이러한 일련의 작업 중 초기 조건의 제안을 AI에게 맡긴다. 100건 정도의 과거 설계 성과와 여기에 대응하는 초기 조건을 학습시켰다.

"아직 AI로는 100%의 정밀도를 담보하는 것은 어렵지만, 정답에 가까운 값을 추측하는 것은 가능합니다."라고 안타스 테크니컬 솔루션부의 세노 나오키 개발부장은 말한다. 최종적인 성과품에 들어가는 계산값은 전용 설계 소프트웨어를 사용하기 때문에 완벽한 정밀도를 추구할 필요가 없다고 판단하였다.

한편 빠르게 설계내용을 확정하기 위한 수렴 계산에 RPA를 도입하여, 보강 옹벽의 설치비용 등 사전에 정한 규칙을 충족할 때까지 초기 조건을 수정하면서 자동으로 계산을 반복한다.

"설계의 자동화에는 작업 흐름의 가시화가 중요합니다. 숙련된 기술자가 필수라고 여겨졌던 작업이라도 가시화를 진행하면 자동화의 여지가 보입니다."라고 세노 개발부장은 지적한다.

다양한 입지 조건이나 지반 조건하에서 반복해 온 설계업무에 있어서는 입력값과 성과품이 대량의 데이터로 남아있는 경우가 많다. 난이도는 높지만 학습시키는 데이터의 양이 정밀도에 크게 영향을 미치는 AI와의 친화성은 높다고 할 수 있다.

③ 시공 × AI

AI가 중장비를 조작한다 △ 후지타, DeepX

다이와 하우스 그룹의 후지타는 2017년부터 도쿄대학의 AI벤처기업인 DeepX사(도쿄도 분쿄구)와 딥러닝에 의한 유압 굴삭기의 자동화에 도전하고 있다. 필자가 이 회사들을 취재한 것은 개발을 시작한 지 약 2년이 경과한 무렵이었으며, AI를 탑재한 무인 유압 굴삭기는 기체 전방의 지면을 굴삭하는 매우 간단한 동작을 할 수 있게 되었다. 개발을 담당하는 후지타 기계부의 카와카미 카츠히코 상급주임 컨설턴트는 "최종 마무리 등 정밀한 작업까지는 기대하지 않습니다. AI가 작업의 80%를 담당해주기만 하더라도, 크게 도움이 됩니다."라고 말한다.

중장비의 두뇌에 해당하는 것은 ① 운전석에 설치된 광각카메라의 이미지로부터 기체의 상태를 추정하는 AI, ② 추정한 상태에 기반하여 다음 동작을 정하고, 운전석에 장착한 원격조종장치에 조작신호를 보내는 AI이다.

후지타와 DeepX가 개발한 AI가 유압 굴삭기를 조종하여 지면을 굴삭하는 모습. 운전석에는 AI로부터의 조작신호를 받아서 레버를 움직이는 원격 조종장치가 놓여 있다.

사진 : 후지타

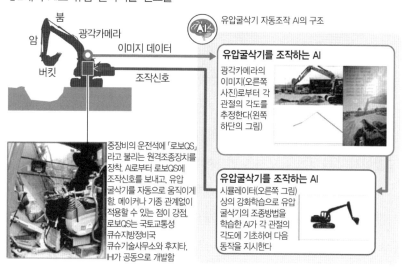

▌2개의 AI로 유압 굴삭기를 컨트롤

붐
암
버킷
광각카메라
이미지 데이터
조작신호

유압굴삭기 자동조작 AI의 구조

유압굴삭기를 조작하는 AI

광각카메라의 이미지(오른쪽 사진)로부터 각 관절의 각도를 추정한다(왼쪽 하단의 그림)

중장비의 운전석에 「로보QS」라고 불리는 원격조종장치를 장착. AI로부터 로보QS에 조작신호를 보내고, 유압 굴삭기를 자동으로 움직이게 함. 메이커나 기종 관계없이 적용할 수 있는 점이 강점. 로보QS는 국토교통성 큐슈지방정비국 큐슈기술사무소와 후지타, H가 공동으로 개발함

유압굴삭기를 조작하는 AI

시뮬레이터(오른쪽 그림)상의 강화학습으로 유압 굴삭기의 조종방법을 학습한 AI가 각 관절의 각도에 기초하여 다음 동작을 지시한다

자료 : DeepX사의 자료를 토대로 닛케이 아키텍처 작성, 사진 : 후지타

기체의 상태를 추정하는 AI에는 유압 굴삭기의 붐과 암, 버킷을 촬영한 광각 카메라 영상과 영상 촬영 순간의 각 관절 각도를 세트로 하는 수십만 개의 학습 데이터를 입력하여, 데이터의 특징을 학습시켰다.

학습을 완료한 AI에 광각카메라의 이미지를 입력하면, 관절의 각도를 순식간에 산출한다. 고가의 센서를 사용하지 않더라도 카메라만 부착하면 충분하다는 간편함이 세일즈 포인트다. DeepX의 토미야마 쇼지 엔지니어는 "학습 데이터에 사용한 관절 각도는 기체를 바로 옆에서 촬영한 이미지를 바탕으로 사람 손으로 작성하였습니다."라고 말한다.

한편 기체를 제어하는 AI에는 시뮬레이터상의 강화학습으로 단련을 거듭하였다. 강화학습이란 컴퓨터가 획득한 행동의 결과에 대해서 보수(득점)를 부여하고, 보다 고득점을 얻는 방법을 스스로 배우는 방법이다.

토사를 가득 팠을 때 고득점을 받을 수 있게 하면, 컴퓨터는 수백만 회 시행착오를 하면서 효율적인 굴착 방법을 습득해간다. 이렇게 만든 AI를 적용한 중장비를 실제로 작동시켜 보면서 개선을 거듭하고 있다. 후지타의 카와카미 상급주석컨설턴트는 "마치 아이를 키우고 있는 것처럼 모두가 힘내라고 응원하면서 유압 굴삭기를 지켜보고 있습니다. 과거에 경험한 적이 없는 신기한 기술 개발입니다."라고 웃는다.

취재 시에 후지타 기술센터 첨단시스템개발부의 후시미 히카리 주임연구원은 "앞으로는 단순한 굴삭 작업뿐만이 아니라 지정한 에어리어를 일정 깊이까지 파내거나, 토사를 덤프에 적재할 수 있도록 하고 싶습니다."라고 의욕을 보인다. 양사는 이후에도 개발을 계속하여 2020년 7월 29일에는 지정한 영역을 파내는 것이 가능하게 되었다고 발표하였다. DeepX사는 "모든 기체에 부착해서 사용이 가능한 개량형 Retrofit 굴삭 자동화 시스템을 완성시켜 현장에 도입한다."라고 말하고 있다.

④ 시공관리 × AI
배관 등 시공 개소를 순식간에 표시한다 △ 다이단, 와세다대학

건물의 규모에 비례해서 덕트나 배관 등의 부재 숫자는 증가한다. 건설 현장에서는 종이 도면이나 전자기기에 담긴 데이터와 실제 상황을 비교하여, 부재의 시공 개소가 적절한가를 매번 확인하여야 한다.

현장의 부담을 줄여주고, 설치오류에 따른 공정 지연 리스크를 줄일 수 없을까. 대형 공조설비 공사기업 다이단사(오사카시)는 와세다대학 건축학과의 이시다 코세이 강사와 공동으로 부재에 부착된 ID(부재ID)를 카메라 이미지에서 자동으로 인식하는 AI를 개발하고 있다.

작업자가 부재 ID를 카메라로 촬영하면 AI가 자동으로 문자열을 인식하여, 부재의 시공개소나 형상을 기록한 속성 데이터와 조합한다. 이 속성 데이터를 바탕으로 덕트 등의 시공 개소를 3차원 모델 위에 순식간에 표시한다.

다이단사 이노베이션본부 기술연구소 기반기술과의 나카노 카즈키 주관 연구원은 "지금까지 QR 코드로 부재의 시공개소를 확인하는 기술은 있었습니다만, 하나하나를 읽어 들이는 데 너무나 많은 노력이 필요했습니다. AI를 통해 이러한 수고를 생략할 수 있습니다."라고 설명한다.

■ 부재 ID를 AI가 인식하여 시공 부분을 표시

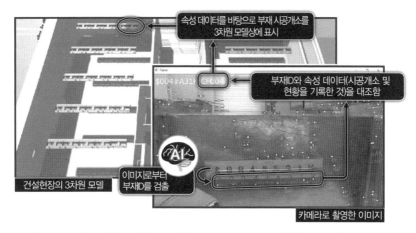

다이단사와 와세다대학의 이시다 코세이 강사가 공동으로 개발한 AI가 덕트의 시공 부분을 표시하는 프로세스. 다이단사 시코쿠 지점의 건설 현장에서는 웨어러블 카메라를 활용하여 효과를 실제로 증명하였다.

자료 : 다이단의 자료를 토대로 닛케이 아키텍처 작성

AI에는 필기한 문자 데이터와 각각의 데이터가 어떠한 숫자나 기호에 해당하는지를 세트로 학습시켰다. 사용한 학습 데이터는 5만 장 이상이었다. 학습이 끝난 AI는 영어 및 숫자가 나열되어 있는 경우에만 부재 ID로 검출한다. 문자와 비슷한 형태를 하고 있는 균열이나 얼룩은 검출하지 않게 하였다.

다이단사는 2019년 5월에 준공한 다이단사 시코쿠 지점 건설 현장에서 기술을 실증하였다. 부재 자체도 사진으로 식별할 수 있도록 개량하여 앞으로 BIM과의 연계도 대비해서 개발을 진행하였다.

4K 카메라 영상으로 진행을 확인 △ 안도하자마, 후지소프트 외

동일본대지진 재건사업의 건설 현장에서 4K 카메라를 통해 고화질 영상을 구사한 '영상 진도관리시스템'을 시범 적용하였다. 현장의 영상을 분석하여 AI로 중장비의 대수를 리얼타임으로 파악하고, 계획치와의 차이를 확인하여 시공 진도를 관리하는 방식이다.

실시자는 안도하자마와 후지소프트사, 일본 멀티미디어 이큅먼트사(도쿄도 치요다구), 계측넷서비스사(도쿄도 기타구), 미야기대학의 5개 사로 구성된 컨소시엄이다. 내각부의 관민연구개발투자확대프로그램 PRISM의 자금을 활용한 국토교통성의 기술공모를 통해 채택되었다.

현장은 쓰나미가 밀려들어 괴멸적인 피해를 입은 이와테현 오오츠키마치의 해안이다. 계획 높이 14.5m의 방조제와 2개의 수문을 건설하고 있다. 기술의 핵심이 되는 정점 카메라는 현장의 양단에 위치하는 2개의 수문 위에 2기씩 설치되었다. 멀리까지 명확하게 비추어 분석 등에 사용할 수 있도록 4K 대응 카메라를 채용하였다. 현장 회의실이나 소장실 등에 설치한 모니터에서 현장의 상황을 실시간으로 확인할 수 있다.

AI를 이용한 중장비의 자동인식은 다음과 같은 구조이다. 현장에 진입한 중장비를 1분마다 AI가 인식하고, 현장 내 평균 체류 시간을 합산하여 중장비의 종류별 대수를 실시간으로 산출한다. 이 현장에서는 방조제의 조성 공사에 많은 덤프트럭이 매일과 같이 토사를 반송하고 있다. 지금까지 하루에 가동하는 덤프트럭의 수는 공사일보나 주간공정 등으로 되짚어보는 수준이었다. AI에 의한 자동 확인을 사용하면 덤프트럭 대수 추이를 그래프 등으로 가시화하여, 계획하고 있던 대수를 만족시키지 못하는 타이밍을 즉시 파악할 수 있게 된다.

AI를 활용하여 현장의 영상으로부터 중장비를 자동인식하고 있는 모습

자료 : 영상진행관리 시스템 개발 컨소시엄

■ 중장비의 수를 기반을 진도 관리

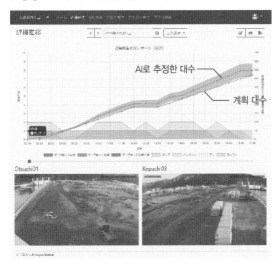

AI로 추정한 중장비의 수가 계획한 수보다 상회하고 있는 것을 그래프로 확인 가능하다. 그래프상에 있는 점을 선택하면 그 시간대의 영상을 아래에 표시한다.

자료 : 영상진행관리 시스템 개발 컨소시엄

　　중장비의 대수를 표시한 그래프와 함께 보여주는 이미지도 중요한 역할을 한다. 과거의 특정 시간대를 지정하면 그 시점에서의 현장상황을 확인할 수 있는 것이다. "계획치를 밑도는 등 뭔가 문제가 있을 경우에 영상을 되돌려볼 수 있는 것이 가장 큰 이점입니다. 저희는 현장에 놓인 피복 블록이 중장비의 통행을 방해하고 있다는 점을 찾아낸 적도 있습니다." 안도하자 마에서 시스템 시행을 담당하는 토목기술총괄부 지반그룹의 키무라 타쿠마 주임은 이렇게 말한다.

이제는 현장에서 빠질 수 없는 AI이지만, 쓸 만한 레벨이 되기까지는 뼈를 깎는 고난이 있었다고 한다. 시스템 개발을 담당한 후지소프트사 MS 서비스 추진실의 마스다 히로마사 실장은 다음과 같이 말한다. "중장비의 동선이 복잡하고, 찍히는 방향이 항상 변합니다. 중장비끼리의 겹쳐짐 등도 있어서 전부를 학습용 데이터로 사용할 수는 없었습니다. AI에 의한 중장비 검출은 매우 어려웠습니다."

그래도 카메라에서 50~100m의 구간에서는 정답률 80~90%의 정밀도로 중장비를 인식할 수 있는 수준까지 향상된 상황이다.

'상습위반자'를 놓치지 마라 △ 오토데스크(Autodesk)사

AI를 활용하여 다양한 시스템 개발을 진행하는 미국 오토데스크사는 공사의 진도 상황 등을 관리하는 클라우드 서비스를 해외에서 시험적으로 제공하고 있다. 서비스의 중추가 되는 것이 컨스트럭션 IQ Construction IQ라고 불리는 AI에 의해 품질과 안전에 관한 위험요소를 용이하게 특정하는 기능이다.

건설 현장에서 일하는 기술자가 당일 작업을 스마트폰이나 태블릿 단말기로 입력하면, AI가 사고나 시공미스, 지연이 발생하기 쉬운 작업 등을 제시한다. 또한 이들을 작업자의 안전성에 관한 항목이나 프로젝트의 품질에 관한 항목으로 분류한다. 기술자는 AI가 제시한 결과를 참고하여 작업 계획을 세울 수 있어 사고 발생이나 작업 지연, 공사의 재작업을 줄일 수 있다. 작업 후 현장기술자는 그날그날의 보고서를 클라우드에 업로드한다. AI는 매일 축적되는 정보를 배우고 제시할 내용에 반영한다.

당일의 작업 위험요소를 스마트폰이나 태블릿 단말기로 확인할 수 있다. AI는 협력 회사의 실적을 종합적으로 판단하여 당일의 작업 위험요소를 표시한다.

자료 : 오토데스크의 자료를 토대로 닛케이 아키텍처에서 추가 집필

오토데스크사 기술영업본부 오오우라 마코토는 "해외에서 제공하고 있는 서비스는 시험판이지만, 실제로 서비스를 이용한 기업에서는 현장 기술자의 부담이 약 20% 감소되었습니다."라고 말한다. AI가 제시하는 것은 위험성이 높은 작업뿐만이 아니다. 업무의 질이 나쁜 협력 회사도 특정할 수 있다. 과거의 방대한 데이터로부터 하도급 업체의 시공미스 횟수나 그 후의 대응, 응답 속도 등을 근거로 업무의 질을 판정한다. '작업원이 헬멧을 착용하지 않았다', '기기설치 시에 안전성 확보를 게을리했다'와 같은 건설 현장의 작업원의 행위도 평가에 들어갈 수 있다.

이 평가는 당일 작업 위험요소를 현장의 기술자가 판단하기 위해서만이 아니라, 발주자가 시공자를 선정할 때의 판단 근거로서도 활용할 수 있다.

과거 실적을 검색하여 과거의 장단점을 확인하는 것도 가능하다.

AI에는 현장 기술자가 작성한 품질관리 시트나 안전관리시트 등의 정보, 작업에 실제로 걸린 시간 등을 세트로 학습시켰다. 사용한 학습 데이터는 3만 프로젝트 분, 1억 5,000만 건 이상에 달한다. 오토데스크사는 미국 건설 회사에 협력을 의뢰하여 약 2년에 걸쳐 학습데이터를 작성하였다. 오토데스크사는 앞으로 미국 외에서도 동일한 서비스를 제공할 예정이다.

⑤ 검사 × AI

이음매 자동검사 △ 시미즈 건설, NTT 컴웨어(NTT COMWARE)

시미즈 건설과 NTT 컴웨어사는 공동으로 철근의 가스압접 이음매의 마무리 상태를 AI로 자동 검사하는 기술을 개발하였다. 작업시간을 단축할 수 있을 뿐만 아니라 경험이 없는 검사원도 정확하게 판정할 수 있게 된다. 이음매를 스마트폰으로 촬영하는 것만으로 「철근이음공사 표준시방서」(일본철근이음협회)가 제시한 외견검사 5항목을 판정할 수 있다. 촬영부터 검사 결과를 표시하기까지 소요되는 시간은 한 곳당 20~30초이다. 실내 실험에서 정답률은 95%였다.

가스압접 이음매는 철근의 접합 단면을 맞대어 압력을 가하면서 가열해 연결하는 방법이며, 기초·골조 공사의 이음매의 약 70%를 차지하고 있다. 외견검사에서는 일반적으로 육안검사와 계측기로 접합부 부근의 철근 팽창 등을 측정하기 위해 한 곳당 약 5분 정도 소요된다.

현재 안드로이드 Android OS를 탑재한 단말기만 검사에 사용할 수 있다. 전용 앱을 기동하고 철근의 종류나 직경을 선택하여, 화면에 표시되는 가이드에 맞추어 이음매를 촬영하는 것만으로 완료된다.

AI는 사진에서 이음매의 윤곽을 검출하고, 표준시방서에 근거하여 '압접돌출부의 직경', '압접돌출부의 길이', '압접면의 엇갈림에 의한 휨 각도', '편심량', '편돌출량'의 5가지 항목에 따라 판정한다. 불합격이라면 어느 항목에서 얼마나 어긋나 있는지 등의 이유도 함께 확인할 수 있다. 판정에는 NTT 컴웨어사의 이미지인식 AI 딥펙터 Deeptector를 활용하였다.

건설 현장에서는 날씨와 시간대에 따라 촬영조건에 편차가 발생하기 쉽기 때문에 판정의 정밀도를 높이기 어렵다. 각 조건에 따른 데이터를 AI에 학습시킬 필요가 있는 것이다. 따라서 NTT 컴웨어사는 배경에 좌우되지 않고, 대상물을 인식할 수 있는 '세그먼테이션 기술'을 채용하여 정밀도를 높였다.

시미즈 건설은 자사가 시공 중인 빌딩에서 실증 실험을 실시하고, 판정의 정밀도나 작업 시간, 화면의 조작성 등을 종래의 육안 검사와 비교하여 검증한다. 2020년에는 공사감리자의 육성 지원 도구로써 연수에도 도입할 방침이다.

■ 가이드에 따라 촬영만 하면 된다

(1) 가스압접 이음매를 촬영

(2) AI가 20초 만에 자동판정(왼쪽은 합격, 오른쪽은 불합격)

가이드에 따라 촬영함으로써 사진의 불균형한 부분이 줄어들어 AI가 분석하기 쉬워진다.
사진 : 닛케이 컨스트럭션, 자료 : NTT 컴웨어

시미즈 건설과 NTT 컴웨어사는 가스압접 이음매 이외의 검사에도 AI 적용 범위를 넓힐 생각이다. NTT 컴웨어 엔터프라이즈 비즈니스사업본부사와 히데오 산업·공공 비즈니스 부장은 "지자체의 교량이나 터널의 검사, 운송업계에도 전개하고 싶습니다."라고 의욕을 밝혔다.

⑥ 점검 × AI
구조물의 화상진단 플랫폼 △ 저스트

건물의 외벽 사진을 업로드하고 판정 버튼을 탭하는 것만으로 '명탐정 제이군'이 마감재의 종류를 맞춘다. 그런 스마트폰 앱을 알고 있습니까. 개발자는 연간 3,000동 이상의 조사·진단 업무를 다루는 저스트사(요코하마시)이다. 지금까지 축적해 온 조사 데이터와 검사 노하우를 살려 자사의 업무를 효율화하기 위해 AI를 활용하는 프로젝트 J-Brain을 2018년부터 시작했다.

AI 인재 확보를 위해 노력하여 6명의 IT기술자를 확보하고, 불과 1년 만에 개발을 진행하였다. 마감재 판정 앱 이외에 철근 콘크리트 조 벽의 코어 누락여부 진단, 지붕의 녹 자동 검출 등 조사·진단에 사용할 수 있는 복수의 AI를 발표하였다.

프로젝트를 이끄는 저스트사의 카쿠타 이사는 "부재종별 판정이나 열화 판정을 자동화하는 AI도 개발하고 있습니다. 목적에 따른 AI를 갖추어 업무 효율화를 끌어내고자 합니다."라고 말한다.

저스트사의 AI는 딥러닝을 이용한 것이다. 딥러닝에서는 AI를 효과적으로 학습시키기 위해 '예제'와 '정답'을 세트로 구성한 학습 데이터를 준다. 데이터 수가 적고 품질이 좋지 않으면 정확도가 떨어진다. 저스트사가 1년만에 다양한 AI를 개발할 수 있었던 것은 품질이 좋은 학습 데이터를 충분히 확보할 수 있었기 때문이다. "사내에 다수의 숙련된 검사자들이 있고, 과거의 조사 데이터가 풍부하게 있었기 때문에 정밀도 높은 학습 데이터를 작성할 수 있었습니다."라고 카쿠타 이사는 말한다.

저스트사는 많은 회사들로부터 학습 데이터를 확보하지 못해 AI를 활용할 수 없으니 데이터를 작성해달라는 의뢰가 급증한 것을 계기로, 2019년 1월 학습 데이터 작성 서비스를 시작하였다. 나아가 2019년 9월에는 구조물 AI 화상진단 플랫폼 'Dr. Inspection'을 발표하였다. 점검으로 촬영한 사진을 통해 녹이나 균열 등의 열화, 초크 자취 등 점검대상을 자동으로 검출할 수 있다.

바닥면의 균열도 자동으로 △ 익시스

로봇 개발·판매를 다루는 익시스사(가와사키시)는 건물 바닥을 타깃으로 하는 균열 검지 로봇 플로어 닥터 Floor Doctor를 2019년 7월에 발매하였다.

■ 점검원의 허리에 부담을 0으로

자료 : 익시스 자료를 바탕으로 닛케이 아키텍처 작성

점검원이 로봇을 잡고 걷기만 하면 촬영이 이루어지고, AI가 촬영된 바닥면의 이미지로부터 균열을 검출한다. 대형 물류 시설이나 빌딩의 준공검사, 정기검사에서 활용하는 것을 상정하고 있다.

로봇 중앙에 아래 방향으로 설치한 카메라로 촬영한 이미지는 이 회사의 클라우드 서비스에 자동으로 업로드되며, AI가 균열을 검출하는 구조이다. 로봇의 앞바퀴에는 이동 거리를 계측하는 센서가 탑재되어 있어, 검사의 시작 지점부터 촬영 장소까지 얼마나 이동했는지를 기록한다. 클라우드에 시설의 도면을 업로드 해 두면 센서의 정보를 바탕으로 촬영 장소를 도면에 반영할 수 있다.

익시스사 비즈니스 개발 부문 이케다 히로시는 "바닥 점검 업무는 인력과 시간 확보가 어렵고, 점검원에 따른 정도의 편차가 큰 것이 과제였습니다. 점검원의 숙련도에 관계없이 일정한 정도로 균열을 검출할 수 있습니다."라고 말한다. 익시스사는 첫 해에 50~100대의 판매를 전망한다. 익시스사는 앞으로 바닥 면 이외의 기술을 응용하여 자동주행 기능을 개발할 예정이다.

드론 × AI로 외장재 열화를 자동판정
△ 건축검사학연구소, 일본시스템웨어사 등

'올바른 지식이 없는 사업자에 의한 드론 검사가 난립하고 있다.' 이러한 문제 의식에서부터 건축검사학연구소(카나가와현 야마토시)와 일본시스템웨어사, do(도쿄도 치요다구)의 3사는 2020년 3월 5일 '건축검사학 컨소시엄'을 설립하였다. AI와 드론 등의 기술을 이용한 건물의 검사·조사 방법을 개발하여 회원기업에 제공한다.

건축검사학 컨소시엄의 발기인으로 기술 총괄 등 중심적인 역할을 담당하는 건축검사학연구소의 오오바 요시카즈 대표는 "제대로 된 방법으로 필요한 데이터를 취득하면 경험이 부족한 조사자라 하더라도 높은 정밀도가 요구되는 공공시설 등의 외벽 조사를 할 수 있습니다."라고 말한다. 오오바 대표는 오랫동안 민간의 제3자 검사·평가기관에서 드론이나 적외선 카메라를 이용한 건물의 외벽 조사에 종사해 온 인물이다.

적외선 카메라를 탑재한 드론에 의한 외벽 조사는 날씨나 주변 환경 등의 영향을 받기 쉽기 때문에 판정에 필요한 데이터 취득 자체가 어렵다. 또한 적외선 이미지로부터 외장재의 들떠 있는지 여부를 진단하기 위해서는 풍부한 지식과 경험이 필요하다.

그래서 오오바 대표의 지식과 자신이 모아 온 조사 데이터를 활용하여 시스템 인터그레이터의 일본시스템웨어사와 공동으로 AI를 활용한 해석 소프트웨어를 개발하였다. 컨소시엄의 회원이 된 기업은 이 소프트웨어를 사용할 수 있는 구조이다.

회원기업에게 2가지 소프트웨어를 제공

회원이 이용할 수 있는 소프트웨어는 2가지 종류가 있다. 적외선 이미지로부터 외장재 들뜸을 자동으로 판정하는 소프트웨어와 가시광 카메라 이미지로부터 균열을 자동으로 추출하는 소프트웨어이다.

적외선 이미지 AI분석 소프트웨어 Thermal Vision은 건전부와의 온도 차를 통해 외장재의 들뜸 유무, 들뜸이 있는 부분의 면적, 들뜸 타일의 매수를 판정할 수 있다. 컨소시엄에 따르면 들뜸 개소와 그 면적의 자동 산출은 전면부 타음 진단이나 인장 시험과 같은 방법과 거의 동일한 결과를 얻을 수 있다.

적외선 이미지는 기상 조건 등을 고려하여 판정할 필요가 있기 때문에 풍속이나 온습도, 방사율 등을 조사 시에 확인하는 것을 표준적인 검사 방

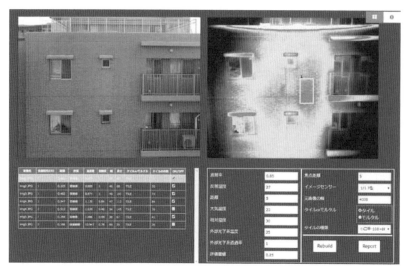

적외선 이미지 AI분석 소프트웨어

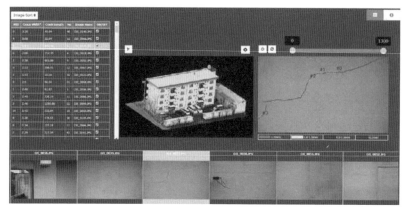

가시광 카메라의 이미지로부터 균열을 자동으로 검출한 모습. 잘못된 검출이나 소음으로 인해서 자동으로 판정할 수 없는 부분은 사람이 대응한다.

자료 : 건축검사학 컨소시엄(위·아래)

법에 포함하였다. 이 파라미터 정보를 소프트웨어에 입력함으로써 해석에서 방해가 되는 노이즈 등을 배제하면서 정밀도가 높은 판정을 할 수 있게 하였다.

균열 판정 AI 소프트웨어 Crack Vision은 가시광 이미지로부터 폭 0.2mm

이상의 균열을 자동으로 검출한다. 균열 폭의 평균 상대 오차는 불과 10% 정도이다.

AI에 학습시키는 학습 데이터는 드론으로 촬영한 적외선 이미지가 수천 장, 가시광 이미지가 약 10만 장에 달한다. 신뢰성을 높이기 위해 사람 손에 의한 타음진단과 조합한 판정 결과를 활용하였다.

컨소시엄에 따르면 적외선과 가시광의 이미지를 촬영할 수 있는 듀얼 카메라를 탑재한 드론과 AI에 의한 해석을 조합한 검사 방법의 주요 장점은 다음의 2가지이다. 첫째 드론을 사용하면 비계를 조립할 필요가 없어지므로, 1~3주가 소요되었던 점검 데이터의 취득을 하루로 단축할 수 있다. 둘째 AI를 통해 데이터 입력·데이터 분석·보고서 작성을 자동화할 수 있으므로 이에 소요되는 업무 시간을 최대 1/4로 단축할 수 있다. 컨소시엄은 건축검사학연구소를 중심으로 일본시스템웨어사가 AI분석 소프트의 개발을, do사가 사무국을 담당하고 있다. 회원기업은 파트너 기업과 일반회원의 2종류로 구성된다. 파트너 기업은 주로 건설 회사가 상정되어 있으며, 컨소시엄과 함께 사업을 추진하는 역할을 하고, AI를 활용한 소프트웨어에 직접 액세스할 수 있는 권한이 부여된다. 그리고 일반회원이 실시한 조사의 해석업무를 수주함으로써, 일반회원으로부터의 업무위탁료를 얻을 수도 있다. 또한 일반회원을 대상으로 컨소시엄 지정 조사방법의 강습을 실시함으로써 수강료 수입도 예상된다. 일반회원은 검사·조사업무를 실시하는 건축사사무소 등을 상정하고 있다. 지정 강습을 수강함으로써 조사방법을 습득할 수 있으며 해석 소프트웨어도 이용할 수 있다.

"지금까지 적외선 장치법을 사용한 외형조사가 가능한 기업은 매우 적기 때문에 지자체 발주에서도 수의계약으로 이루어집니다. 전국에서 확실한 정밀도를 담보할 수 있는 기업이 늘어나고, 공정 중립한 경쟁원리가 작동되는 환경을 정비하면 드론을 활용한 조사는 좀 더 보급될 겁니다."라고 오오바 대표는 말한다. 이제부터는 회원들이 촬영한 이미지도 학습 데이터로써 AI에 학습시켜 한층 더 해석 정밀도를 높일 생각이다.

콘크리트 이미지로부터 박리·누수를 자동검출 △ 후지필름

후지필름사는 콘크리트 구조물의 이미지로부터 박리·철근노출이나 누수를 AI를 통해 자동으로 검출하는 기술을 처음으로 개발하였다. 2018년부터 서비스를 개시한 균열 자동검출 기술인 '히비미츠케'에 새로운 기능으로 탑재되었으며, 2020년 7월부터 서비스 제공을 개시하였다.

무료 소프트웨어를 다운로드하여, 현장에서 촬영한 교량이나 터널 등 콘크리트 구조물의 표면 이미지를 클라우드 서버에 업로드한다. 여러 이미지를 AI가 자동으로 합성하여 해석을 진행하여 박리·철근 노출이나 누수·철근의 녹슨 부분을 찾아낸다.

보수 공법 선정에 필요한 대상 면적이 자동으로 산출된다. 그 데이터는 CSV 형식으로 다운로드 할 수 있다. 현장에서 초킹이나 스케치 등이 불필요하여 작업 효율화로 이어진다. 검출한 손상은 캐드 소프트웨어에서 사용할 수 있는 DXF 형식으로 출력 가능하다.

누수·철근노출의 자동검출 등에 의한 작업 절감 효과는 손상 정도에 따라 달라진다. 손상이 상당히 진행된 현장에서는 작업시간을 50% 이상 절감하는 효과가 있었다고 한다.

제공하는 서비스에서는 균열만의 검출과, 균열에 박리·철근노출, 노수를 추가한 검출의 2가지 패턴 가운데 선택할 수 있다. 전자는 업로드 하는 이미지 1장당 400엔이며, 후자는 800엔이다. '히비미츠케'는 의료 영상 데이터로부터 혈관을 검출하는 후지필름사의 기술을 균열 자동 검출에 적용한 것이다. 이번 기능 확장에서도 이미지로부터 장기 등을 추출하는 의료 분야에서 활용되어 온 기술을 적용하고 있다.

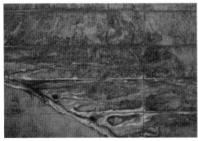

왼쪽의 그림은 누수·철근노출이 있는 콘크리트 표면의 모습이다. 오른쪽은 자동으로 검출하여 대상을 마킹한 모습이다.

자료 : 후지필름

'히비미츠케'의 사용자는 700개 사 이상이다. 지자체나 국가, 고속도로회사, 철도회사 등에서 사용하고 있다. "방대한 데이터를 학습시키고 있습니다. 타사에서는 따라잡을 수 없는 양입니다."라고 후지필름 산업기기사업부 사회인프라 시스템 그룹 사토 야스하라 팀리더는 말한다.

'히비미츠케'는 2020년 6월에 국토교통성이 작성하는 '점검지원기술성능 카탈로그'에 탑재되었으며, 근접 육안검사와 동등한 진단효과가 있는 것으로 판정되었다.

⑦ 방재 × AI
화재경보기보다 빠르게 불씨를 발견 △ 시미즈 건설

시미즈 건설이 개발 중인 AI에 의한 '조기 화재 검지 시스템'이 적용 단계에 들어갔다. 가스 센서나 레이저 센서, 화염 센서 등 IoT 센서로부터 얻은 정보를 바탕으로 AI가 높은 정밀도로 화재 발생을 알린다. 종래형 자동화재경보설비와 함께 도입하여 화재위험을 줄인다. 2019년 8월 22일 시미즈 건설의 물류시설 '에슬로지 니이자 웨스트'에서 공개 실험을 진행되었다.

공개 실험에서는 겹쳐진 골판지 사이에 납땜인두를 끼워서 화재를 발생시켰다. 골판지나 비닐을 태울 때 발생하는 화학 물질을 검지하는 독자적인 가스 센서는 총 8대이다. 천정에 설치한 것 외에 사람 얼굴 높이에 삼각대를 고정하였다. 전원은 전지로 무선 통신을 채용했기 때문에 설치개소의 자유도가 높다. 이와 함께 레이저 센서 1대로 '연기의 형태'를 계측하였다. 이 센서에서 얻은 정보를 바탕으로 AI가 화재 발생을 결정하고, 감시 모니터를 통해 전달한다.

골판지 가열 개시로부터 약 4분 후 삼각대에 고정된 가스 센서가 먼저 반응하였다. 이어 연기가 흐르는 방향의 천장에 설치했던 가스 센서도 가스를 검지하기 시작하였다. 감시 화면에서는 이상을 검지한 센서가 경보를

왼쪽의 그림은 가스 센서 바로 아래의 발연통에 불을 붙인 모습. 오른쪽 그림과 같이 천장 부근에 연기가 모이면 그제야 가스 센서가 작동하여, 경보가 울리기 시작한다. 시미즈 건설이 개발한 시스템이라면 더욱 빠른 단계에서 화재의 발생을 감지할 수 있다.

사진 : 닛케이 아키텍처

울리고 있다.

주위에는 연기와 악취가 나면서 견학자 가운데 상당수가 기침을 할 정도이다. 그러나 이 시점에서 자동화재경보설비는 발동하지 않았다. 물류 시설에서는 골판지 등의 가연물이 고밀도로 적재되어 있는 데다가 면적이 넓고, 천정이 높아 큰 화재로 이어지기 쉽다. 연기가 천정의 감지기까지 좀처럼 도달하지 않기 때문에 화재경보기의 발동이 늦어지는 일이 발생하는 것이다. 오작동을 줄이기 위해 먼지에 강한 감지기를 사용하고 있는 것도 경보가 늦어지는 원인의 한 가지이다.

이러한 배경으로부터 시미즈 건설은 물류 시설 내에서 가장 많은 연소물인 골판지와 비닐에 주목했다. 이들을 태울 때 가장 먼저 발생하는 화학물질을 검지하는 가스 센서를 개발하였다. 화학물질의 상세한 내용에 대해서는 비공개로 하고 있다.

시스템에 탑재하는 AI의 학습은 오작동을 줄이는 것에 중점을 두고 있다. 4개월에 걸쳐 약 200회의 화재 실험을 바탕으로 만든 데이터 약 5,000건을 학습시켰다. 시설의 운용 개시 후에는 평상시의 데이터를 학습함으로써 더욱 정밀도가 올라갈 전망이다. 최근 물류 시설에서 대규모 화재가 지속적으로 발생하였다. 2017년 2월 16일에 발생한 '아스클로지 파크 수도권(사이타마현 미요시정)'의 화재에서는 약 45,000m²가 불타고, 12일 후에야 겨우 진화하였다. 2018년 7월 22일에 발생한 사가미 운수창고사의 '요코스카창고(카나가와현 요코스카시)' 화재에서는 2동이 전소되었으며, 2019년 2월 12일에 마르하니치로 물류사의 '조난도물류센터(도쿄도 오오타구)'에서 발생한 화재로는 3명이 사망하였다. 시미즈 건설은 이러한 대규모 화재를 토대로 물류 시설의 화재를 조기 발견하기 위한 기술 개발에 주력하고 있다.

2주 걸리던 지형판독을 5분으로

△ 오요오 지질, 미즈호 정보총연, 인큐비트

오요오 지질사는 미즈호 정보총연사(도쿄도 치요다구), 이큐비트사(도쿄도 시부야구)와 공동으로 지형도로부터 토사재해의 잠재적인 위험 장소를 추출하는 AI를 개발하였다. 숙련된 지질기술자라도 지형도 등으로부터 판독하는 데 2주 정도 걸렸던 범위를 AI는 약 5분에 처리할 수 있다. 토사재해 검지센서를 두는 장소 검토 등에 활용하여 지자체의 방재 대책에 도움이 될 방침이다.

AI가 판단하는 것은 상시 표류수가 있는 계곡의 상부에 위치하는 집수지형인 '0차 계곡zero-order basin'이다. '0차 계곡'은 표층 붕괴나 산사태의 발생원이 되기 쉽기 때문에 '0차 계곡'을 특정하는 것이 매우 중요하다. 다만 넓은 지역에서 이를 찾아내기 위해서는 숙련된 지질기술자가 많은 시간과 비용을 들여 지형도를 판독해야만 한다.

그래서 오요오 지질사 등은 AI 이미지 인식을 사용하여, 국토지리원이 발행하는 1/25,000 지형도에서 '0차 계곡'을 단시간에 추출하는 모델을 개발하였다. 위험도를 2단계로 색을 구분해서 지형도상에 나타낸다.

지형 판독에서는 일반적으로 구배가 급격히 바뀌는 점을 이은 천급선遷急線, 천완선遷緩線, 공중 사진 등에서 알 수 있는 연속적인 선형 패턴 등을 도면상에 그린다. 이들 선을 바탕으로 표고나 경사 등의 조건을 근거로 '0차 계곡'을 찾아낸다. 담당 기술자가 가진 경험이나 노하우에 따라 어디를 '0차 계곡'으로 판단할지는 조금씩 다르다.

"'0차 계곡'을 찾아내는 센스를 AI가 기술자로부터 배웁니다." 응용지질 계측시스템사업부의 타니가와 마사시 부사업부장은 이렇게 설명한다. 이 회사는 베테랑 지질기술자 2명이 판독한 결과를 학습 데이터로 활용하였다.

■ 숙련기술자의 판정결과를 AI가 학습한다

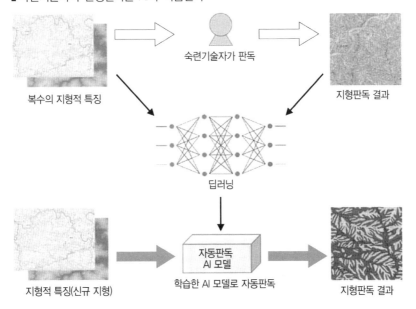

복수의 지형적 특징

숙련기술자가 판독

지형판독 결과

딥러닝

지형적 특징(신규 지형)

자동판독 AI 모델

학습한 AI 모델로 자동판독

지형판독 결과

오요오 지질사 등이 개발한 AI로 지형을 판독하는 기술

자료 : 오요오 지질사

학습시킨 것은 기술자가 선을 그어 '0차 계곡'을 설정한 지형도이다. 특히 급경사와 완경사 지역을 선정하였다. 2개의 극단적인 지형으로부터 위험 개소의 특징을 AI에게 학습시키고, 중간 지형에서도 검출할 수 있도록 하였다. 기술자가 간과하고 있던 '0차 계곡'을 포착한 사례가 있는 한편, '0차 계곡'이 아닌 지형이 섞이는 오인도 있었다. 그럼에도 "빠짐없이 추출할 수 있다는 점이 중요합니다."라고 타니가와 부사업부장은 말한다.

경험 지식으로 홍수를 예측 △ 니혼공영

"수위나 강우량 데이터만 있으면 정밀도가 높은 모델을 간단하게 만들 수 있습니다." AI를 사용한 홍수예측을 연구하고 있는 니혼공영 첨단연구

개발센터의 히토코토 마사유키 연구원은 그 장점을 이렇게 설명한다.

홍수 예측에서는 일반적으로 지형 등의 데이터를 바탕으로 빗물의 침투와 유출을 '물리적 모델'로 시뮬레이션하여 하천 수위를 구한다. 이 기법에서는 지형을 반영한 상세한 모델 구축이 필요하다. 예측에 오차가 생기면 요인을 분석하여 파라메터 등을 조정해야 한다. 한편 AI를 사용하는 방법에서는 과거 데이터를 바탕으로 '통계적 모델'을 작성하여 예측한다. '통계적 모델'은 '물리적 모델'보다 쉽게 구축할 수 있다.

AI의 한 가지인 기계학습은 일반적으로 입력층, 중간층, 출력층으로 구성되며, 각 층은 복수의 노드(절점)로 구성된다. 입력층에 입력한 정보는 각 노드 간에 가중치를 가하면서 전파되어 출력층에 이른다. 과거의 정보를 AI에 학습시켜 가중치 등을 조정하여 입력 데이터와 출력 데이터와의 관계성을 도출한다. 딥러닝은 중간층이 2층 이상인 것을 말한다. 히토코토 연구원은 미야기현의 오요도강 유역에서 과거 홍수 시의 데이터를 이용하여 그 실력을 검증하였다. 입력 데이터는 강우량관측소 14개소와 수위관측소 5개소의 강우량·수위 등이다.

1982~2014년에 일어난 24회의 홍수 데이터를 AI가 학습하고, 상위 4개 홍수에 대해서 물리적 모델을 포함한 5가지 방법을 사용하여 홍수 피크 전후 1~6시간 후의 수위를 예측하였다.

예측과 실제 수위 사이의 오차를 구한 결과 딥러닝이 가장 오차가 작았다. 예를 들어 6시간 후의 예측에서 오차 평균 RMSE은 물리적 모델을 사용하는 '분포형(입자 필터)'가 약 80cm였는데 비해 딥러닝의 결과는 약 60cm로, 딥러닝의 오차 평균이 더 작았다.

AI에 의한 통계적 모델은 이른바 경험지식이다. 왜 그러한 예측 결과가 되었는지는 알 수 없기 때문에 이른바 블랙박스라고 불리는 경우가 많다. 물의 흐름을 따라가는 물리적 모델과는 큰 차이가 있다.

수방법(水防法 :1949년 법률 제193호, 홍수, 빗물출수, 쓰나미 또는 해일 시 수재를 경계하고, 이에 방어를 통해 피해를 경감하여 공공의 안전을 유지하는 것을 목적으로 하는 법_옮긴이 주)으로 정해진 '홍수예보하천' 등을 대상으로 국가는 물리적 모델을 사용한 시스템을 통해 수위를 예측하고 있다. AI에 의한 방법은 국토교통성 큐슈기술사무소 등에서 연구하고 있지만, 아직 실용화하고 있지는 않다. "블랙박스라는 점이 도입을 방해하고 있는 원인일 것이라고 생각합니다."라고 히토코토 연구원은 추측한다.

따라서 물리적 모델을 통합한 하이브리드 모델로 예측 정밀도를 높이려는 연구도 진행되고 있다. 이 모델은 강우량보다 유역의 물 저장량이 하천 수위와 관계성이 높다는 생각에 근거한다. 지반이 마른 상태에서는 강우가 있어도 곧바로 하천으로 흘러들어가지 않기 때문이다. 저장량의 변화는 강우량과 유량의 차이로 구할 수 있다.

지금까지 AI에 의한 예측 방법에서는 수위·강우량의 실적과 예측 강우량을 입력하여 장래의 수위를 예측하였다. 하이브리드 모델에서는 물리적 모델로 계산한 예측 유량을 입력 데이터에 추가한다. 예측 강우량과 예측 유량의 차이를 저류량 변화로 간주하였다. 오요도강의 데이터로 검증한 결과 종래보다 예측 정밀도가 높아졌다고 한다.

2. 건설 AI 도입을 가로막는 과제

건설업계에서 좋은 성과를 보여주고 있는 AI 개발이지만, 결코 순조로운 케이스만 있다고는 말할 수 없다. 대부분은 실용 단계에 이르지 못하고, 착수한 지 얼마 되지 않아 실증실험에 그치고 있다. 또한 개발 도중에 프로젝트가 좌초하거나 상정한 결과를 얻을 수 없는 '사용할 수 없는 AI'가 만들어지는 사례도 끊이지 않는다.

"AI로 건설 현장의 인력을 절약하고 싶다는 막연한 상담을 자주 받습니다. AI 전제로 하면 일이 제대로 되지 않습니다.", "시공기록 PDF나 현장 사진이 가득 있으니까 사용해주었으면 좋겠다는 말을 많이 듣습니다. 그러나 솔직히 이러한 데이터들은 AI 학습 데이터로 적합하지 않습니다." 건설업용 AI를 개발하는 기업 등을 취재하면 이러한 이야기를 많이 듣는다. 일부 선진적인 기업을 제외하고는 건설업계 측의 AI에 대한 지식 부족은 여전히 문제가 되고 있다.

건설 관련 회사 X사의 실패 사례를 살펴보자. X사는 AI를 사용하여 생산성을 향상시키고자 소프트웨어 개발 등을 하고 있는 사원을 AI담당으로 임명하였다. 담당 사원은 상층부의 지시에 따라 강습회에 참가하거나, 인터넷 검색으로 조사하는 등 AI를 공부한 후에 시스템 개발회사에 발주하였다. 그러나 목적이나 요구하는 성능이 명확하지 않았기 때문에 사용할 수 없는

AI가 납품되었다.

실패를 초래한 근본적인 원인은 '담당자를 외부 강습회에 보내면 어떻게 든 되겠지'라는 섣부른 인식에 있다. AI 개발에 필요한 지식은 강습회에서 이야기를 듣는 정도로는 익힐 수 없다. "건설 현장에서 AI 도입이 가능한 작업이나 그 비용 대비 효과를 판단할 수 있는 판단력의 육성에는 비용과 시간을 들일 필요가 있습니다."라고 도쿄대학 공학계연구과 i-Construction 시스템학 기금강좌의 천 특임준교수는 지적한다. "AI를 이해하기 위해서는 간단한 수치해석 모델 등을 스스로 만들어 보는 것이 중요합니다. 기술자가 공부할 수 있도록 회사가 부서를 신설하는 등을 통해 전폭적으로 지원하는 것이 필수입니다."라고 천 특임준교수는 말한다.

건설 컨설턴트 업계에서는 각 사가 AI에 관련한 부서를 새롭게 설치하고 있다. 예를 들어 야치요 엔지니어링사는 2018년 7월에 '기술창발연구소技術創発研究所'를 설립하고, AI나 디지털 기술을 전문으로 연구할 수 있는 환경을 마련하였다. "주목받고 있는 기술을 시험해보거나 협업상대 기업과 신뢰관계를 구축하고, 개발과정에서 노하우를 가르치기도 하고 있습니다. 건설 분야의 수요 needs와 AI 분야의 공급기술 seeds을 모두 알면 이런 데이터는 AI로 처리할 수 있지 않을까 하는 부분을 감각적으로 알게 됩니다."라고 연구소의 아마카타 마사즈미 소장은 말한다.

AI가 학습하는 데 필요한 데이터를 수집하는 단계에서 개발이 난항을 겪을 수도 있다. "AI가 알아서 데이터를 수집하거나, 처리하여 결과를 내주는 것이 아닙니다. AI를 사용하기 전에 데이터 수집 과정에서 시간과 노력이 소요됩니다."라고 말하는 것은 치노오기술(오사카시)의 오오츠 료지 대표이사이다. 이 회사는 AI와 로봇 개발에서 컨설팅부터 제품 도입까지 일괄적으로 다루고 있는 기업이다.

건설업계에서는 지금까지 숙련기술자의 경험이나 지식에 의지하여 업무를 진행시켜 왔기 때문에 AI 개발에 그대로 사용할 수 있는 데이터의 축적이 적다. 건설 현장에서 찍은 사진이 1,000장이 있다고 하더라도 배경이나 빛의 각도 등 촬영 조건이 다르면, AI 학습에 한 장도 사용하지 못하는 경우도 많다.

새로운 데이터를 얻는 것도 그리 쉽지 않다. 예를 들어 교량의 유지관리에 필요한 이미지 데이터를 취득하더라도 구조가 복잡한 부분이나 좁은 부분의 모습은 시판 기재로는 촬영하기 어렵다. "현장 작업의 효율화를 달성하기 위해서는 AI와 함께 전용 로봇 등을 개발해야 하는 경우가 많습니다."라고 오오츠 대표이사는 말한다.

AI 초심자는 파트너 선정에 중점을

AI 도입이 필요한 부분을 감정할 수 있는 인재 육성과 데이터 수집 등 개발에 착수하려는 기업이 극복해야 할 벽은 많다. 무엇부터 해야 할지 알 수 없어서 AI 도입을 포기하는 회사도 있다.

"초심자는 기존의 AI이용자에게 의존해서, 도와줄 상대를 찾는 것도 방법입니다."라고 오오츠 대표이사는 말한다. 건설업계에 대한 이해력이 있거나, 로봇 등의 하드웨어를 개발하는 능력을 가지고 있는 등의 특징은 AI 개발을 위탁하는 상대를 선정할 때 무시할 수 없는 포인트가 된다. AI에 익숙하지 않은 건설 회사 등이 무엇을 해야할지 정확히 제시해주는 기업이나 개발 과정에서 노하우를 공유하는 것을 꺼리지 않는 파트너를 선택하면, 자사의 AI인재 육성으로 이어질 수 있다.

"의뢰주가 아무런 사전 준비가 없더라도, 함께 개발을 진행할 수 있는 서비스를 구축하고 있습니다."라고 AI와 로봇 개발을 다루고, 건설업이나 인프라 운영의 업무 흐름도 잘 알고 있는 익시스사(가와사키시)의 야마자키

이치야 디렉터는 말한다.

이 회사는 원래 로봇 개발을 전문으로 하는 기업이었다. 십수 년 전부터 인프라 유지관리 분야에 진출하여, AI 기술을 조합한 서비스를 제공한 실적이 있다. 이 회사는 교량의 법정점검에도 AI와 로봇을 도입하여, 보고서 작성까지 자동화하는 것을 목표로 하고 있다. 다만 처음부터 전면적으로 자동화를 한 것은 아니다.

우선은 AI가 해석하기에 적합한 사진을 촬영할 수 있는 로봇을 단계적으로 도입한다. 로봇이 촬영한 사진에서 AI로 손상개소를 좁히고, 보고서를 만드는 것은 그다음 단계이다.

"한번에 어려운 시스템을 도입하면 현장작업자의 저항감이 늘어나고, 다루지 못하는 경우도 많습니다. 초반에 생산성을 대폭적으로 향상시키려는 욕심을 누르고 조금씩 정착시켜 가지 않으면 AI 활용은 잘 되지 않습니다."라고 익시스사의 야마자키 분케이 대표이사는 말한다.

블랙박스화의 극복

건설 산업용 AI 개발에 있어서의 과제는 건설업계의 지식 부족에만 있는 것은 아니다. 딥러닝에서는 AI가 내린 판단의 과정이나 근거를 알기 어려운 '블랙박스화'가 발생하는 것도 괴로운 문제이다.

기계학습의 일종으로 현재의 AI 유행을 견인하고 있는 딥러닝은 중장비와 작업자의 움직임을 해석하여, 시공을 효율화하거나 구조물 사진으로부터 손상을 판정하는 데 사용되기 시작하였다. 건설업이나 인프라 유지관리 현장에서는 AI의 판단 오류가 사람의 생사에 연결된 큰 사고를 일으킬 우려도 있는 만큼, 판단의 블랙박스화는 무시할 수 없는 문제가 된다.

그래서 국립토목연구소는 2018년 9월부터 첨단기술인 딥러닝이 아니라,

1980~1990년 무렵에 유행한 전문가 시스템 Expert System이라고 불리는 AI에 주목하여 도로교의 진단 효율화에 임하기 시작하였다. 전문가 시스템은 컴퓨터가 스스로 데이터를 분류하는 방법을 배우는 딥러닝과는 달리, '룰 베이스'라고 불리는 방법을 사용한다. 사람이 판단 기준이나 규칙을 컴퓨터에 입력하면, AI는 그에 따라 입력된 데이터를 'A라면 B'와 같은 형태로 분류하는 것이다.

국립토목연구소의 연구에는 민간기업 등 3개 단체가 참가한다. 기술자가 구조물을 진단할 때의 판단 기준을 사람이 입력하고 AI가 답을 이끌어내는 구조이다.

"진단의 판단 근거가 되는 상태 이상 등을 세밀하게 설정하기 위해 공동연구에 종사하는 각 사의 우수한 기술자에게 인터뷰를 거듭하고 있습니다. 막대한 정보가 필요하지만, 암묵지식이었던 숙련자의 진단 로직을 가시화하여 신뢰성 높은 진단과 조치를 할 수 있게 됩니다." 국립토목연구소 구조물유지보수연구센터의 카나자와 후미히코 교량구조연구그룹장은 이렇게 말한다.

블랙박스화를 극복하는 AI 기술은 이외에도 있다. 댐 유입량 예측이나 중장비의 자동화, 도면 아래의 공동 탐사 등에 사용할 수 있는 AI 개발을 해온 SOINN(도쿄도 마치다시)사는 AI 계산량을 줄이고, 학습 과정과 대답을 낼 때 판단 이유를 알 수 있도록 하였다. "건설 현장 등에서 사용하기 위해서는 안심감과 납득할 수 있는 AI가 필수입니다."라고 SOINN사의 하세가와 대표이사는 설명한다.

■ 기술자의 노하우를 체계화하여 AI가 인프라를 진단하여 도울 수 있도록 한다

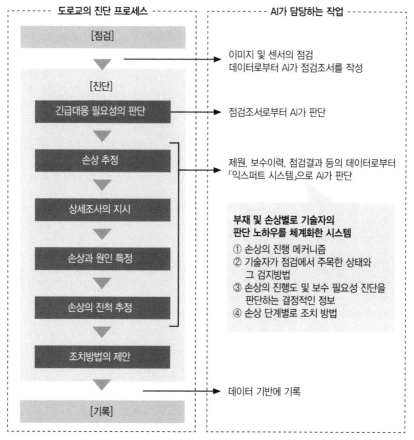

도로상의 진단 프로세스와 국립토목연구소가 개발을 목표로 하는 AI의 역할

자료 : 토목연구소의 자료를 토대로 닛케이 컨스트럭션 작성

제7장

건설 테크계 스타트업 전기

1. 플랫폼 공급자를 목표로 하자

건설의 세계를 한없이 스마트하게 만들어 간다. 이러한 미션을 내걸고, 건설 현장의 생산성 향상에 도움이 되는 건설 회사용 클라우드 서비스를 전개하고 있는 스타트업 기업이 있다. 바로 2016년에 창업한 포토럭션^{Photoruction} 사(도쿄도 츄오구)이다.

이 회사가 제공하는 서비스의 이름은 회사명과 같은 '포토럭션^{Photoruction} (이하 서비스명은 'Photoruction'으로 표기)'이다. 이것은 공사 사진이나 도면, 공정표, TODO 리스트 등 시공 관리에 필요한 정보를 클라우드에서 일원 관리할 수 있는 SaaS이다. 건설 현장에서 대량으로 촬영한 사진을 클라우드에 업로드하면 촬영일시나 장소 등의 정보를 바탕으로 자동으로 정리해준다. 대용량의 도면을 단말기 상관없이 고속으로 열람할 수 있는 기능도 갖추고 있다. 공정표의 작성이나 공유도 간단한다.

창업자인 나카지마 타카하루 CEO는 슈퍼 제네콘 타케나카 공무점에서 근무한 경험이 있다. 대규모 건축 현장 외에 IT계 부서에서 생산 시스템 기획과 조달, 개발 등의 업무를 담당하였다. 재직 기간은 2013년부터 약 3년간이었으며, 여기에서 얻은 경험이 창업으로 이어졌다.

■ 현장 정보를 클라우드를 통해 일원 관리

[지원 클라우드와 축적 데이터]

공사 사진과 도면, 공정표, 서류 등 현장 운영에 관련되는 정보를 클라우드상에서 일원 관리한다. 유저는 클라우드에 직접 접속하여 데이터를 입력·편집할 수 있기 때문에, 항상 최신의 데이터를 공유할 수 있다. 축적된 데이터는 자료의 작성이나 전자 납품 등에 활용할 수 있다.

자료 : 포토럭션사

"현장에서 사무소로 돌아온 후 1~2시간이나 걸리는 사진과 서류 정리가 너무나 싫었습니다. 이런 잡무에 쓰는 시간을 건축물의 품질 향상을 위해 쓰고 싶다. 우리 회사의 서비스에는 그러한 생각이 담겨있습니다." 나카지마 CEO는 이렇게 말한다.

Photoruction의 원형은 나카지마 CEO가 타케나카 공무점에서 근무하던 때 취미로 만든 사진 관리 소프트웨어이다. Photoruction은 현장에서 느낀 필요성을 바탕으로 스스로 개발하였다. 소프트웨어를 만드는 과정에서 데이터나 노하우의 계승을 중요시 여겼다. 기존 관리 소프트웨어로는 사진, 도면, 문서 등을 저장할 수는 있지만, 체계적으로 데이터베이스화 할 수는 없었다. 개별 현장에서 축적된 노하우가 기업의 자산으로 남지 않는다는 문제점을 해결하기 위해 사진을 클라우드상에서 일원화 하여 관리할 수 있는 구조를 도입하였다. 이 서비스를 사용해서 업무를 진행하면 자연스럽게 사진 데이터베이스가 완성되게 된다. 자신이 생각했던 기능을 스스로 구현한 것이다.

정보 시큐리티에도 주력

나카지마 CEO가 회사를 설립한 것은 2016년 3월이었다. 나카지마 CEO가 개발한 사진 관리 소프트웨어에 흥미를 가진 투자가로부터 본격적인 개발을 권유받아, 타케나카 공무점을 퇴직하고 친분이 있는 시스템 엔지니어와 함께 Concore's사(2019년 2월에 포토럭션사로 사명 변경)를 시작하여 2017년 11월에 'Photoruction'을 발매하였다.

소프트웨어의 기능이 사진 관리에 한정되어 있었기 때문에 초반에는 고전을 면치 못했다. 그러나 도면 관리나 공정 관리 등 현장 업무 프로세스에 맞춘 기능을 추가하고 사용성을 개선한 결과 점차 사용자 수가 늘어났다. 2020년 5월 시점에서 누계 약 5만 개의 현장에서 도입해 사용할 만큼 성장하였다. "하나의 기능 개선이라고 하더라도 그것이 정말로 건설업계를 좋게 만들 수 있는가를 살펴보면서 일하고 있습니다."라고 나카지마 CEO는 말한다.

도면이나 사진과 같은 기밀정보를 다룬다는 점에서 정보 시큐리티에도 힘을 쏟아 왔다. 아이오이 닛세이 도오와 손해보험사와 함께 도면이나 사진, 공정표가 외부에 유출되었을 경우에 이용자나 제3자가 입는 손해를 보상하는 사이버 시큐리티 보험을 공동으로 개발하고, 이 보험을 포함한 '안심 서포트 플랜'을 2019년 3월부터 제공하고 있다. 이것은 Photoruction에 저장되는 자료가 대상이다. 건설업용 클라우드 서비스와 보험을 결합한 상품은 세계 최초라고 한다.

이 보험이 커버하는 것은 주로 법률상의 손해배상책임에 근거한 '손해배상금', 소송이나 조정 등으로 발생하는 '소송비용', 타인에 대한 권리보전 등의 절차에 필요한 '권리보전행사비용', '소송대응비용'의 4가지이다. 사이버 공격이나 도난·분실한 단말기를 제3자가 악용하는 피해 외에도 메일을 잘못 발송함으로써 정보가 유출되는 경우에도 보험금이 지급된다. 지급 한도액은 1억 엔이다.

도면에서 선이나 문자 등의 정보를 자동으로 읽어 들이는 오즈 클라우드 Aoz Cloud라고 불리는 AI 엔진의 개발에도 노력하고 있다. 검출 대상의 일례로서는 방 면적을 들 수 있다. AI에 평면도를 입력하는 것만으로 도면에서 방을 자동으로 검출하여 면적을 판별할 수 있도록 한다. 다양한 건물의 평면도를 학습 데이터로서 딥러닝을 실시하였다.

어떠한 사용 방법이 있을까. 예를 들어 건축 자재 메이커나 설비 메이커 등은 착공 전에 필요한 건축 자재의 수량과 장비 성능을 견적한다. 이때 기술자가 종이 도면에 색을 칠하면서 수 계산으로 방 면적을 뽑아내는 경우도 있다. 이러한 귀찮은 작업을 AI에게 맡기고, 적산도 자동화하면, 기술자는 본연의 일에 더 많은 시간을 할애할 수 있게 되는 것이다.

나카지마 CEO는 "건축도면은 사진과 달리 흑백의 기하학적 모양이므로, AI가 특징을 잡아내기 어렵습니다."라고 말한다. 인간이라면 한눈에 '벽'이라고 인지하는 선조차도, 컴퓨터는 '치수선'과 같은 다른 선과 구별하기가 어려운 것이다. "그래도 90% 정도의 정밀도로 방을 검출할 수 있게 되었습니다."라고 나카지마 CEO는 설명한다.

AI와 사람으로 건설 회사를 지탱한다

Photoruction상에 데이터를 축적한 고객이 늘어나면서, 회사의 새로운 성장을 위한 노력도 움직이고 있다. 2020년 5월 말에 벤처 캐피탈VC 등으로부터 총액 5.7억 엔을 조달하여 오즈 클라우드를 통합한 새로운 서비스 포토 럭션 아이Photoruction Eye를 진행하였다. 건설업에 특화된 AI와 사람의 눈을 연계시켜, 공사 사진 대장의 작성이나 적산을 위한 물량산출 등 귀찮은 업 무를 대행하는 서비스이다. 그 개념은 사용자가 Photoruction에 축적된 데이 터를 AI에 학습시킴으로써 유저 전용 AI를 육성하고, 그 AI에게 업무를 대 행시키는 것이다. Photoruction의 스텝이 AI의 예측결과와 판단을 검증하고, 오류를 배제하고, 정답을 피드백하면서 AI의 판단능력을 향상시킨다.

▌AI와 사람의 눈을 연계한 잡무 지원

Photoruction의 개요. 예를 들어, 현장에서 촬영한 사진을 클라우드상에 업로드하면 AI 가 사진의 속성을 예측한다. 그 예측을 전업 오퍼레이터가 검증한 다음에 입력한다. 나 아가서 검증 결과를 AI에게 학습시켜서 예측 정밀도를 높일 수도 있다.

자료 : 포토럭션사

COVID-19 시국에 원격 작업에서 빠질 수 없는 클라우드 서비스에 대한 기대는 높아지고 있다. Photoruction이 제공하는 서비스에 대한 관심은 더욱 증가할 것으로 보인다.

Photoruction에 투자하는 SMBC 벤처캐피탈 투자영업 제1부 나카노 테츠 지 차장은 이러한 서비스를 진화시키고, 보급으로 이어지기 위해서는 "데 이터가 모여질 수 있는 환경을 만드는 것이 가장 중요한 포인트가 됩니다."

라고 말한다. 작업을 자동화하는 AI를 똑똑하게 만들기 위해서는 학습용 데이터가 대량으로 필요하기 때문이다. "Photoruction과 같이 먼저 클라우드에서 데이터를 관리하는 앱을 제공하고, 이를 통해 수집된 데이터를 AI를 활용하여 이미지 분석, RPA Robotic Process Automation로 확장해나가는 전략이 좋습니다."라고 나카노 차장은 설명한다.

증식하는 '건설 테크계 스타트업'

포토럭션사로 한정되지 않고, 건설 산업을 타깃으로 비즈니스를 전개하는 IT 스타트업 기업, 이른바 '건설 테크계 스타트업'은 국내외에서 급증하고 있다. 이들이 다루는 서비스는 시공관리 도구에서부터 서류작성 도구, 건설기계의 마켓플레이스, 발주자와 건설 회사 또는 건설 회사와 기능자의 매칭까지 다양하다.

이러한 건설 테크계 스타트업이 제공하는 클라우드 서비스는 업계에 관계없이 인사 및 회계와 같은 특정 직종 또는 업무를 대상으로 한 '수평적 SaaS'와 대조하여, '수직적 SaaS(특정업계를 위한 SaaS)라고도 불린다.

수직적 SaaS를 다루는 건설 테크계 스타트업들은 대부분이 건설 산업에서 플랫폼(비즈니스 기반을 제공하는 사업자)의 지위를 확립하는 것을 염두에 두고 사업을 전개하고 있다. 수많은 건설계 스타트업 기업 가운데 두각을 나타내고, 플랫폼 쟁탈전에서 한 발 앞서 있는 곳이 시공관리 툴을 전개하는 앤드패드 ANDPAD사(도쿄도 치요다구)와 기능자와 건설 회사의 매칭을 다루는 스케다치 SUKE-DACHI사(도쿄도 시부야구)의 2개 사이다.

인재 모집회사 출신의 이나다 타케오 사장이 2012년에 창업한 앤드패드(창업 시 사명은 Okuto)사는 주로 주택 등을 다루는 공무점이나 중소 건설 회사를 위한 시공관리 앱 '앤드패드 ANDPAD(이하 앱명은 'ANDPAD'로 표기)를 2016년

■일본 내 건설 테크 스타트업 기업

회사명	사업 개요
앤드패드 (ANDPAD)	시공관리 툴 ANDPAD를 전개하고 있음. 건설 회사의 경영을 지원하는 플랫폼을 목표로 함. 지금까지 조달액은 총액 60억 엔
쉘피 (Shelfy)	발주자와 시공자를 매칭하는 '내장건축.com', 안전서류 작성 툴 'Greenfile.work'를 전개하고 있음
스튜디오 언빌트 (Studio Unbuilt)	건축설계업무의 클라우드 소싱과 배치도 작성 서비스 'madree'를 전개
스케다치 (SUKE-DACHI)	등록 사용자 약 13만 사업자의 기능자용 매칭 앱 SUKE-DACHI를 운영. FinTech 사업과 EC 사업도 전개하고 있음
소라비토 (SORABITO)	중고건설기계의 온라인 매매 플랫폼 'ALLSTOCKER'를 운영하고 있음
단도리워크 (Dandori-work)	시공 관리 툴 '단도리워크'를 전개하고 있음. 2020년 8월에 맨션공사·점검예약관리시스템 'ITENE'를 배포함
츠쿠링크 (Tsukulink)	건설 회사의 매칭 플랫폼 '츠쿠링'을 운영
트러스 (Truss)	메이커 종단으로 건축자재를 점검·비교하거나, 프로젝트에서 사용하는 건재를 관리할 수 있는 서비스 'truss'를 운영
포토럭션 (Photoruction)	시공관리 툴 Photoruction을 전개. 전용 AI 개발 등도 진행하고 있음
유니온 테크 (Union-Tec)	협력 회사나 기능인 모집, 공사의 수주/발주를 할 수 있는 매칭서비스 'CraftBank'를 운영하고 있음
로컬 웍스 (Local Works)	신뢰할 수 있는 거래처를 간단하게 찾을 수 있는 검색 서비스 'Local Works Search'를 운영하고 있음

※ 각 사의 보도자료 등을 바탕으로 작성

자료 : 닛케이 아키텍처

부터 제공하고 있다. 좀 더 규모가 큰 공사를 담당하는 건설 회사가 고객인 포토럭션사와는 조금 대상 고객이 다르고, 공사 관계자 간의 커뮤니케이션에 보다 중점을 두고 있다는 것이 특징이다.

ANDPAD앱은 스마트폰에서 작동한다. 클라우드상에서 공사사진이나 도면 등의 자료를 일원화하여 관리할 수 있는 것 외에 공사일보 작성이나 공정표 작성, 메신저 등의 기능을 광범위하게 갖추고 있다. 공무점이나 건설 회사가, 회사에서 진행하고 있는 공사의 진척 상황을 하루에 파악하고, 인력 확보와 현장 간 스케줄 조정 등을 간단하게 진행할 수 있는 종단공정표의 기능 등도 포함되어 있다. 이용요금은 초기비용을 제외하면 월 6만 엔 (ID 100개 베이직 플랜)이다.

이나다 사장은 필자가 2017년에 취재했을 때 "공사관계자의 커뮤니케이션을 IT로 전환하면 생산성을 비약적으로 높일 수 있습니다."라고 강조했었다. 사용자 수는 2017년 1월 시점에서 350개 사이지만, 전화나 FAX를 일반적으로 사용하는 주택업계에 대한 세심한 도입 지원을 통해 사용자 수를 꾸준히 늘려서 2020년 7월 시점에는 2,000개 사가 이용하고 있다. 그 결과 앤드패드사 내에는 이미 270만 건의 건설 현장 데이터가 축적되어 있다. 사진 업로드 건 수는 3,420만 건을 넘어선 상황이다. 앤드패드사는 이러한 데이터를 활용하여 새로운 서비스를 개발할 예정이다.

앤드패드사는 2020년 7월 글로비스 캐피탈 파트너스 Globis Capital Partners 등으로부터 약 40억 엔을 조달했다고 발표하였다. 동시에 '건설업계의 DX화'를 걸고, '벤고시닷컴'이 전개하는 전자계약 서비스인 '클라우드 사인'과 미국 '세일즈포스닷컴 Salesforce.com'의 고객관리·영업지원 도구 '세일즈 클라우드' 등의 연계를 발표하였다. 앞으로도 건설업계용 ERP(통합기간업무시스템)나 원가관리 패키지, 하자보험, 교육서비스 등과의 연계를 추진하는 것 외에 IoT나 산업용 드론과 같은 기술도 도입해 나갈 예정이다. 종래의 시공관리 도구로부터 계약이나 영업 등을 포함하여 건설 회사 경영을 일괄하여 지원하는 플랫폼으로 진화하기 위해 노력하고 있다.

매칭부터 핀 테크, 수리 서비스까지

앤드패드사와 다른 접근법으로 건설업계의 플랫폼을 목표로 하고 있는 곳이 2017년에 창업한 SUKE-DACH사(창업 당시 사명은 도쿄로켓)이다. SUKE-DACH사는 기능인 일자리 찾기를 지원하는 매칭 앱 SUKE-DACH를 개발하였다. 스마트폰에 다운로드한 앱에서 거주지와 직종(76개 전문 직종에서 자신의 전문 분야를 선택)의 불과 2개 항목을 선택하는 것만으로 자신에게 적절한 일거리를 추천해주는 단순함이 특징이다.

기능인이 공사가 적은 시기에 평소의 거래 기업 이외의 현장을 찾거나, 건설 회사가 바쁠 시기에 기능인을 확보하는 데 도움이 된다. 일이 끝나면 발주자-수주자가 서로를 평가하고, 악질적인 업자를 배제하는 구조를 취하고 있다. 무료로도 사용할 수 있지만, 월 1,980엔으로 메시지 송신과 모든 검색 기능을 활용할 수 있는 '프로 플랜'이나 법인용 서비스도 준비되어 있다.

이미지 캐릭터로서 기능인들에게 인기 있는 콤비 개그맨 '샌드위치맨'을 기용하거나, TV 프로그램 'SASUKE'의 스폰서를 맡기도 한다. 이렇게 기능인들의 생태를 철저히 연구하고 마케팅을 전개한 보람이 있어 출시 후 반년 만인 2018년 5월에 1만 명이었던 등록 사용자 수는 2020년 3월에 13만 명을 돌파하였다.

창업자 와가 요이치 사장은 대형 전기설비공사회사 킨덴에서 근무한 후 스스로 전기공사회사를 설립하여 경영한 경력이 있다. 그러한 과정에서 기능인을 둘러싼 관습이나 정보의 비대칭성이 건설업계의 인적 자원 활용을 방해하고 있다는 문제의식을 가지게 되어 창업하게 되었다.

지금까지 합계 약 3억 엔을 조달하여 플랫폼 사업자로서 지위를 구축하기 위해 매칭 서비스의 개선뿐만 아니라, 새로운 기능을 확충하고 있다. 예를 들어 핀테크 영역에 발을 들인 '스케다치 SUKE-DACH 안심지불'은 건설업에 특화된 팩터링서비스(외상 매출금을 현금화할 수 있는 서비스)이다. 세

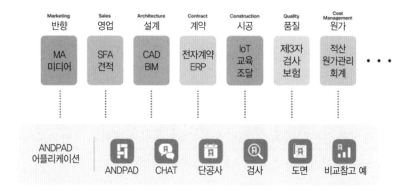

ANDPAD와 다양한 서비스의 연계를 추진한다.

븐 페이먼트서비스사의 '현금수령서비스'와 연계하여, 매일매일의 공사 대금을 세븐은행의 ATM에서 즉시 뽑을 수 있다.

2020년 2월에 시작한 EC Electronic Commerce(전자상거래) 사업인 '스케다치 스토어 SUKE-DACH Store'에서는 앱을 통해 전동 드릴과 전동 커터 등 공구의 수리의뢰를 할 수 있는 서비스이다. 사용법은 매우 간단하여 앱 내에서 채팅을 통해 수리를 의뢰하면, 1~2일 안에 수리 가능 여부의 답장이 온다. 의뢰가 완료되면 택배회사가 전달 희망일정에 공구를 인수하러 온다. 공구가 공장에 도착하면 사용자에게 수리 견적이 발송된다. 지불이 완료되면 공구의 수리가 시작되고, 수리가 완료되면 지정된 장소까지 공구를 전달한다. 기존과 같이 공구 구매점에 가지고 가지 않아도 앱에서 모든 처리가 가능하다는 것이 특징이다.

2020년 6월에는 건설기계 렌탈 일본 내 최대 업체 액티오 Aktio사와의 협업을 발표하고, '스케다치 스토어'를 통해 건설기계의 렌탈 서비스를 개시한다고 발표하였다. "렌탈 품목은 임팩트 렌치나 썬더 등 종이상자에 들어가는 사이즈에서 시작합니다. 장래에는 대형 건설기계도 렌탈할 수 있게 하고 싶습니다." 스케다치의 와가 사장은 기자회견에서 이렇게 의지를 밝혔다. 공구의 수리와 동일하게 의뢰부터 반환까지 앱만으로 완결시킨다. 사용하고 싶은 건설기계를 선택하고, 주소와 렌탈 기간을 지정하여 의뢰하면, 빠르면 다음날에 건설 기계가 배달되는 구조이다. 렌탈 기간 종료가 가까워졌을 때에는 상기할 수 있도록 리마인드 통지가 이루어지고, 기간 연장 신청 등 신청 이후의 처리는 모두 채팅으로만 진행한다. 렌탈 기간이 종료되면 종이상자에 담아 택배를 통해 반환한다.

지금까지 건설기계의 확보는 복수의 사람 손을 거쳤다. 구체적으로는 작업자가 원도급 현장감독에게 확보를 의뢰하고, 본사나 현장사무소의 담당자가 전화나 팩스, 대면으로 발주하는 형태였다. 따라서 건설기계의 부족이나 고장에 의해 갑자기 새로운 건설기계가 필요한 일이 발생하더라도 현장에 건설기계가 도착하는 것은 의뢰로부터 빨라도 2일 후였기 때문에, 대기 시간이 발생하고 작업 공정의 변경이나 전체 공기의 지연이 발생하는 경우도 있었다.

액티오사의 나카코 히데노리 전무는 "SUKE-DACH의 3만 명이 넘는 등록 사용자를 활용합니다. 앞으로는 당사의 주요 고객인 대형 건설 회사에 더해, 중소 건설 사업자에게도 서비스를 전개할 것입니다."라고 말한다.

스케다치가 스마트폰 어플로 전개하는 다양한 서비스

자료 : 스케다치사

SUKE-DACH의 와가 사장은 다음과 같이 말한다. "앱을 설치한 스마트 폰만 있으면, 일을 수주하고, 사람이 부족하면 추가 인력을 부르고, 재료나 공구, 건설기계를 당일 조달하고, 일이 끝나면 당일에 공사대금을 받을 수 있습니다. 만일 현장에서 부상을 입더라도 히토리 오야카타를 위한 산재보험이 있습니다. SUKE-DACH는 건설업에서 일하는 모든 사람을 지탱하는 플랫폼을 목표로 합니다."

Column | 미국에서 거액 M&A 사례도

건설계 스타트업 기업의 본고장은 역시 미국이다. 예를 들어 이 책 제2장에서 소개한 미국 빌트 로보틱스Built Robotics사는 2019년 9월 19일까지 총액 4,800만 달러(약 5억 엔)의 자금을 조달하여, 중장비의 자동화라는 새로운 비즈니스 전개를 위해 가속하고 있다. 이 책 제1장에서 다룬 브릭 앤 모르타르 벤처스Brick & Mortar Ventures와 같이 건설 기술을 다루는 스타트업에 대한 투자를 전문으로 하는 벤처 캐피탈도 등장하고 있다.

성장을 이룬 건설 테크계 스타트업이 대기업에 인수되는 사례도 등장하였다. 대형 캐드 소프트웨어 회사 미국 오토데스크사는 2018년 11월, 건설 테크계 스타트업의 대표적인 플랜그리드PlanGrid사를 8억 7,500만 달러(약 920억 엔)로 인수한다고 발표하여, 관계자를 놀라게 하였다. 2011년에 창업한 플랜그리드사는 도면을 클라우드에서 관리·공유하여 시공 관리를 효율화하는 SaaS로서 성장한 스타트업 기업이다. 앞에서 언급된 포토럭션Photoruction사가 벤치마킹해온 기업이 플랜그리드사이다.

나아가 오토데스크사는 2018년 12월 건설 프로젝트의 입찰 관리 서비스를 제공하는 미국 빌딩 커넥티드Building Connected사를 2억 7,500만 달러(약 290억 엔)에 인수한다고 발표하였다. 지금까지 건축이나 토목의 설계 단계를 비즈니스 주요 타깃으로 했던 오토데스크로서는 발주업무나 시공단계에도 도움이 되는 디지털 도구를 받아들여, 건설 생산 프로세스 전체의 디지털화나 자동화로 비즈니스의 폭을 넓히려는 의도가 있는 것이다.

스타트업에 있어서도 준비에 수고와 시간이 걸리는 신규 주식 공개IPO가 아니라, 대기업에 의한 M&A를 출구 전략으로 하는 것은 장점이 있다.

▌오토데스크사가 건설 테크놀로지 계통 스타트업을 매수하여 설계 이외의 부분을 강화

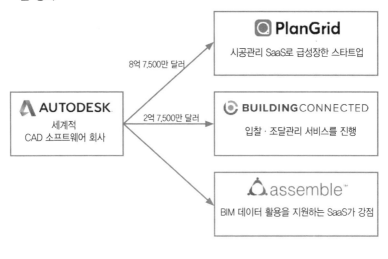

2. 건설 산업을 바꿀 유니콘을 찾아라

지금까지 살펴본 바와 같이 건설 산업의 전통적인 플레이어들은 가질 수 없는 뛰어난 독자적 테크놀로지를 무기로 하는 스타트업 기업들이 급속히 존재감을 늘리고 있다.

자사의 기술이나 서비스가 빛날 수 있는 장면을 찾고 있는 그들에게 있어서는 디지털 전환이 이루어지지 않고, 제조업 등에 비해 경쟁이 적음에도 연간 약 8조 엔의 건설투자를 자랑하는 건설 산업은 최고의 타깃이 되었다.

관민펀드인 INCJ(구 산업혁신기구)에서 벤처·성장투자그룹 디렉터를 맡고 있는 요시무라 슈이치는 "건설업은 일본에서 자동차 산업 다음으로 규모가 큰 산업입니다. 특히 지방 경제에서는 매우 중요합니다. 다른 산업과 비교하면 효율화를 진행할 여지도 크고, 스타트업 기업에게 있어서는 참여하는 것만으로 매력이 있는 업계라고 할 수 있습니다."라고 말한다.

"과제가 되는 부분은 영업입니다. 건설업은 책상에서 업무가 완결되지 않기 때문에 현장에서 편리함을 실감할 필요가 있습니다. 방문 영업처의 대부분은 지방 중소 건설 회사인데, 인원수가 적은 스타트업들은 이들을 대상으로 하는 영업에도 부담이 큽니다. 그래도 이 시장에 들어온 플레이어가 적은 만큼 한번 참가하고 나면 크게 성장할 수 있을 것입니다."라고 요시무라 디렉터는 설명한다.

인재부족과 기능인의 고령화와 같은 산업이 안고 있는 구조적 문제를 해결하는 것에 그치지 않고, 자연재해나 인프라 노후화, 기후변동과 같은 사회문제에도 공헌할 수 있으므로 큰 뜻을 품은 창업자에게는 충분히 매력적이다.

건설 회사 등도 이 책 제1장에서 해설한 바와 같이 오픈 이노베이션의 파트너로서 스타트업 기업들을 중시하게 되었다. 연구 개발의 속도감은 기존 건설 회사와 비교할 수 없을 정도로 빨라지고 있다.

이 책을 집필하고 있는 2020년 9월 9일에도 타케나카 공무점이 미국 뉴욕 등에 거점을 두고 있는 벤처 캐피탈 어반US Urban US사의 펀드에 출자했다고 발표하였다. 어반 US사는 건축이나 사회 인프라는 물론, 교통에서 에너지, 공중위생, 안전·환경 등 도시의 과제에 임하는 스타트업에 투자하는 벤처 캐피탈이다. 타케나카 공무점은 향후 어반 US사가 지원하는 스타트업기업과 함께 건축사업의 고도화를 위한 기술 실증을 추진하고 있다.

이와 같이 제네콘 등은 건설 산업에 관심을 가져주는 기술계 스타트업 기업을 발굴하여 팀을 구성하고, 기존에는 불가능했던 획기적인 기술 솔루션 개발에 집중하고 있다.

이후에는 건설 산업의 과제 해결에 손을 빌려주는 독창적인 스타트업 기업의 대처를 정리하여 소개한다. 무수한 스타트업 기업 가운데 건설 산업을 바꾸는 유니콘 기업(시가총액이 1,000억 엔을 넘는 미상장 기업)이 태어날 것으로 기대하고 있다.

[SE4] VR로 시공을 초월한 중장비의 원격 조작

중장비의 원격조작은 건설업계의 인력 부족을 해소하고, COVID-19 시국에 떠오른 감염 위험요소 회피라고 하는 과제를 해결하는 데 유력한 수단이 된다. 일본 건설업계에서는 1990년대부터 카메라 영상에 의지하여 중장비를 원격 조작하는 '무인화 시공'의 개발과 재해 복구 현장에서 적용이 진행되어 왔지만, 일반적인 건설 현장에서는 거의 사용되지 않았다. 영상 전송 지연 등이 원인으로 일반적으로 시공하는 경우와 비교하여 작업 효율이 크게 떨어졌기 때문이다.

이러한 과제를 VR이나 AI를 도입한 독자적인 기술로 해결하려고 하는 스타트업 기업이 있다. 로봇의 원격조작 기술을 개발하는 SE4사(도쿄도 다이토구)이다.

거리와 통신 환경을 불문하고, 지연의 영향을 받지 않고, 로봇을 조작할 수 있는 원격 제어 플랫폼을 만든다. SE4사는 2018년 9월 창업 시에 이러한 콘셉트를 내걸었다. 이를 구현한 것이 VR을 기반으로 한 원격 조작 시스템이다.

이 시스템은 원격지의 로봇을 VR로 조종한다는 아이디어에서 출발한다. 사용자는 로봇 주변 환경을 재현한 가상공간에서 직관적인 조작으로 작업 내용과 작업 조건을 전달한다. 로봇은 그 지시를 근거로 AI를 이용하여 자율적으로 작업을 진행한다.

종래의 원격 조작 시스템에서는 예를 들어 중장비의 경우 사용자가 중장비의 조종실을 모방한 장치를 조작하고, 그 조작에 동기화된 기계가 움직이는 구조가 일반적이었다. 반대로 SE4 시스템에서는 오퍼레이터가 작업 지시를 내릴 뿐이고, 중장비는 그 지시를 스스로 해석하고 자율적으로 작업한다.

시스템의 열쇠가 되는 것은 'JAK'라고 부르는 VR 오퍼레이팅 시스템으로, 오퍼레이터와 로봇과의 정보 전달을 중개한다. 작업 내용에 맞춘 소프트웨어를 JAK에 통합하면 다양한 움직임에 대응할 수 있다.

JAK을 이용한 중장비의 원격조작의 프로세스는 대략적으로 다음과 같다. 우선 기체에 설치한 스테레오 카메라 등으로 주변을 스캐닝하고, 그 데이터를 바탕으로 JAK가 주변 환경을 재현한 가상공간을 생성하여 오퍼레이터에게 송신한다. 이어서 오퍼레이터는 VR을 사용하여 가상공간에서 공간정보에 대한 의미 부여를 진행한다. 예를 들어 굴삭작업이라면 굴삭하는 토사의 위치, 굴삭금지영역 등을 지정하는 것이다.

그런 다음 오퍼레이터는 의미가 부여된 가상공간을 시뮬레이터를 사용하여, 작업 후에 현실공간이 어떻게 변경되는지(작업 목적과 결과)를 지정한다. 굴삭작업이라면 굴삭하는 토사의 양이나 토사를 놓는 장소 등을 지정하게 된다.

이와 같이 지시를 받은 중장비는 오퍼레이터가 표시한 '작업 후의 현실공간'을 목표로 자율적으로 작업을 진행한다. '암반이 나타나서 굴삭할 수 없다'와 같이 대응이 어려운 경우에는 오퍼레이터에게 지시를 받고, 해결 후에 작업을 재개한다.

파벨 사프킨Pavel Savkin CTO는 SE4사의 원격조작 시스템을 도입하는 장점에 대해 다음과 같은 3가지 포인트를 제시한다.

첫 번째는 전자 제어로 조종할 수 있고, JAK을 설치할 수 있는 것이라면 기종이나 메이커에 관계없다는 점이다. 게다가 전문 오퍼레이터가 아니라도 조작할 수 있다.

두 번째는 1명의 오퍼레이터가 복수의 로봇이나 중장비를 대상으로 동시에 지시를 내릴 수 있다는 점이며, 작업효율의 향상으로 이어지게 된다.

세 번째는 지시와 작업의 타이밍이 어긋나도 문제가 없기 때문에 통신지연과 관계가 없어진다는 점이다. 사용자는 단시간에 작업 내용을 전해 시공을 중장비에 맡기고, 다른 업무를 진행할 수 있다. "당초에는 우주 개발을 위한 기술이었습니다만, 고령화나 인재 부족, 생산성 향상 등 지구상의 과제 해결에도 기여할 수 있다는 점을 알게 되었습니다. 중장비의 원격조

개발에 임하는 SE4의 스태프. 왼쪽의 인물은 CTO의 파벨 사프킨

사진 : SE4

작에서는 광산이나 건설 현장 등에서의 단순굴삭과 같은 단조로운 작업에 도입되는 것을 목표로 합니다."라고 사프킨 CTO는 말한다.

SE4사는 2020년 2월, 이와테현 다키자와시에서 미츠비시전자기계사와 함께 실제 기계를 사용해서 제설 작업의 실증 실험을 공동으로 진행하였다. 약 30m^{2}의 공간에 쌓인 눈의 제거를 지시하자, 중장비는 자율적으로 가동한 지 약 10분만에 작업을 완료하였다.

▌VR로 중장비에 제설작업을 지시하는 모습

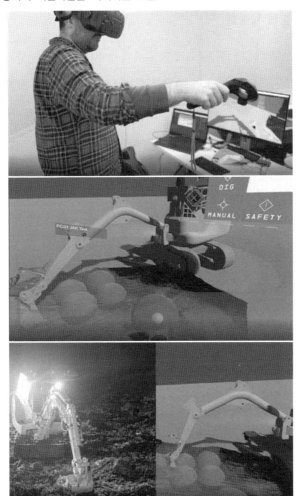

2020년 2월에 미츠비시 전기와 공동으로 실시한 제설작업의 실증 실험의 모습. 상단의 사진은 VR로 유압 굴삭기에 지시를 내리고 있는 모습이다. 중앙의 사진은 오퍼레이더의 HMD에 보여주는 화면이다. 왼손의 4개의 공은 제설하고 싶은 부분, 중앙 하단의 공은 임시적으로 눈을 내려놓고 싶은 부분을 나타낸다. 하단의 사진은 오퍼레이터의 지시대로 이동하는 유압 굴삭기와 지시 시점에서 디스플레이에 반영된 화면이다.

사진·자료 : SE4

[라이트블루 테크놀로지(Lightblue Technology)] AI로 안전관리, 시미즈 건설과 제품화

라이트블루 테크놀로지(도쿄도 치요다구)사는 창업 후 불과 1년 만에 슈퍼제네콘 시미즈 건설과 연구 개발을 시작하고, AI 서비스 개발을 직접하고 있다. 이 회사가 특기로 하는 분야는 AI를 사용한 영상 분석과 언어처리로, 영상 데이터나 음성 데이터로부터 필요한 정보를 추출·분석하는 기술이다.

예를 들어 이미지 분석에 대해서는 사람의 움직임이나 자세, 감정 등을 인식·추정할 수 있는 AI엔진을 개발하였다. 이 AI에 기초하여 'Human Sensing AI'라는 서비스를 전개하고 있다. 건설 현장이나 공장 등에서 작업하는 작업원의 움직임을 디테일하게 파악하고, 안전성 향상과 업무 효율의 개선으로 연결시키고 있다.

창업자의 한 사람으로 대표이사를 맡고 있는 소노다 아톰은 2020년 7월 시점에 도쿄대학대학원의 박사과정에 재학하고 있으며 AI의 사회실적용 등을 연구하는 한편, 라이트블루 테크놀로지사의 운영에도 관여하고 있다. 창업 전부터 프리랜서 엔지니어로서 활약하였으며, 이때의 수입으로 회사를 창업하였다.

창업 시에 내걸은 미션은 '일하는 사람들을 뒷받침한다'이다. 위험한 직장 환경에서 일하는 사람이 안고 있는 위험요소나 잡무에 쫓기는 사람들의 스트레스를, 라이트블루 테크놀로지사의 AI 기술로 줄여주고, 동기부여를 높이고, 안전에 만전을 다 할 수 있는 환경을 만들어나가는 것에 공헌하고 싶다는 생각을 담고 있다.

'Human Sensing AI'의 특징은 사람을 '선'으로 나타내고 동작과 자세를 추정하는 해석기술과 사람의 위치와 얼굴 방향, 감정 등을 추정하거나 주위의 물체를 인식하는 AI 기술과 조합시킨 점이다.

▌변화가 많은 건설 현장에서도 적용이 가능하다

경쟁 타사의 이미지 인식 기술

A 사	• 행동분석기술을 사용한 기술이기는 하지만, 절도방지 등 소매업에서의 적용에 초점을 맞추고 있음 • 건설업에 응용하는 경우 장애물이나 빛의 광량 등 변화가 많은 환경에서는 적절히 작동되지 못할 우려가 있음

라이트블루 테크놀로지의 이미지 인식 기술

	• 건설회사와 공동으로 개발을 진행했기 때문에 노하우가 축적되어 있음 • 소매업에 특화된 기술로는 대응할 수 없는 건설현장에도 어프로치할 수 있음

B 사	• 건설기계나 포크리프트에 장착하는 카메라를 개발할 필요가 있음 • 양산이 어려움 • 도입에는 비싼 기재 비용이 발생함

	• 카메라로 분석이 가능하게 하는 기술이 개발 완료(특허출원 중) • 비용 측면에서 압도적으로 우위

라이트블루 테크놀로지의 기술의 특징을 경쟁 타사의 기술과 비교하였다.

▌사람과의 거리뿐만 아니라 자세나 방향도 잡는다

Human Sensing AI로 사람을 검지한 사례. 동심원상의 스케일은 사람까지의 거리이다. '서 있다', '구부리고 있다'와 같은 사람의 자세나 방향은 본 검지라고 부르는 수법으로 판정한다.

자료 : 라이트블루 테크놀로지(위·아래)

이를 통해 건설 현장과 같이 많은 변화가 존재하는 환경에서도 작업원의 활동 상황을 세밀하게 파악할 수 있도록 하였다. 예를 들어 중장비 주변 상황을 파악할 때 중장비와 작업원의 위치 관계뿐만 아니라, 자세나 시선의 방향도 추정할 수 있다. "동일한 거리에 있는 작업원이더라도 중장비를 보고 있는 사람과 그렇지 않은 사람은 사고 위험요소에 대한 의식 수준이 다릅니다. 이러한 부분을 고려하면 안전 대책의 품질을 높일 수 있습니다."라고 소노다 대표는 설명한다.

접촉방지기능의 '오검출'을 줄인다

라이트블루 테크놀로지사는 2019년 봄부터 시미즈 건설과 공동으로 'Human Sensing AI'를 기반으로 한 안전관리에 대해 개발 및 실증실험을 진행하고 있다. 구체적으로는 유압 굴삭기에 시판 카메라를 장착하고, 영상을 바탕으로 주위에 있는 사람을 어느 정도 정확하게 검출할 수 있는지를 분석하고 있다.

시미즈 건설 토목기술본부 첨단기술그룹 후지이 아키나리 그룹장에 의하면 센서나 카메라를 사용한 현재의 접촉 사고 방지 대책은 배후 벽 등을 오검출하여 경고를 내는 경우가 적지 않다고 한다. 그는 "오검출할 때마다 작업이 멈추고, 작업원들이 장치를 꺼달라는 요청을 할 정도로 문제가 되고 있습니다. 높은 정밀도로 사람을 검출할 수 있는 장비가 필요하다고 생각했습니다."라고 말한다.

실증실험 중인 이 검출 시스템은 2020년 6월 시점에서 높은 정밀도를 보여주고 있다. 시미즈 건설에서는 앞으로 내구성 등을 확인하고, 문제가 없으면 2020년 말 정도에 제품화할 예정이다.

[스카이매틱스(Skymatix)] 채소부터 자갈까지 하늘에서 해석

밭에 늘어선 방대한 채소의 생육 상황을 전수 체크한다. 시냇물에 굴러 가는 자갈의 수나 위치를 추출한다. 이러한 난제라도 드론과 이미지 해석 기술을 사용하면 문제없이 할 수 있다. 이미지 해석 서비스를 다루는 스타 트업 기업인 스카이매틱스(도쿄도 츄오구)사는 농업과 건설업을 메인 타 깃으로 사업을 전개하고 있다.

2016년 10월에 이 회사를 설립한 것은 과거에 상사에서 근무했던 와타나 베 젠타로 사장이다. 그는 상사에서 인공위성 관련 업무를 담당하던 시기 에 사진이 필요한 타이밍에 위성이 상공에 없거나, 이미지의 해상도가 부 족한 상황을 수차례 경험하였다.

이 문제를 해결하기 위해 와타나베 사장은 드론을 활용하는 아이디어를 접목시켰다. 드론으로 촬영한 이미지를 디지털 이미지처리 해석이나 지리 정보시스템 GIS로 해석·처리하는 서비스를 창업한 것이다. 스카이매틱스 사의 서비스에서는 기본적으로 사용자 자신이 소유하는 시판 드론을 활용 하여 촬영한다. 스카이매틱스사는 사용자가 클라우드에 저장한 이미지를 대상으로 분석기술과 GIS, AI기술 등을 활용하여 다양한 정보를 도출하는 것이 특기이다.

와타나베 사장은 서비스 활용의 장점으로서 지상에서는 보이지 않는 정 보를 가시화할 수 있으며, 해석과 이미지 처리 등을 자동화하여 시간을 대 폭 단축시킨다는 2가지를 꼽는다.

■AI가 드론의 화면으로부터 자갈을 자동 판정한다

사방 시설 등을 설계하기 이전에 행하는 계류 조사는 지금까지 사람이 직접 자갈을 계측하였기 때문에 인력과 시간이 소요되었다. AI 자갈 판독 시스템 '그라체'는 드론을 통해 상공에서 계류를 촬영하여 자갈만을 자동 판별할 수 있기 때문에 부담 경감과 작업 시간의 단축으로 이어진다.

사진 · 자료 : 스카이매틱스

서비스를 시작할 때 와타나베 사장은 어떠한 산업에 포커스를 둘지 고민하였다. 그때 '디지털화가 늦어져서 큰 과제를 안고 있다', '그 과제를 해결하면, 큰 임팩트가 있다'의 2가지 조건에서 검토를 진행하여, 농업과 건설업을 설정하였다.

농업 분야에서는 농가에게 드론을 무료로 임대해주고, 촬영하여 클라우드에 업로드를 실시하였다. 그 결과, 채소의 생육상황이나 병충해 발생 유무를 확인하려는 수요가 있는 것을 파악할 수 있었다.

스카이매틱스사는 이를 바탕으로 잎사귀 색 해석 서비스 '이로하' 등을 발표하였다. 사람이 농지를 걸으면서 확인하는 대신 드론으로 이미지를 수집하고, 그 이미지로부터 잡초나 해충의 발생 상황, 생육불균일 등을 파악할 수 있도록 하였다. 작물의 잎사귀 해석이나 개별 채소의 생육 상황 파악 등, '틈새적이고 획기적(와타나베 사장)'인 서비스를 진행하고 있다.

한편 건설 분야에서는 드론 측량용 지원 도구 '쿠미키'를 2017년에 출시하였다. 건설 현장을 드론으로 촬영하고, 이미지를 클라우드에 업로드하면, 오르소 영상 Ortho Image(항공사진의 변형을 보정하고, 올바른 위치 정보를 부여한 이미지)나 3차원 점군데이터(3차원 좌표의 모임) 등을 자동으로 생성할 수 있다.

프로젝트의 관계자는 시간이나 장소를 불문하고, 현장 지형 정보를 확인할 수 있다. 영상 처리나 해석은 모두 클라우드상에서 진행되기 때문에 사용자의 PC성능은 관계가 없다. "인력 부족으로 엔지니어가 줄어들면 전용 소프트웨어로 영상 해석하는 것도 어려워집니다. 사무직이나 영업직 사람들도 간단하게 사용할 수 있는 서비스가 필요합니다."라고 와타나베 사장은 말한다.

사용자로부터의 요청을 바탕으로 새롭게 시작하고 있는 서비스도 있다. 예를 들어 시냇물 등에서 굴러가고 있는 자갈의 지름이나 수 등을 AI가 판독하는 '그라체'는 대형 건설 컨설턴트 회사인 오리엔탈 컨설턴트사와의 공동개발에서 태어났다. 드론으로 현장을 촬영하고, 그 이미지로부터 AI가 자동으로 자갈을 픽업하여 보고서를 자동으로 작성해주는 서비스이다. 기존 조사방식에서는 기술자가 현장을 걸어가면서 자갈을 하나씩 확인해야 한다는 부담이 큰 작업이었다. "작은 알갱이로 인프라를 지지하는 사람들을, 우리가 더 작은 알갱이가 되어 기술로 지지합니다." 와타나베 사장은 자사의 서비스의 존재 방식을 이렇게 표현한다.

[네지로우(Nejilaw)] 카시오와 도전하는 스마트 나사

발명가의 탁월한 개발력·창조력을 사회나 기업이 안고 있는 다양한 문제의 해결에 활용한다. 발명가 미치와키 히로시가 2009년에 설립한 네지로우사(도쿄도 분쿄구)는 '발명수탁'이라고 불리는 독자적인 스타일의 사업을 전개하고 있다.

미치와키는 풀리지 않는 나사 'L/R 나사'의 발명자로 유명한 인물이다. 미치와키가 사장을 맡고 있는 네지로우사는 L/R 나사를 사업화하는 것과, 나아가서는 미치와키의 발명력을 엔진으로 한 발명수탁을 비즈니스화하는 것을 목적으로 설립되었다.

L/R 나사란 오른쪽 회전과 왼쪽 회전 양쪽에 대응하는 나사산을 가진 특수한 볼트에 우나사산 너트와 좌나사산 너트를 돌려서 나사를 체결하는 구조이다. 이런 같은 종류인 2개의 너트끼리 서로 맞물리거나 잡아당기는 구조로 잠기고, 풀리지 않는 상태를 만든다.

사업화를 통해 L/R 나사의 지명도가 올라가고, 미치와키의 실적이 알려지게 되어, 기업 등이 미치와키의 발명력에 의지하여 각자가 안고 있는 과제 해결을 의뢰하는 사례가 증가하게 되었다. 발명수탁도 궤도에 올라가게 되었다. 다양한 의뢰가 넘치지만 미치와키는 '세상에 필요하다고 생각되는 테마'를 중심으로 의뢰를 받음으로써, 자신의 발명들이 사회에 도움이 되고 싶다고 생각하고 있다.

처음 L/R 나사의 발명에 임하게 된 것은 미치와키가 운전하던 자동차에서 바퀴가 빠지는 사고를 경험하고, 느슨해진 나사가 초래하는 위험성을 체감했기 때문이었다. 수많은 제품에 부품으로 사용되는 나사에 숨어 있는 사고의 위험을 자신의 발명으로 해결할 수 있다면 사회에 큰 공헌을 할 수 있는 것이다.

'필요한 테마'라고 판단하면 분야를 가리지 않고 발명에 도전한다. 예를 들어 2011년 후쿠시마 제1원전 사고에서는 수벽으로 방사선을 약 90% 감쇠시키는 유닛을 발명하였으며, COVID-19 감염대책에서는 일반적으로 사이즈가 큰 자외선 공간 살균 장치를 소형화하여 탁상에서 사용할 수 있도록 하였다.

구조물 자체의 스마트화를 제창

"심각화·빈발화하는 자연재해, 기존 인프라의 노후화, 인구감소의 삼중고에 처해 있습니다." 일본의 현재에 대해 미치와키는 이렇게 지적한다.

미치와키는 이러한 과제와 크게 관련되어 있는 토목 분야에서도 많은 발명을 하고 있다. 미치와키가 특히 주목하고 있는 것은 사회기반의 유지관리이다. 미치와키는 인프라의 점검이나 보수가 인력 부족과 숙련기능자의 감소에 따라 점점 어려워지고 있는 점을 우려하여, 소재나 구조물 자체가 점검을 실시하는 스마트화를 제창한다.

그중에서도 독특한 것이 네지로우사가 카시오계산기사와 공동으로 개발하고 있는 '스마트 나사'이다. 교량이나 건물 등 모든 구조물에서 사용되는 나사 자체를 센서화하여, 구조체의 손상이나 노후화 상황을 무선으로 보고한다. 2020년도 중에 실용화를 위해 실증실험을 실시할 예정이다(2020년 6월 풍력발전 설비를 대상으로 실증 사업을 진행하였으며, 개선을 진행하여 2025년도까지 실용화를 추진할 예정_옮긴이 주).

스마트 나사에는 응력과 가속도, 온도 등을 측정하는 센서를 포함시킨다. 측정한 정보는 무선통신으로 클라우드에 집약되고, 해석한 데이터 등을 사용자에게 제공한다. 카시오계산기사의 손목시계 'G-SHOCK'의 기술을 활용하여 저전력으로 충격이나 물, 열에 강한 회로를 개발 중이다. 건물의 기초나 교량 등에서 사용하는 나사의 일부를 스마트 나사로 교체한다면, 각 부위의 응력을 바탕으로 구조물 전체의 응력분포를 가시화할 수 있게 된다.

나사의 체결작업에도 사용할 수 있다. 스마트 나사로 축력을 그대로 측정하고, 가시화하면 체결상태를 정확하게 파악할 수 있다. 과거에는 나사를 돌리는 토크를 바탕으로 축력을 산출하였으나, 환산 시에 오차가 발생하였다.

스마트 나사에는 '풀리지 않을 것'이 필수적인 요구사항이 된다. 풀리기 쉬운 나사에 센서를 내장시켜 응력 등을 측정하게 되면 측정값의 변화가 나사의 풀림인지, 구조물의 손상인지 판단할 수 없기 때문이다. 여기서 등장하는 것이 L/R 나사이다. 마찰력에 의존하지 않고, 오른쪽 너트와 왼쪽 너트가 기계적으로 결합하기 때문에 진동 등을 부여하더라도 풀리지 않는다.

2020년 6월 15일에는 대형 전기설비공사 칸덴코사와 공동으로 풍력발전 설비와 송전용 철탑을 대상으로 스마트 나사의 실증사업을 시작한다고 발표하였다.

■ 센서화된 나사로 안전성을 감시한다.

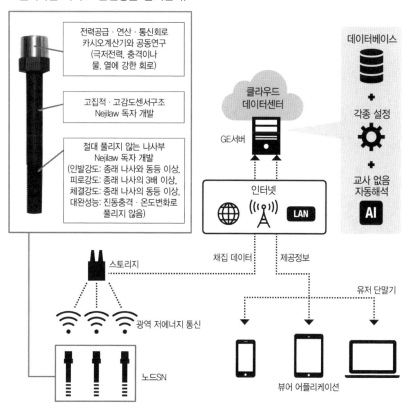

스마트 나사의 정보 전달의 흐름. 나사 자체를 센서화하여 구조물 자체의 상태를 나사 두부의 통신회로로부터 무선 통신을 통해 전달하고, 클라우드상의 데이터 센서에 집약한다.

자료 : 네지로우사

"건설을 프로세스로 인식한다"

브릭 앤 모르타르 벤처스 회장
커티스 로저스

Brick & Mortar Ventures에서 대표를 맡고 있음. 2014년 건설 기술 진화를 지원하는 커뮤니티 'The Society for Construction Solutions'을 설립함. 북미의 대형 건설 회사 키위트(Kiewit)사에서 근무한 경험이 있음

사진 : 닛케이 컨스트럭션

Q 건설 기술의 현재 상태를 어떻게 보십니까?

A 투자가들 사이에서는 건설 기술에 관한 관심은 급격히 증가하고 있습니다. 건설업은 다른 산업에 비해 생산성 측면에서 정체되어 있었습니다. 건설업이 신기술 채용에 소극적이라는 것을 그 이유로 제시하는 사람이 많지만, 나는 그렇게 생각하지 않습니다. 오히려 건설업이 안고 있는 복잡한 과

제에 딱 맞는 세련된 기술이 적은 것을 원인이라고 보고 있습니다. 개별 프로젝트마다 문제를 포함하고 있어서 신기술의 범용화가 진행되기 어려운 특징도 있습니다.

한편 지난 몇 년 동안 저렴하고 정밀한 IT 장비들이 등장하여 사용하기 쉬워졌습니다. 또한 다른 산업들이 신기술을 도입하여 업무를 효율화함에 따라, 고객들이 건설 프로세스의 효율화를 요구하는 사례도 증가하고 있습니다. 건설업용 범용적 IT 서비스의 개발이나 거기에 투자하는 움직임이 활발하게 된 것은 필연적이라고 말할 수 있을 것입니다.

Q 주목하고 있는 트렌드나 기술은 무엇입니까?

A 건설 현장에서 로봇 활용 등이 눈에 띄지만, 그것뿐만은 아닙니다. 건설프로젝트에 관련된 정보의 취급에 있어서 사용자 인터페이스(UI) 및 사용자 경험(UX)의 개선에 주목하여 기술 개발을 진행하는 회사가 늘어나고 있습니다. 이러한 분야가 우리 회사도 투자할 대상으로 주목하고 있는 분야입니다. 몇 년 전까지 도면 데이터를 상시 확인하고 있는 것은 현장 작업원에게 지시를 내리는 극히 일부의 기술자나 작업원뿐이었습니다. 그러나 태블릿 단말기나 스마트폰의 보급에 따라 보다 매끄러운 정보 교환이 가능하게 되었습니다. 모든 작업자가 도면상의 정보를 원할 때 확인하거나, 현장 사진을 업로드하여 타인과 공유할 수 있습니다. 이와 관련된 기술로서 360도 카메라 등 현장 정보를 취득하기 위한 새로운 디바이스에도 기대하고 있습니다. 이 외에도 대용량 데이터 처리방법과 여러 센서에서 얻은 정보의 효율적인 관리 방법 등에도 기술 발전의 여지가 있다고 보고 있습니다.

우리는 건설을 하나의 산업으로 보는 것이 아니라, 몇 가지 산업이 성립하는 과정에서 발생하는 '프로세스'라고 보고 있습니다. 예를 들어 병원 건설은 건강 관리업계가 서비스를 제공하는 중간단계에서 발생하는 프로세스라고 말할 수 있을 것입니다.

건설하는 대상 segment에 따라 기술이 발휘할 수 있는 가치는 다릅니다. 개인용 주택에서는 모듈화에 의한 공기 단축과 품질 향상 등이 요구되는 반면, 석유 플랜트에서는 연료 누출을 최소화하는 데에 가치가 있습니다. 게다가 우주 기지 건설을 상정한다면 지상과는 또 다른 평가 축을 가질 필요가 있을 것입니다.

우리는 각 부문에서 건설 프로세스를 개선하거나 새로운 가치를 추가할 수 있는 기술을 '건설 테크'로 부르고, 투자를 추진하고 있습니다. 그 가운데는 복수의 대상 segment에 공통되는 과제를 해결할 수 있는 기술도 있습니다. 그러한 기술을 가진 기업은 사업 확대가 용이하기 때문에 투자처로 매력적이라고 할 수 있습니다.

제8장

모든 것은 스마트시티로 이어진다

1. 도시의 침략자 · 토요타의 도전

　"우리들은 히가시후지에 있는 175에이커(약 71만m²)의 토지에 미래 실증도시를 건설합니다. 제로로부터 '커뮤니티', 즉 '거리'를 건설하는 매우 독특한 대책입니다." 토요타 자동차의 토요다 아키오 사장이 스마트시티 건설에 시동을 걸었다고 발표한 것은 미국 라스베이거스에서 개최되는 전시회 'CES 2020' 개막을 하루 앞둔 2020년 1월 7일(미국시간 1월 6일) 기자회견에서였다. 같은 해 말에 폐쇄 예정이었던 토요타 자동차 동일본 히가시후지 공장(시즈오카현 스소노시의 터)에 사람, 건물, 자동차 등의 물건, 모든 서비스가 네트워크로 연결되는 미래도시를 자체적으로 정비하겠다고 선언한 것이다.

　토요타는 이 미래도시를 '우븐 시티 Woven City'라고 명명하고, 2021년 초부터 단계적으로 착공할 예정이다(Woven은 '옷감 등을 짜다'를 의미하는 weave의 과거분사, 토요타의 출발은 섬유기계이다).

　우븐 시티에서는 토요타의 직원과 가족 또는 퇴직한 부부, 프로젝트에 참여할 과학자 및 파트너 기업의 사원 등이 실제로 생활하면서 자율주행이나 MaaS Mobility as a service(ICT를 활용하여 다양한 교통수단을 끊김 없이 연결하는 차세대 이동 서비스), 로봇, 스마트폰, AI 등의 테크놀로지를 신속하게 실증한다. 새로운 비즈니스 모델이나 가치를 창출하여 타 도시로 사업을 확대하는 것이 목적이다.

우븐 시티의 완성예상도. 부지는 2020년 말 폐쇄 예정인 공장 터

자료 : 토요타 자동차

우븐 시티에서는 다양한 모빌리티에 대한 실증을 진행할 예정

자료 : BIG

처음에는 2,000명 정도가 생활하고, 단계적으로 늘린다. 건설에 앞서 우 븐 시티 디지털 트윈(가상공간에 현실의 물체 등을 재현한 것)을 구축하여 아이디어를 검증한다.

자동차를 만드는 종래의 자동차 제조사에서 이동에 관한 서비스를 폭넓 게 지원하는 모빌리티 컴퍼니로의 탈피를 지향하고 AI 및 IoT(사물인터넷) 을 활용하여 도시기능을 효율화·고도화하는 스마트시티 사업을 중점영 역으로 두고 있는 토요타이다. 토요타 사장은 우븐 시티의 콘셉트를 번뜩 떠올렸을 당시를 다음과 같이 말하였다. "토요타는 CASE Connected(연결), Autonomous(자동), Shared(공유), Electric(전기), 인공지능, 휴먼 모빌리티, 로봇, 재료기 술, 지속가능한 에너지의 미래를 추구하고 있습니다. 문득 떠올랐습니다. 이 모든 연구 개발을 한 장소에서, 또한 시뮬레이션 세계가 아닌 리얼한 장 소에서 할 수 있다면 어떻게 될까 하고 말입니다."

3종류의 도로에 구획을 구성

우븐 시티의 디자이너로는 덴마크 등에 거점을 둔 건축설계 사무소의 비 야케 잉겔스 그룹BIG, Bjarke Bundgaard Ingels을 기용했다. BIG은 미국 구글의 신사옥 및 폐기물 발전시설(쓰레기 소각장)의 옥상에 스키장을 설치한 코 펜힐 CopenHill(덴마크), 레고 LEGO의 테마파크인 레고 하우스 등을 직접 설계 한 매우 인기 있는 사람이다. 토요타는 BIG와 함께 8개월 동안 우븐 시티에 관한 검토를 거듭했다고 설명했다.

후지산 기슭에 건설하는 실증도시, 우븐 시티의 인프라 특징은 그물 모 양으로 '짜여진' 듯한 도로에 있다. BIG 창업자인 비야케 잉겔스는 "기존의 도로는 어수선했습니다. 우리들은 먼저 거리를 지나는 도로를 3개의 다른 모빌리티에 따라 분류하기로 했습니다."라고 설명했다.

■ 우븐 시티를 구성하는 도로와 구역의 개념도

도로를 3종류로 구분

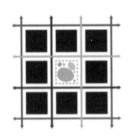

중앙블록에는 정원을 배치

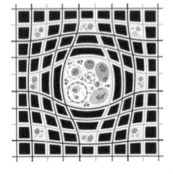

격자를 일그러트린다

3X3 블록을 기본단위로

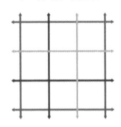

3X3 블록으로 도시를 구성

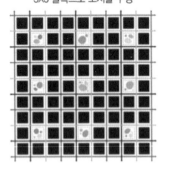

도시 중앙에 공원을 만든다

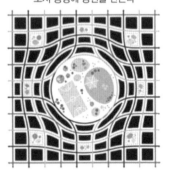

3종류의 도로로 구성되는 3×3블록을 기본단위로 도시를 구성한다.

자료 : BIG

첫 번째는 자동차 등 스피드가 빠른 모빌리티 전용 도로로서, 토요타의
e-팔레트 e-Palette 등 완전자율주행자동차만이 주행한다. e-팔레트는 이동

및 물류, 물건판매 등 다양한 목적으로 활용 가능한 차세대 전기자동차EV
이다. 도로에 심은 나무로 사람과 차량의 구역을 구분한다. 두 번째는 자전
거나 저속의 퍼스널 모빌리티와 보행자가 공존하는 도로이다. 그리고 세
번째는 세로로 긴 공원과 같은 보도다. "거리의 어느 곳에서나 다른 곳까지
공원 가운데만을 지나서 걸어갈 수 있습니다."라고 잉겔스는 말한다.

자동차가 주역이며 도보는 조연이었던 도로의 모습을 일단 백지로 하고
다양한 이동수단에 대응한 도로를 재구성한 것이다.

우븐 시티에서는 이들 3종류의 도로를 조합하여 3×3 블록으로 이루어진
구획을 조성하여 기본단위로 한다. 바깥 경계의 8개 블록에는 건물을, 중앙
의 블록에는 공원과 정원을 배치한다. BIG에 따르면 이 구획의 한 변은 150m
이며, 외부 경계 측에는 물류 등을 담당하는 자동차 전용 도로를 배치하고
구획의 중앙공원에는 도보와 퍼스널 모빌리티로 접근할 수 있도록 하여 쾌
적한 환경을 유지한다.

이 기본단위로 배열하여 도시를 구성한다. 또한 중앙에 위치하는 정원
의 블록을 일그러지게 잡아 늘려서 도시 전체의 광장 및 공원 역할을 함으
로써 커뮤니티 형성을 유도한다. 이는 의도적으로 일그러지게 함으로써 기
능을 유지하면서도 다양한 공간을 만들어 내려는 목적인 것이다. 광장에서
는 e-팔레트가 축제에 참여하는 노점에 적당한 활기를 띠도록 역할을 한다.

각 블록의 건물은 주로 목조로 하고 로봇 기술을 활용하여 짓는다고 한
다. 지붕에는 태양광 발전 패널을 촘촘히 설치한다. 사람들이 생활하는 스
마트 홈에는 생활지원 로봇등의 실증을 진행하거나 건강 상태를 자동으로
체크하는 것과 같은 최신 테크놀로지를 충분히 적용할 예정이다.

지상에서 사람이나 모빌리티가 오고 가는 한편, 지하에서는 우븐 시티
를 지탱하는 인프라가 가동된다. 수소연료전지발전 및 우수여과 시스템 외
에도 물류 네트워크도 지하에 배치되는데, 이는 화물을 건물 내로 직접 반

입하는 장치다.

현재 토요타와 같은 자동차 제조사 및 대기업 전기제조사로부터 거대 IT 기업, 통신회사, 철도사업자, 건설 관련 기업에 이르기까지 다양한 플레이어들이 스마트시티 사업에 참여를 목표로 하고 있다. 도대체 스마트시티라는 것은 어떤 도시를 가리키는 것일까? 명확한 정의는 내려져 있지 않지만 대략 다음과 같은 공통인식이 형성되어 있다.

도시에 설치한 수많은 센서 등을 통해서 사람 및 모빌리티의 이동, 설비의 가동상황과 같은 다양한 데이터를 '도시 OS' 등으로 불리는 IoT 플랫폼 (데이터 기반)을 수집하여 AI 등으로 분석한다. 분석 결과를 기초로 도시를 구성하는 인프라와 건물 등의 운용을 효율화하고, 주민 서비스를 향상시키거나 행정 비용을 감소시키기도 한다. 말하자면, 도시의 DX라고 바꿔 말할 수 있을 것 같다.

스마트시티는 우븐 시티와 같이 빈터에 백지상태부터 도시를 정비하는 '그린 필드형'과 기존의 시가지를 스마트화하는 '브라운 필드형'의 2가지로 나눌 수 있다. 아시아의 신흥국 등에서는 전자의 사례가 많고, 일본이나 구미 등에서는 후자가 많아질 것 같다.

스마트시티라고 하는 키워드가 이슈가 된 것은 이번이 처음이 아니다. 2010년대 초반 일본에서는 스마트 커뮤니티 및 에코 시티 등으로도 불리었고, 주로 ICT를 활용하여 도시 레벨에서 에너지 이용의 효율화를 목표로 한 대책을 가리킨다.

한편, 현재의 스마트시티는 대상을 에너지 분야에 한정하지 않는 것이 특징이다. 교통이나 교육에서부터 의료·건강, 방재, 에너지, 환경까지 폭넓은 분야를 포함하고 있다. 약 10년 전까지는 어려웠던 이러한 구상이 실제의 프로젝트에까지 반영된 것은 지금까지 디지털화가 어려웠던 현실 세계의 정보를 치밀하게 실시간으로 수집하는 기술이 나오기 시작했기 때문이다.

우선, 센서의 소형화, 저가화, 고성능화 그리고 저소비 전력으로 장거리 통신이 가능한 LPWA 및 대용량, 초저지연, 다중동시접속이라는 특징을 갖는 5G(제5세대 이동통신 시스템)의 상용화와 같은 무선통신기술의 진화가 있었다. 이러한 테크놀로지를 조합한 IoT 기술이 꽃을 피움으로써 사람의 행동 이력 등 디지털 데이터를 현실 공간에서 대량으로 수집할 수 있게 되었다. IoT와 함께 또 하나의 키워드인 테크놀로지가 딥러닝(심층학습)이 가져온 AI의 진화이다. 플랫폼에 수집된 현실 공간의 빅 데이터를 다른 다양한 데이터와 결합하여 분석하고 활용하는 것이 가능하게 되었다.

스마트시티의 실현을 후원하는 정책도 매년 충실히 이루어지고 있다. 국토교통성은 지방자치단체와 민간사업자의 연계에 의한 스마트시티 구상에 대해 조사비용과 노하우의 제공을 통해 지원하는 모델 사업을 전개하고 있다.

▌스마트시티의 구성

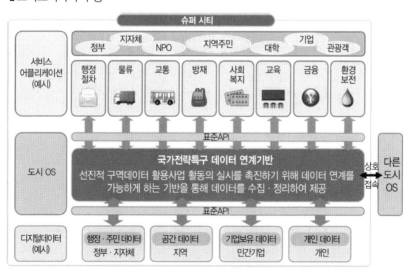

내각부의 '스마트시티' 구상. 많은 스마트시티가 동일한 구성을 하고 있다.

자료 : 내각부

2019년 5월에는 사업의 성숙도가 높은 선구적인 방식인 '선행모델 프로젝트'에 15개 사업을 선정하고 예비 프로젝트로서 사업화를 지원하는 '중점 사업화 촉진 프로젝트'에 23개 사업을 선정했다. 그리고 2020년 7월에는 선행모델 프로젝트에 7개 사업을, 중점 사업화 촉진 프로젝트에 5개 사업을 추가로 선정하였다.

한편, 내각부가 추진하고 있는 것은 AI 및 IoT 등을 이용하여 자율주행과 결제의 완전한 무현금 Cashless화, 원격 교육·의료 등을 도입한 미래도시의 구축을 목표로 하는 '슈퍼 시티' 구상이다. 구역을 지정하여 규제완화 및 세제우대를 실시하는 국가전략 특구제도를 활용한다. 2020년 내에도 지정을 목표로 하는 지자체의 공모를 시작한다.

■ 국토교통성이 선정한 스마트시티 '선행 모델 프로젝트'의 개요

지역	사업자(지자체는 제외함)	대처 개요
홋카이도 삿포로시	니켄설계종합연구소, 펠리카 포켓 마케팅, 타니타 헬스케어 링크, 토마츠, 이온 홋카이도, 츠쿠바 웰니스 리서치, 토다 건설 등	스마트폰을 활용하여 시민의 걸음 수를 계측하고, 걸음 수에 따라 대중교통 등에서 사용할 수 있는 '건강행복 포인트'를 부여. 건강수명이 전국 평균 이하인 삿포로시에서 시민의 행동 변화를 유도
아키타현 센보쿠시	피데아 종합 연구소, 모네 테크놀로지스, 토코 철광, 토호쿠대학, 이케다, 얀마 아그리 재팬, 호쿠토 은행, 아키타 은행	생산연령인구의 격감과 고령화를 바탕으로 무인자율운전차량에 의한 이동 서비스, 센서나 AI 등을 활용한 스마트 농업, 드론 물류 등을 전개
이바라키현 츠쿠바시	츠쿠바대학, 카지마(건설), KDDI, NEC, 히타치 제작소, 미츠비시 전기, 칸토 철도, 사이버다인(CYBERDYNE)	AI에 의한 정체 예측, 공공교통 운행 최적화 등 교통이동약자의 사회 참여를 유도
토치기현 우츠노미야시	우츠노미야 대학, 와세다 대학, 우츠노미야 라이트레일, KDDI, 칸토 자동차, NEC, 도쿄 가스 등	LRT(차세대형 노면전차)를 축으로 모빌리티나 생체인증, 재생가능에너지 등을 조합하여 자유롭게 이동할 수 있는 클린 거리 만들기 전개

지역	사업자(지자체는 제외함)	대처 개요
사이타마현 모로야마마치	시미즈 건설, 딜로이트 토마츠, 비코 등	민간의 거리 만들기 회사를 통해 자율운전 버스의 사회 실장이나 드론 등에 의한 농업의 생산성 향상, RPA에 의한 공공 서비스의 효율화 등을 추진
치바현 카시와시	미쓰이 부동산, 카시와노하 아트디자인센터, UDCK 타운 매니지먼트, 히타치 제작소, 일본 유니시스, 철판 인쇄, NEC, 카시와 ITS 추진 협력회, 퍼시픽컨설턴트, 수도권 신도시철도, 산업기술종합연구소, 후지츠 교통·도로 데이터서비스, 가와사키 지질, 오쿠무라 코퍼레이션, 국립 암연구 센터 동병원, 쵸오다이, 동경대학 모빌리티·이노베네이션 연계 연구 기관, 아이·트랜스포트·랩	데이터 기반과 공공·민간·학계 연계의 거리 만들기 체제를 활용하여, 에너지, 모빌리티, 공공공간을 키워드로 거리 만들기를 추진. 자율운전버스의 도입과 개인용 건강 서비스, 센서와 AI 해석에 의한 예방 보전형 도로 유지관리 등을 추진
도쿄도 치요다구	오테마치·마루노우치·유라쿠쵸 지구 도시 조성 협력회	재해 대시보드 3.0의 구축·운용, 다이마루유우 지역판 도시OS의 정비, 퍼스널 모빌리티 도입 등 일본 최대의 비즈니스 거리의 국제 경쟁력을 높임
도쿄도 코토구	시미즈 건설, 미쓰이 부동산, IHI, NTT 데이터, TIS, 도쿄 가스 부동산, 도쿄 지하철, NEC, 일본종합연구소, 히타치제작소, 미쓰이스미토모 은행, 미쓰이스미토모 카드, 미츠비시 부동산, 도쿄대학	스마트 모빌리티나 AI방재 등으로 미래의 근로 방법, 거주 방법, 휴식 방법을 실현하는 '복합활용(mixed use)형 미래도시'를 목표로 함
시즈오카현 아타미시, 시모다시	소프트뱅크, 도큐, 미츠비시 전기, 미츠비시 종합 연구소, 나이틀리, 파스코, 타지마 모터 코퍼레이션, 다이내믹 맵 플랫폼	3차원 점군 데이터로 만드는 버츄얼 시즈오카(Virtual SHIZUOKA)를 인프라 유지관리나 자율주행, 관광 등의 모든 분야에서 활용하여 안전·안심하고, 편리성이 높은 쾌적한 거리를 목표로 함
시즈오카현 후지에다시	후지에다 ICT 컨소시엄	AI를 활용한 수요 기반(On Demand) 교통이나 도시OS를 살린 오픈 이노베이션을 추진, 하천의 수위 감시와 AI에 의한 위험 예측 등을 추진

지역	사업자(지자체는 제외함)	대처 개요
아이치현 카스가이시	나고야 대학, KDDI 종합연구소, 메이테츠 버스, 카스가이 시내 택시 조합, 코우소지 도시 조성, 도시 재생 기구, 일본종합연구소	자율주행 버스나 합승 택시, 퍼스널 모빌리티 등을 조합한 '고조지 뉴 모빌리티 타운' 실현을 목표로 함
교토부 세이카쵸, 키즈가와시	NTT 서일본, 국제전기통신 기초기술연구소, 케이한나, 칸사이 갓켄 도시 교통, 칸사이 전력, 케이한 버스, 키즈가와시 상공회, 세이카쵸 상공회, 소지쯔, 나라 교통, 일본 텔레넷, 오션 블루 스마트, 시마츠 제작소	데이터 플랫폼(학연도시형 MaaS 알파)을 베이스로 다양한 모빌리티 서비스, 건강관리지원 등을 전개
시마네현 마스다시	마스다 사이버 스마트시티 창조 협의회	광섬유망을 활용한 IoT 기간 인프라 시스템을 구축하고, 감시센서를 활용하여 인프라 유지관리의 효율화를 도모하고, 효과적인 방재계획과 유지관리계획을 구축함. 새로운 비즈니스의 창출과 인적 교류의 확대를 도모함
히로시마현 미요시시	마쯔다, NTT 데이터경영연구소, NTT 도코모, 카와니시 자치연합	자가용 여객운송 서비스를 중심으로 '원활한 환승 서비스', '화물·승객 혼재 수송 서비스', '지역 내 이동이나 주민 교류의 활성화에 이바지하는 대처'를 전개하여 지속가능한 중산간지역 지형 스마트 커뮤니티 모델 구축을 목표로 함
에히메현 마츠야마시	마츠야마 어반 디자인센터, 이요 철도, JR시코쿠, 히타치 제작소, 에히메 대학, 히타치&도쿄대학 랩	데이터에 근거해 도시 매니지먼트를 실시하는 '데이터 구동형 도시 계획'을 실장. 다양한 도시 데이터 조합을 통해 도보만으로 살 수 있는 마을 만들기, 건강 증진, 지역 활성화를 추진
사이타마현 사이타마시	어반 디자인센터 오오미야, 일건설계종합연구소, 사이타마대학, 사이타마현 승용자동차 협회, 오픈 스트리트(Open Street), 에네오스 홀딩스, 야후, JTB, Sinagy Revo 등	오오미야역·사이타마 신도심 주변지구에서 ICT × 차세대 모빌리티 × 복합 서비스를 제공함. 확보된 빅데이터를 활용하여 교통결절점과 거리가 일체가 된 '스마트 터미널 시티'를 목표로 함

지역	사업자(지자체는 제외함)	대처 개요
도쿄도 오타구	카지마, 하네다 미라이 개발, 일본종합연구소, 어반 어소시에이츠, 카지마 건설종합관리, BOLDLY, TIS 등	하네다 공항 터를 개발한 거리에서 BIM을 활용한 데이터의 통합·가시화·분석이 가능한 '공간 정보 데이터 연계 기반'을 정비하여, 첨단 기술의 협조 영역으로 만듦으로써 조기 서비스의 실현을 목표로 함
니이가타현 니이가타시	니이가타대학, 사업창조대학원대학, 미니다카 구시가지 도시 조성, NTT 도코모 니이가타 지점, 후쿠야마 컨설턴트 도쿄 지사 등	중심 시가지의 스톡 활성화를 위해 앱에서 상업, 관광, 이벤트에 관한 정보를 발신하고, 수집한 데이터를 통해 효과를 분석·시뮬레이션을 통해 콘텐츠를 충실히 하고, 정보 발신방법 개선을 꾀함
아이치현 오카자키시	일본 종합 연구소, 덴소, NTT 서일본, NEC, 도쿄대학 첨단 과학 기술 센터	센서 데이터를 활용한 '즐거운·쾌적한·안전한 Workable City'를 구축. 스마트 기술과 데이터 활용의 편리함을 느낄 수 있는 '인간중심의 거리'를 실현하여, 민간투자와 거주를 증가시킴
오사카부 오사카시	미츠비시 부동산, 도시 재생 기구, JP 서일본, 오사카 메트로, 오사카 가스 도시 개발, 올릭스 부동산, 간사이 전력 부동산 개발, 적수 하우스, 타케나카 공무점, 한큐 전철, 미츠비시 부동산 레지던스, 우메키타 개발특정목적회사	우메키타2기지구나 및 유메지구에서 풍부한 데이터 활용을 실현하는 플랫폼을 정비하여, 사업 창출과 시민의 QOL 향상, 매니지먼트의 고도화에 공헌하는 정책을 관민의 틀을 넘어 수립
효고현 카코가와시	일건설계종합연구소, 일건설계시빌, NEC, 종합경비보장, 퓨처 링크 네트워크, 간사이 전력	시의 정보를 간편하게 입수할 수 있는 '가코가와 앱'이나 행정 정보 대시보드 등을 통해 안심·쾌적한 생활에 도움이 되는 스마트 서비스를 전개
쿠마모토현 아라오시	JTB 종합 연구소, 미쓰이 물산, 아리아케 에너지, 글로벌 엔지니어링, 도시재생기구	센서 기술을 활용하여 일상생활에서 건강상태를 확인할 수 있는 '일상 종합검진' 등을 실현한다. 주민들이 최첨단 웰빙을 누릴 수 있는 쾌적한 미래도시를 창조함

위의 15건이 2019년, 나머지 7건이 10년에 선정된 사업

자료 : 국토교통성의 자료를 토대로 닛케이 아키텍처가 작성

현실 공간에 진출하는 거대 IT 기업

빅데이터에서 얻은 분석 결과는 교통정체 및 기후변화, 저출산·고령화와 같은 도시문제의 개선과 주민 서비스의 향상 등에 도움이 된다.

잘 알려진 사례로는 중국의 전자상거래EC 최대 대기업인 알리바바 집단의 대처 사례가 있다. 알리바바는 'ET City Brain'으로 불리는 플랫폼을 무기로 본사를 짓는 저장성 항저우를 주요 무대로 하여 스마트시티 사업에 힘을 쏟고 있다. '실시간 도시 데이터를 활용하여 도시 운영의 결함을 수정하고 공공 자원의 전체 최적화를 도모한다'가 표어다.

구체적인 대처 사례의 하나가 교통 제어인데, 사용하는 센서는 도로 라이브 카메라다. 400대 이상의 카메라 영상을 AI로 해석하고 교통 상황에 따라 신호등을 제어한다. 구급차의 도착 시간이 반으로 단축된 것 외에도, 일부 지역에서는 자동차의 주행 속도가 15%까지도 상승했다고 한다. 플랫폼에 축적된 데이터를 기반으로 정체의 원인을 알아내어 신호등 신설 및 도로 개량을 통해서 개선하는 대처도 이뤄지고 있다. 교통사고를 즉시 파악하고 경찰 및 소방, 구급 등의 긴급차량을 배차하고, 긴급차량이 현장에 신속하게 도착할 수 있도록 신호 조정 등도 실시한다.

스마트시티에 정통한 니켄설계종합연구소의 야마무라 신지山村 真司 이사는 "지금까지 건축이나 도시 개발은 말하자면 '가설검증형'이었습니다. 꼼꼼히 계획하여 가로를 만들더라도 예상이 빗나가서 대정체를 일으키는 어쩔 수 없는 면이 있었습니다. 그것이 스마트시티에서는 알리바바가 실천하고 있듯이 궤도수정의 폭이 크게 넓어졌습니다."라고 지적한다.

이렇게 보면, 스마트시티는 가상공간에서 데이터를 활용하여 급성장한 거대 IT 기업의 입장에서는 현실공간으로 비즈니스 영역을 넓히는 데 있어 알맞은 무대라 할 수 있다. 이 때문에 알리바바 및 GAFA Google(구글), Amazon(아마존), Facebook(페이스북), Apple(애플)와 같은 IT 플랫폼이 다 같이 관심을 보이고 있는 것이다.

위협이기도 하고 비즈니스 찬스이기도 하다

Maas를 시작으로 스마트시티 사업에의 참여를 희망하는 토요타도 우븐 시티의 건설을 통하여 도시 조성의 노하우를 흡수함과 동시에 도시에 사는 행동이력 및 모빌리티의 이동 데이터, 가전 이용 상황까지 모든 정보를 수집·축적하여 분석하고 활용하기 위한 플랫폼을 장악하려 하고 있다.

거대 IT 기업에 대항하기 위하여 토요타는 2020년 3월 24일 NTT와 약 2,000억 엔을 상호 출자하여 자본·업무를 연계한다고 발표했다. 도시 OS를 공동으로 구축·운영하고 국내외의 도시에 전개할 계획을 갖고 있다. 우선 토요타의 우븐 시티와 NTT 그룹의 관할인 시나가와역 앞에 세팅한다고 한다.

최근 토요타와 NTT는 도시 조성에 비장한 야심을 품고 차례로 대책을 강구하고 있다. 토요타는 2020년 1월 파나소닉과 주택사업을 통합하고 미래 도시 조성을 지향하는 새로운 사회, 프라임 라이프 테크놀로지 PRIME LIFE Technologies(도쿄도 미나토구)를 설립하고 있다. 파나소닉 홈즈와 토요타 홈, 미사와 홈 등 건설관련 기업 5사를 산하에 둠으로써 신축 단독주택의 공급 호수는 연간 약 17,000호나 된다. 염두에 둘 것은 국내 주택시장의 축소에 따른 경쟁의 격화이다. 토요타가 추진하는 MaaS와 파나소닉의 가전 및 전지, IoT 등의 사업을 결합함으로써 선진적인 도시 조성에 대처하는 것이 목적이다.

NTT도 2019년 7월, 그룹의 도시 조성 사업의 창구가 되는 새로운 회사인 NTT 어반 솔루션 NTT Urban Solutions(도쿄도 치요다구)을 설립했다. 에너지 분야에 강점을 갖는 엔지니어링 회사인 NTT 퍼실리티즈 NTT Facilities와 개발사업자인 NTT 도시개발을 산하에 재편하고, 그룹이 국내에 보유한 7,000개의 전화국과 15,000개의 오피스를 활용하여 도시 조성에 활로를 찾고 있다.

또한, NTT 그룹은 2018년부터 미국 네바다주의 라스베이거스시와 공동으로 시의 이노베이션 지구에서 스마트시티화를 추진했던 실적도 있다. 시내에 설치한 카메라 영상, 음성과 같은 다양한 데이터를 분석하여 거리의

■ 도시 조성에 힘을 쏟는 토요타와 NTT가 연계

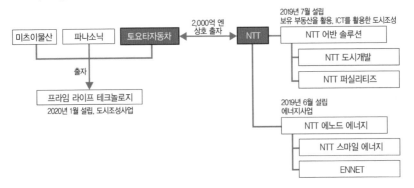

토요타 자동차와 NTT는 각기 도시 조성 사업에 힘을 쏟고 있다.

자료 : 취재를 바탕으로 닛케이 아키텍처 작성

상황을 실시간으로 파악하고 역주행 등에 의한 교통사고의 회피나 방범 등에 도움이 되었다. 2020년 5월에는 대상 지역의 확대 등을 발표했다.

지금까지 도시 조성을 사업으로 영위해 온 건설 회사의 경우에는, 도시 개발이라는 무대에서 경계를 넘어온 거대 IT 기업 및 그에 자극받은 토요타, NTT와 같은 타 업종 대기업의 움직임은 위협으로 비칠 것이 틀림없다. 한편, 스마트시티를 새로운 비즈니스 기회로 삼아 DX를 실천하는 장으로서 적극적인 참여를 목표로 하는 건설관련 회사도 나오고 있다.

건물이나 인프라의 설계, 공사의 도급과 같은 플로우 모델 Flow Model의 전통적 비즈니스 모델에 더하여 디지털 기술을 활용하면서 도시의 운영 및 유지관리 등에서 지속적인 수익을 올리는 스톡 모델 Stock Model의 비즈니스에 진출하는 발판이 될 수 있다고 기대되고 있다.

슈퍼 제네콘인 카지마는 후술하는 바와 같이 도쿄의 하네다 및 다케시바 등에서 스마트시티의 건설을 추진함과 동시에 스마트시티의 '바람직한 방향' 및 '조성 방법'에 대해서도 식견을 넓히고 있다. 내각부의 SIP(전략적 이노베이션 창조 프로그램) 아래, NEC 및 액센추어 Accenture, 히타치제작소, 산업기술종합연구소, 데이터유통추진협의회와 공동으로 각지에서 추진하고 있는 스마트시티 사업의 '아키텍처(구성)'를 분석하고, 공통설계도 및 운용매 뉴얼의 정비에 힘쓰고 있다. 성과는 2020년 3월에 내각부가 공표한다.

Column 　　민간 스마트시티의 성공사례 '후지사와' 와 '카시와노하'

　　민간 기업이 주도해서 성공을 거두었다고 평가되는 2곳의 스마트시티 사례가 있다.

　　그 하나는 파나소닉이 자사의 카나가와현 후지사와시 내에 있던 공장 터에 추진한 '후지사와 SST Fujisawa SST; Sustainable Smart Town' 로 불리는 주택개발이다. 운영회사로는 파나소닉을 필두로 9개 회사가 출자하고 있다. 2014년 4월에 개장하여 2020년 2월 시점에서 단독주택 및 시스템 등의 정비는 80% 정도 완료되었다(2021년 1월 시점에 561가구 2,000명 이상이 거주하고 있으며, 2022년 중 완성_옮긴이 주). 19 헥타르의 부지에 약 1,900명이 살고 있다.

　　모든 단독주택에 태양광 발전설비 및 축전지, 스마트 분전반을 장착하고, 에너지를 자급자족한다. 주민 전용 포털 사이트를 통하여 도시에서 이행하는 서비스 정보를 제공하고 있는 것도 특징이다. 입주자는 운영에 필요한 비용으로 월 12,760엔(1주택당)을 지불한다. 파나소닉은 후지사와에서의 성공을 계기로 공장터를 스마트시티로 거듭나게 하는 방법을 각지에서 전개하고 있다. 2018년에는 똑같이 요코하마 시내의 공장터를 재개발한 'Tsunashima SST' 을 오픈했다. 제3탄으로, 오사카부 스이타시의 공장터에서 건강을 테마로 한 'Suita SST' 의 정비를 추진하고 있다.

　　또 다른 성공사례로서 국내외로부터 많은 시찰이 있었던 것이, 치바현 가시와시의 협력을 얻어 미츠이 부동산이 개발한 '카시와노하 스마트시티' 이다. 주택 및 상업시설, 오피스빌딩을 수용하고 도쿄대학 및 치바대학, 국립암연구센터 등도 연계한다. 2014년에는 도시의 관문인 복합시설 '게이트 스퀘어Gate Square' 가 오픈되었다. 시설 내의 '카시와노하 스마트센터' 에서는 히타치제작소와 미츠이 부동산, 닛케이설계가 개발한 '카시와노하 AEMS' 라고 하는 시스템에서는 구역 내의 오피스, 상업시설, 주택 등과, 태양광 발전설비 및 축전지 등의 전원설비를 네트워크로 연결하여 시설별이 아닌 구역 전체의 에너지를 일원화하여 관리하고 있다.

파나소닉이 공장터를 정비한 '후지사와 SST'의 거리
사진 : 후지사와 SST 협의회

가운데가 카시와노하 스마트시티의 '게이트 스퀘어'이
며, 앞부분은 츠쿠바 익스프레스 '카시와노하 캠퍼스역'
사진 : 미츠이 부동산

카시와노하 스마트시티는 1세대 전의 스마트시티 사업이면서 에너지뿐만
아니라 '환경공생', '건강장수', '신산업창조'라고 하는 3가지 보편적인 콘셉
트를 내세우고, 시행착오를 되풀이하면서 도시를 계속 업데이트해 왔다. 도쿄
대학 및 카시와시, 미츠이 부동산 등 산·관·학의 멤버로 구성된 카시와노하 어
반디자인센터가 도시 조성의 리더십을 취하는 방식도 다른 스마트시티의 본보
기가 되고 있다. 2019년 5월에는 국토성의 선행 모델 프로젝트에도 선정되었
고 자율주행 버스의 도입 및 ICT를 활용한 인프라 유지관리 등에 힘쓰며, 한층
더 새로운 도약을 노린다.

2. 도시의 DX에 도전하는 제네콘

다양한 산업을 끌어들이면서 과열하는 스마트시티 쟁탈전이다. 도시 조성의 주역을 자인해 온 건설 회사도 지금까지 형성된 노하우와 디지털 기술을 융합하여 스마트시티에 몸을 던지기 시작했다. 먼저 시미즈 건설의 대응을 살펴보자.

600억 엔을 투자하여 도쿄 토요스의 스마트시티화를 위한 추진거점을 만든다. 토요스시장이 있는 신교통유리카모메 '시장 앞' 역의 목전에 임대 오피스동과 호텔동 등을 정비하는 연면적 약 12만 평방미터의 대규모 복합 개발 '토요스 6-4-2, 3구역 프로젝트'는 시미즈 건설이 단독으로 실행하는 개발 프로젝트로서 역대 최대 투자액이다. 설계·시공도 시미즈 건설이 담당하여 2021년 가을, 오픈을 목표로 정비를 추진하고 있다.

오피스동과 호텔동 사이에 설치한 교통광장에는 도쿄 도심부와 임해부를 연결하는 도쿄 BRT Bus Rapid Transit Systems(버스 고속수송 시스템)와 하네다·나리타 두 공항과 연결되는 고속버스가 개설될 예정이다. 시미즈 건설은 교통 조인트로서의 특징을 전면에 내세우고, 도시형 도로 휴게소 '토요스 미치 MiCHi역'을 표방하고 있다. 시미즈 건설이 그리는 도시형 도로 휴게소의 핵심이 되는 것은 교통광장 상부를 약 $1,700m^2$ 데크로 덮어 만든 오픈 스페이스이다. 여기를 기점으로 이용자 및 내객의 편리성을 높이는 다양한 스마트 기술·서비스를 세팅할 예정이다.

시미즈 건설이 토요스에서 진행하는 복합개발의 이미지. 왼쪽이 호텔동, 오른쪽이 오피스동이며, 그 사이에 버스터미널을 배치하고, 상부를 야외 테라스로 덮는다.

교통광장 상부를 테라스로 덮고, 오픈 스페이스로 활기를 불어넣는다.

자료 : 시미즈 건설(위·아래)

그 하나가 배리어프리 내비게이션 시스템 'Inclusive Navigation'이다. 스마트폰의 애플리케이션으로 목적지를 설정함으로써 일반 보행자나 휠체어 이용자, 유모차 이용자, 시각장애인과 같은 이용자의 속성에 맞추어 음성 및 지도에서 최적의 경로를 내비게이션 해 준다. 이 애플리케이션에서는 비콘 Beacon의 발신전파강도를 토대로 옥내 공간에서도 위치정보를 정확하게 파악할 수 있는 기술을 이용하고 있다. 시미즈 건설이 개발하여 도쿄 니혼바시 구역에 일부 도입되어 있다.

이 외에 오픈 스페이스에서 이동형 점포와 빈 공간의 매칭 플랫폼을 구축한 스타트업 기업인 메로우 Mellow(도쿄부 지오다구)가 이동형 점포에 의한 음식과 물건판매 서비스를 제공할 예정이다.

이 도로 휴게소는 재해 시에는 귀가가 어려운 사람들의 대기 공간으로도 사용된다. 방재비축창고 및 재해정보를 제공하는 기능 외에도 코제너레이션(열병합발전) 시스템의 도입에 의한 비상시 에너지 공급 등에도 힘쓰고 있다.

토요스의 스마트시티화를 주도

이 프로젝트를 포함한 도쿄도 고토구 토요스 1~6가를 대상으로 한 '토요스 스마트시티'는 국토교통성이 2019년 5월에 발표한 '스마트시티 선행 모델 프로젝트'에도 선택되어 주목을 받는 사업이다. 약 246헥타르 구역에서 도시OS를 기반으로 교통, 생활·건강, 방재·안전, 환경, 관광의 5개 분야에서 다양한 실증을 추진하고 사회 환원을 목표로 한다.

시미즈 건설은 미츠이 부동산과 함께 민간기업 13사가 속하는 '토요스 스마트시티 추진협의회'의 사무국으로써 도쿄도 고토구, 현지 조직 등과 연계하면서 사업을 주도하는 입장에 있다. 시미즈 건설이 토요스 전체의 스마트화를 염두에 두고 추진하고 있는 것은 개발 중인 프로젝트와 그 주변 구역를 대상으로 하는 '디지털 트윈 Digital Twin'의 구축이다.

디지털 트윈이란 현실공간을 가상공간에 모델화하여 시뮬레이션 등으로 활용하는 기술이다. 도시 인프라나 지반, 건물 등 3차원 데이터에 카메라와 센서로 수집한 교통량 및 사람의 흐름, 물류, 에너지, 환경 등의 데이터를 실시간으로 반영한다. 이 모델을 사용하여 다양한 시뮬레이션을 실시하고, 그 결과를 시설운영 및 차세대 모빌리티의 효과 검증 등에 활용한다. 사람 이동 데이터 등을 기반으로 시설배치와 공간구성 등을 계획하는 '스마트 플래닝'에도 사용한다.

■ 민간기업과 지방자치단체, 지역조직이 연계하여 진행하는 '토요스 스마트시티'

토요스 스마트시티 사업추진체제

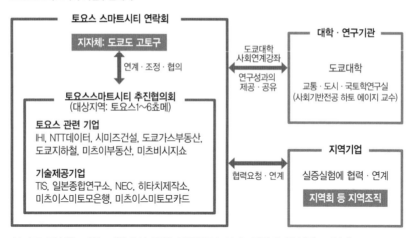

시미즈 건설은 대상 지역에서 많은 건물들의 설계·시공에 관여하고 있다.

자료 : 시미즈 건설

시미즈 건설은 이외에도, 빌딩 내 및 구역 내의 이동·물류에 자율주행기술을 활용할 것을 염두에 두고, 차량 및 로봇과 시설을 연계시키는 플랫폼의 연구 개발을 진행하고 있다. 차량이 도착하면 자동으로 셔터를 열거나 로봇과 엘리베이터를 연동하는 형태이다. 이러한 테크놀로지도 스마트시티에 구현될 것으로 보인다.

시미즈 건설이 커버하지 않는 영역에 대해서도 협의회 멤버의 노하우를 활용한 흥미로운 대책이 전개될 예정이다. 그 하나가 미츠이스미토모은행과 일본종합연구소가 검토하고 있는 '정보은행'이다. 다양한 장소에 분산 및 보관된 본인과 가족의 의료정보를 일원화하여 관리함으로써 진찰 등에 활용할 수 있다.

시미즈 건설 토요스 스마트시티 추진실의 미야다 간사실장은 "이후의 마을 만들기 사업은 저절로 스마트시티의 요소를 도입하게 되어 있습니다. 시미즈 건설은 제네콘으로서 새로운 도시 조성 및 건물의 방식 등을 따라잡고 이에 더해 리드하는 존재이고 싶습니다. 토요스의 개발은 그것을 위한 시범 사업으로 자리매김하고 있습니다."라고 말했다.

시미즈 건설이 목표로 하는 토요스의 디지털 트윈 이미지

자료 : 시미즈 건설

하네다에서 국내 최초 자율주행 버스 운행

시미즈 건설과 마찬가지로 직접 투자해서 스마트시티의 개발을 추진하고 있는 것이 카지마 건설이다. 카지마 건설이 공을 들이는 프로젝트의 하나가 2020년 7월 3일에 부분 개업한 도쿄도 오타구의 '하네다 이노베이션 시티'이다. 하네다 공항의 근해 매립지로의 확장 이전으로 생긴 부지를 최첨단 도시로 거듭나게 한다고 한다. 케이힌(도쿄에서 요코하마) 급행전철·도쿄 모노레일의 덴쿠바시역으로 바로 연결되는 약 59,000m²의 부지에 모빌리티와 건강의료 등 첨단산업을 위한 연구 개발 거점을 건설한다. 라이브 홀이나 체험형 상업시설 등도 마련하고, 문화산업 지원도 내세운다.

사업자는 카지마 건설, 다이와 하우스 공업, 케이힌 급행 전철 등 9사가 출자한 하네다 미래개발(도쿄도 오타구)이다. 설계·시공은 카지마 건설과 다이와 하우스 공업사가 담당하였다. 부분 개업 후에도 계속 개발을 추진하여 지상 11층 건물인 첨단의료연구센터 및 아트&테크놀로지센터 등을 건설하고 있다. 2022년 전면 개업 시에는 연면적이 약 131,000m²가 될 예정이다.

하네다 이노베이션 시티도 2020년 7월, 국토성의 모델사업인 '선행 모델 프로젝트'에 채택되었다. 같은 해 9월부터 일본 국내에서 처음으로 핸들 없는 자율주행 버스의 정상 운행을 시작한 것으로 화제를 모았다. 차량의 운행관리·감시에는 소프트뱅크 등이 설립한 보들리 BOLDLY(도쿄도 지요다구)의 자율주행 차량운행 플랫폼 '디스패쳐 Dispatcher'를 이용한다.

카지마도 시미즈 건설과 마찬가지로 하네다 이노베이션 시티의 공간정보 데이터 연계기반, 즉 디지털 트윈을 구축하여 효율적인 시설관리·운영을 구상하였다. 사용하는 것은 건설 현장에서 사람이나 기자재의 움직임을 모니터링하기 위하여 개발한 '3D K-Field(66쪽 참조)'이다. 시설 내에 약 400개의 비콘 및 센서를 설치하고, 사람이나 모빌리티, 로봇의 위치정보 등을 취득하여, BIM 등의 데이터를 기반으로 구축한 3차원 모델 위에 표시한다. 자율주행 버스 플랫폼과도 연계하고 있다.

카지마 건축관리본부 BIM 추진실의 아다치 요시노부 부장은 다음과 같이 말한다. "스마트시티에서는 사람이나 사물의 움직임이 중요합니다. 예를 들면, 로봇이나 드론에 의한 물류 등을 시도해보려고 하면, 옥내의 지도 정보가 필요합니다. 여기서 도움이 되는 것이 BIM입니다. BIM의 데이터가 축적되어 있으면 구역 및 도시의 디지털화에 도움이 됩니다. 단, 이것은 당사만으로는 어렵습니다. 타사의 데이터와도 연결된다면 새로운 마켓이 넓어질 것입니다."

왼쪽 위는 하네다 이노베이션 시티의 외관, 오른쪽 위는 2020년 9월에 운행을 개시한 자율주행버스, 아래는 '3D K-Field'를 살린 전자 간판

사진 : 닛케이 아키텍처, 자료 : 아시아 퀘스트

시설 이용자를 위한 서비스 향상에도 디지털 트윈이 유용하게 쓰인다. 하네다 이노베이션 시티에서는 점포 등의 혼잡정보의 전송을 취급하는 스타트업 기업인 VACAN(도쿄도 지요다구)사가 2020년 9월부터 화장실의 개인실 및 회의실의 공간정보를 송신하고 있다. 화장실에 설치한 센서로 공실인지 아닌지를 파악하고, 3D K-Field와 연계하여 디지털 전광판 Digital Signage에 공간정보를 표시하는 구조이다.

소프트뱅크가 입주하는 다케시바

하네다 외에도 카지마가 관계하고 있는 것이 도쿄도 미나코구의 다케시바 지역에서 구상이 진행되는 '스마트시티 다케시바'가 있다. 그 첫걸음으로써 복합개발 '도쿄 포트 시티 다케시바'가 2020년 9월 14일에 오픈했다. 이는 도큐 부동산과 카지마가 도유지(도 소유 토지)를 활용하여 공동개발 한 연면적 약 20만 평방미터의 거대 프로젝트이다. '하늘의 현관문'인 하마마쯔초와 연결하여 구역 전체를 활성화시키기 위해 전장 약 500미터의 통로 '포트 덱 Port Deck'도 신설하였다. 핵심시설인 오피스 타워는 지하 2층·지상 40층 건물이다. 이곳에는 소프트뱅크 본사가 입주하였다. 소프트뱅크는 이 빌딩의 단순한 세입자가 아니다. 빌딩의 스마트화에 크게 관여한 것 외에도 도시 OS의 구축도 담당하고 있다.

국내 최첨단 '스마트 빌딩'을 표방하고 있는 오피스 타워에는 합계 약 1,300개의 센서가 설치되어 있다. 공간 상태를 파악하기 위해 화장실 개인실에 부착한 도어의 개폐 센서, 혼잡상황을 파악하기 위해 엘리베이터 홀의 천장에 설치한 레이저 센서, 쓰레기 수집을 효율화하기 위해 쓰레기통의 뚜껑에 부착한 센서 등이다. 이들 센서로부터 수집한 정보는 빌딩 관리자 및 경비원이 업무에 활용하거나, 빌딩 이용자 및 내객의 편리성 향상에 도움이 되기도 한다.

도쿄 포트 시티 타케시바의 오피스타워 저층부에 있는 테라스. 이벤트 등을 개최할 수 있는 넓은 공간이다.

도쿄 포트 시티 타케시바에서 2020년 9월에 개최된 이벤트의 모습. '스테이 스팟'이라고 불리는 부분에서 사회적 거리두기를 확보하면서 관람한다.

사진 : 토큐 부동산(위·아래)

과거에 트러블을 일으켰던 요주의 인물을 사진으로 등록해 두면 관내의 카메라 영상으로부터 바로 발견하여 경보를 울려준다. 사람이동 데이터를 자세히 얻을 수 있기 때문에 혼잡상태에 따라 경비원 배치를 재검토하거나 이벤트 입장객 예측에 활용할 수 있다.

COVID-19 이후의 '과밀문제'에도 해답을

스마트시티는 원래 도시로의 과도한 인구집중이 미치는 혼잡 및 교통정체, 대기오염과 같은 문제의 해결을 주요 테마로 삼아 왔다. 마찬가지로 인구집중에 의한 '과밀'이 가져온 COVID-19 감염에 대해서도 해결책을 제시할 것으로 기대되고 있다.

'도쿄 포트시티 다케시바'에서도 다양한 시도가 시작되었다. 예를 들면, 6층 오피스 로비에는 COVID-19 재앙을 의식한 새로운 보안 게이트 Security Gate가 첫선을 보였다. 게이트에 설치한 안면 인증용 카메라로 입장객의 얼굴을 인식하여 미리 등록시킨 종업원의 얼굴과 일치하면 게이트가 열리는 구조이다. 심지어는 입장객이 움직이고 있는 층의 정보를 기반으로 타야 할 엘리베이터까지 지정해 준다. 입장부터 좌석에 앉기까지 '안면 패스'로 하기 때문에 접촉 감염을 줄인다. 온도 측정으로 입장을 억제하는 기능도 갖추어져 있다.

일본을 포함한 많은 국가에서는 도시에 사람과 사물을 모으고 기능을 집적하여 효율을 높임으로써 성장을 지향해 왔다. 생산성 향상이나 이노베이션의 창출 등 집적이 가져온 버리기 어려운 이점을 누리면서 또한 감염증에도 강한 건축 및 도시는 어떤 것인가? 실제 공간 만들기 디지털의 융합으로 건축·도시의 뉴노멀New Normal을 모색하는 움직임이 가속될 것 같다.

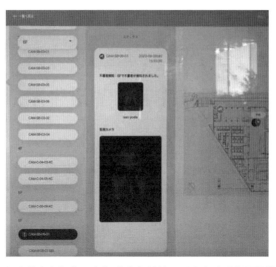

도쿄 포트 시티 타케시바에서는 관내 카메라 영상으로부터 사전에 등록한 요주의 인물을 추출할 수 있다.

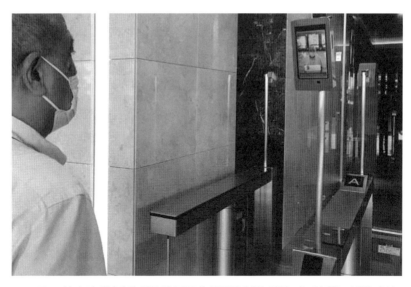

도쿄 포트 시티 타케시바의 사무실 로비에 설치된 안면 인식 기능이 있는 보안 게이트
사진 : 닛케이 아키텍처(위·아래)

3. 스마트시티, 극복해야 할 과제

　스마트시티를 둘러싼 산업계의 과열 상태를 소개했으나, 그 실현을 이루기 위해서는 극복해야 할 벽도 적지 않다. 여기서는 몇 가지 과제를 정리해 두고 싶다.

　스마트시티의 과제로 가장 상징적인 것은, 도시를 민간 기업이 좌지우지하는 것에 대한 반발과 프라이버시의 문제이다. 다양한 정보를 수집해서 조합하면 개인의 자세한 행동 패턴과 병력 등을 특정하는 것도 가능해진다. 거리의 곳곳에서 민간 기업이 개인정보를 수집하는 것에 대한 시민의 불신감은 사이버 공간에서 승자인 미국의 구글도 좌절로 몰아넣었다.

　구글의 형제 회사인 미국의 사이드워크 랩 Sidewalk Labs이 2020년 5월 7일(캐나다 시간), 캐나다의 주요 도시 토론토에서 계획하고 있던 스마트시티 사업에서 철수하겠다고 발표했다. 2년이 넘는 세월과 5,000만 달러(약 53억 엔) 이상을 투자하여, 마스터 플랜까지 작성했지만 어이없는 최후였다.

　사이드워크 랩의 다니엘 L. 닥터오프 CEO는 계획을 단념한 이유로 "전례 없는 경제적 불확실성으로 인해 계획의 핵심적인 부분을 희생하지 않고는 프로젝트를 실행하는 것이 재정적으로 어려워졌습니다."라고 설명하며, COVID-19 감염에 의한 팬데믹(세계적 대유행)이 부동산 개발에 초래하는 부정적인 영향을 이유로 들었다.

그러나 이 설명을 곧이곧대로 받아들이는 사람은 적을 것이다. 토론토시의 스마트시티 사업에 대해서는, 개인 데이터의 수집에 대한 우려의 목소리가 높아져, 2019년 4월에는 캐나다 자유인권협회CCLA가 프로젝트의 중지를 위해 (토론토시) 당국을 기소하는 등 순조롭게 진행되고 있다고 보기에는 어려운 상황이었기 때문이다.

'민주주의는 상품이 아니다', '사기업의 요구나 이익이 아니라 도시의 요구를 우선시해야 된다'라는 등의 주장을 펼쳐, 반대운동을 전개해온 시민 단체인 블록 사이드워크 Block Sidewalk는 사이드워크 랩의 철수를 통해 의기양양하게 승리 선언을 했다.

구글의 형제 회사가 그린 미래의 도시상

2015년에 설립된 사이드워크 랩은 구글의 모회사인 미국의 알파벳 Alphabet의 산하 기업 중 하나이다. "생활비, 효율적인 이동수단, 에너지 소비 등 도시가 안고 있는 여러 문제를 해결하는 기술을 개발하고 육성하여 주민의 생활을 향상시킵니다." 같은 해 6월 사이드워크 랩의 설립을 발표했을 때, 구글의 래리 페이지 Larry Page CEO(당시)는 그 목적을 이렇게 설명했다.

사이드워크 랩은 2017년에 캐나다정부와 온타리오주정부, 토론토시에 의한 공동사업체 '워터프론트 토론토 Waterfront Toronto'로부터 파트너 기업으로 선정되어, 연해 지역의 도시개발 사업에 참여하였다. 토론토시의 스마트시티 사업은 구글 진영의 사이드워크 랩이 도전하는 첫 대규모 도시개발이 될 예정이었다.

세계가 그 성패에 주목했던 토론토시의 스마트시티 사업은 어떤 내용이었을까. 대상 구역은 IDEA 지구로 불리는 77만 평방미터의 재개발 구역 중, '퀴사이드 Quayside'로 불리는 약 5만 평방미터의 지구다. 사이드워크 랩이

사이드워크 랩이 개발할 예정이었던 키사이드 지구의 항공 사진

키사이드 지구에는 목조건축물이 늘어설 계획이었다.

사진 : 사이드워크 랩(위·아래)

2019년 6월 공개한 마스터 플랜에는 토요타 자동차의 우븐 시티도 초라해 보일 만큼 '미래 도시상'이 풍성하게 담겨 있었다.

 퀴사이드에서는 스마트 전력망과 냉난방용의 클린 열 공급망, 리사이클률을 높이는 폐기물 처리망을 정비한다. 모든 건물은 목재를 대량으로 사용하는 모듈건축으로 하여 지역산업의 활성화에도 도움을 준다. 집성재나 집교집성판 CLT을 사용한 모듈건축의 콘셉트 담당은 영국 런던을 거점으로 혁신적인 건축과 디자인을 만들어내는 헤더윅 스튜디오 Heatherwick Studio, 랜드스케이프(계획 및 설계)가 특기인 노르웨이 건축설계 사무소인 스노헤더 Snøhetta, 231쪽에서 소개한 미국 카테라사의 파트너사인 캐나다의 마이클 그린 아키텍처 Michael Green Architecture의 3사이다.

사이드워크 랩의 제안의 핵심은 모빌리티에 관한 항목이다. 마스터 플랜에서는 마이카 My Car 소유를 감소시키는 비전을 제시하고 다음의 6개의 목표를 설정했다.

(1) 적당한 가격으로 다수의 사람들을 옮길 수 있는 LRT(차세대형 노면전차)의 연장을 독자의 자금조달 방식으로 가속화한다.

(2) 보행 및 자전거에 안전한 구역으로 만든다.

(3) 배차서비스, 공유자전거, 전기자동차의 카 셰어 등 새로운 서비스를 제공한다.

(4) 지하 터널을 활용하여 물류를 효율화한다.

(5) 교통억제를 고도화하기 위해, 가격결정과 테크놀로지 활용을 담당하는 공적 조직을 설립한다.

(6) 인간 우선의 도로를 설계한다.

또한, 거주자나 노동자를 위한 고속이면서 적당한 IT 인프라를 정비한다. 도시에서 수집한 데이터는 프라이버시를 확보하면서 활용을 촉진하고, 제3자가 새로운 서비스를 생산해 낼 수 있도록 한다고 마스터 플랜에서는 설명하고 있다. "현재 도시에 관한 데이터는 다수의 소유자에게 분산되어 있으며 일부는 오래된 것이다. 또한 통일되지 않은 파일 형식으로 보존되는 경향이 있기에, 이를 활용하여 새로운 아이디어를 만들어내는 것이 어렵다. 명확한 기준이 있다면 (적절하게 보호된) 도시 데이터에 실시간으로 연구자나 커뮤니티로부터의 액세스가 가능하게 되어 기존의 서비스를 대체하는 새로운 서비스를 간단하게 구축할 수 있게 된다."

프로젝트의 웹사이트에 설치한 Q&A 코너에서는 '사이드워크 랩은 개인 정보를 판매할 것인가?'라는 질문에 대해 이하와 같은 답변을 했다. "개인 정보를 제3자에게 판매하거나 광고 목적으로 사용하지는 않는다. 동의 없이는 그룹계열사를 포함한 제3자에게 개인정보를 명시하지도 않는다. 우리는 정부의 인가를 받은 독립조직이 도시에서의 데이터 수집과 이용을 승인하는 구조를 제안하고 있다."

그런데도 사이드워크 랩은 우려나 불신감을 떨쳐내지 못했고, 사이드워크 랩이 제안한 '미래의 도시상'이 받아들여지는 일은 없었다.

일본정부가 추진하는 '슈퍼시티'의 구상에서도 프라이버시의 문제가 논점이 되고 있다. 개정국가전략특별구역법을 둘러싼 국회의 논의에서는 주민의 프라이버시를 침해할 우려가 있다고 야당이 주장하였다. 참의원은 개정법의 성립 시 개인정보보호를 중심으로 15개 항목의 부대결의를 하였다. 개정법의 시행령과 시행규칙에서는 의회의 의결이나 주민투표 등 주민의 의향을 확인하는 방법, 도시간의 데이터 이용을 위한 기준, 데이터의 안전관리 기준 등을 정하고 있다.

스마트시티 사업에서는 개인정보의 취급이 아킬레스건이며, '기술을 위한 기술'이라는 인식이 반발을 일으킨다는 것을 의식해서인지, 토요타의 토요타 아키오 사장은 '사람이 중심'이라며 반복해서 말하였다. 토요타와 연대하는 NTT의 사와다 준 사장은 "우리는 데이터를 점유하지 않습니다."며, 정보의 독점이나 부당한 수집으로 열세에 몰린 거대 IT 기업에 대한 라이벌 의식을 나타냈다.

2018년에 NTT가 수주한 라스베이거스시의 스마트시티 사업에서는 여러 IT 기업이 관심을 보였었다. 많은 입찰자 가운데 NTT는 '수집한 데이터의 소유권은 주장하지 않겠다.'라고 어필한 부분이 좋은 평가를 받아 수주를 성공하였다. 입찰에서 NTT 이외의 대기업 IT기업들은 데이터 소유권을 포기하지 않았다고 한다. 라스베이거스시는 수집한 데이터를 오픈 데이터로써 시민이나 기업에게 공개하는 의견을 제시하고 있었기 때문에, 이에 NTT의 제안은 효과적이었다.

프라이버시 침해나 데이터를 둘러싼 불신감을 떨쳐내고, 얼마나 주민 위주의 도시 조성을 추진할 수 있는가가 스마트시티 사업을 성공으로 이끄는 열쇠인 것은 틀림없다.

Column 사이드워크 랩(Sidewalk Labs)이 제시한 '인간중심 도로'

캐나다 토론토시의 스마트시티 사업에서는 철수했던 미국 사이드워크 랩이지만, 그 혁신성은 주목할 만하다. 이 회사는 '인간중심'을 주축으로 한 거리 디자인 street design의 새로운 기본원칙을 정리하고 자율주행차 등의 차세대 모빌리티를 활용하면서 도로를 안전하고 쾌적하게 할 방법을 보여주고 있다. 여기에서 그 일부를 소개하겠다.

사이드워크 랩이 기본원칙으로 도입한 것은 도로마다 특정 이동 모드를 세우고, 제한속도를 바꾸는 아이디어다. 예를 들면, 보행자가 우선되는 도로에서는 자율주행차를 제외한 차는 원칙적으로 통행금지한다. 벤치의 설치 및 녹지화를 권고하고 공공 공간의 느낌을 강하게 한다.

한편, 자율주행차는 보행자 및 자전거의 안전을 확보할 수 있는 수준까지 속도를 제한하고 어디에서든 통행할 수 있도록 한다. 시스템으로 도로마다 보행 속도를 제한하면서 간선도로에서 최종 목적지 부근까지 'Last One Mile'을 커버하는 계획이다.

또한 독특한 것이 도로공간의 경계를 유연하게 변화시키는 발상이다. 연석 및 가드레일과 같은 구조물에 보도와 차도에 명확한 경계를 설치하는 일은 하지 않는다. 그 대신에 포장패널이 발광하고 그 시점의 공간 용도를 나타낸다. 혼잡 시에 자율주행차 등의 승강장이었던 장소를 그 이외의 시간은 공공 공간으로 하는 등 교통수요에 맞게 다이내믹하게 용도를 변경한다.

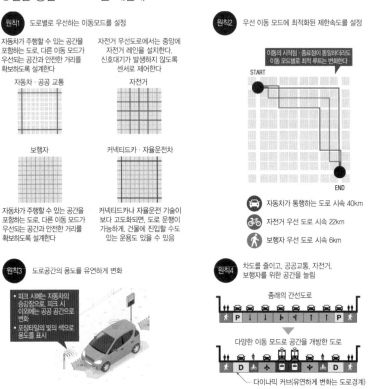

■인간 중심으로 도로를 재설계

원칙1 도로별로 우선하는 이동모드를 설정

자동차가 주행할 수 있는 공간을 포함하는 도로, 다른 이동 모드가 우선되는 공간과 안전한 거리를 확보하도록 설계한다

자전거 우선도로에서는 중앙에 자전거 레인을 설치한다. 신호대기가 발생하지 않도록 센서로 제어한다

자동차 · 공공 교통

자전거

보행자

커넥티드카 · 자율운전차

자동차가 주행할 수 있는 공간을 포함하는 도로, 다른 이동 모드가 우선되는 공간과 안전한 거리를 확보하도록 설계한다

커넥티드카나 자율운전 기술이 보다 고도화되면, 도로 운행이 가능하게, 건물에 진입할 수도 있는 운용도 있을 수 있음

원칙2 우선 이동 모드에 최적화된 제한속도를 설정

이동의 시작점 · 종료점이 동일하더라도 이동 모드별로 최적 루트는 변화한다

START

END

자동차가 통행하는 도로 시속 40km

자전거 우선 도로 시속 22km

보행자 우선 도로 시속 6km

원칙3 도로공간의 용도를 유연하게 변화

• 피크 시에는 자동차의 승강장으로, 피크 시 이외에는 공공 공간으로 변화
• 포장타일의 빛의 색으로 용도를 표시

원칙4 차도를 줄이고, 공공교통, 자전거, 보행자를 위한 공간을 늘림

종래의 간선도로

다양한 이동 모드로 공간을 개방한 도로

다이나믹 커브(유연하게 변화는 도로경계)

자료 : 사이드워크 랩의 'Street Design Principles V.1'을 바탕으로
닛케이 컨스트럭션 작성

수익화(MONETIZE)는 어떻게 할까?

새로운 영역인 스마트시티의 개발 · 운영에 참가하고자 하는 기업에 있어서 고민인 것이 마네타이즈(수익화)이다. 기업이 적절하게 수익을 올리는 구조를 구축하는 것은 도시 조성을 지속적으로 추진하는 경우에도 빼놓을 수 없다. 비즈니스로의 지속가능성이 없다면 국가 등의 보조금이 끝나는 시점에서 모처럼의 대책이 중단될지도 모른다.

예를 들면, 제조사 및 시스템회사 등은 어느 도시에서 실용화한 기술과 솔루션을 다른 도시에 수평 전개할 것을 상상한다. 스페인 바르셀로나시 및 덴마크 코펜하겐시 등 많은 도시에서 스마트시티 사업을 하는 IT 기기 대기업인 미국 시스코 시스템즈 Cisco Systems는 그러한 전술을 실천하고 있는 대표적인 기업의 하나다.

이 회사는 바르셀로나시에서 교통량 데이터를 기반으로 가로등을 관리하여 전기료를 삭감한다든지, 쓰레기 수집상자의 공간이 차 있거나 비어 있음을 센서로 파악하여 수집 작업을 효율화하고 Wi-Fi를 기반으로 한 서비스를 전개함으로써 시내에 30억 달러의 가치를 창조했다고 어필하고 있다. 이러한 실적을 토대로 스마트시티의 디지털 플랫폼 및 솔루션을 전 세계의 도시에 팔고 있다.

스마트시티에 정통한 닛켄설계 종합연구소의 야마무라 신지 이사는 "서양에서는 EU의 보조금으로 스마트시티화를 도모하고, 행정은 삭감한 코스트를 투자로 돌려 세수를 올리고, 그 구조 및 플랫폼을 만든 기업이 다른 도시에 그것을 전개하는 사이클을 잘 꾸려나가고 있는 측면이 있습니다. 일본에서는 좀처럼 거기까지 도달하지는 않았습니다."라고 지적했다.

일본의 건설 회사는 스마트시티 사업을 통하여 어떻게 수익을 올려야 할까. 부동산 개발을 취급하는 기업의 경우, 건물 및 인프라의 건설 이외에 먼저 떠오르는 것이 데이터를 활용한 도시 매니지먼트에 의한 부동산 수입의 확대일 것이다.

빌딩 및 상업시설을 지은 후에도 스마트시티의 대상 구역에서 다양한 디지털 서비스를 제공하여 편리성을 높이거나 이벤트의 개최로 활기를 띠게 하고, 구역의 부동산 가치를 향상시킬 수 있다면 물건의 수익성이 높아진다. 부동산 가치의 향상으로 구역에 새로운 개발을 촉진시킬 수 있다면 공사의 수주로도 이어진다.

스마트시티나 오픈 이노베이션을 담당하는 카지마 영업본부 기획부 시장기획 그룹의 키타가키 타로 담당부장은 "이후에는 도시 매니지먼트의 노하우 등이 없다면 발주자로부터 선택받지 못하는 시대가 올지도 모릅니다."라고 말했다.

도시의 매니지먼트에 의한 거리의 매력 향상과 그것에 동반되는 부동산 가치의 향상을 실현하기 위해서는 꾸준한 활동은 필수적이다. 건설 회사나 부동산 회사 등은 지금까지도 지자체 등과 협력하여 구역 매니지먼트(특정 구역을 대상으로 민간이 주체가 되어 지역을 운영하는 구조)에 관련되어 왔지만 비용의 자기부담에 동반되는 봉사 활동의 색채가 짙었다.

2018년에 지역재생법 개정으로 대상 구역 내의 사업자(수익자)로부터 활동비를 징수할 수 있는 '지역재생구역 매니지먼트 부담금 제도(일본판 BID 제도)'가 창설되는 등 도시 매니지먼트와 지역 활성화를 지탱하는 제도는 서서히 내실화되고 있어 스마트시티를 지탱하는 구조로써 기대되고 있다.

건축·토목의 '구독경제(Subscription)'

보다 직접적인 수익화 방법으로는 스마트빌딩이나 인프라의 설계, 건설뿐만 아니라 그 유지관리 및 운영 등 건설 산업의 가치 사슬의 '하류'에 위치한 업무까지를 종합적으로 관계하고 있는 것을 들 수 있다.

수년간 대기업 제네콘은 산하의 빌딩 관리회사 등과의 연계를 강화하고, 유지관리 사업의 확대를 도모해 왔다. 건축설계 사무소도 BIM을 활용하여 건물 유지관리 업무의 효율화에 힘쓰고 있다(140쪽 참조).

또한, 토목의 조사·설계를 다루는 건설 컨설던트 회사 등은 수년간 AI와 IoT를 활용한 도로 및 다리 등의 유지관리에 힘을 쏟아 왔다. 신설이 중심인 건설시장에서 종래는 지류로 평가되어 있던 유지관리는 시설의 노후화 문제 등의 해결을 기대하고 있는 스마트시티 사업에 있어서는 유력한 수익기반이 될 수 있다.

시설의 운영에 대해서는 건축·토목의 정기구독 서비스라고 부를 만한 PFI(민간자금을 활용한 사회자본 정비) 및 공항과 도로, 상하수도 등의 운영권을 민간에게 매각하는 컨세션¹ 같은 사업방식이 이전부터 있었다. PPP(관민연계)로 총칭되는 이러한 사업방식은 마찬가지로 관민의 연계로 성립되는 스마트시티의 성격과도 잘 맞는 것 같다.

실제로 시미즈 건설은 351쪽에서 소개한 '토요스 미치역'의 설계·시공·운영을 통하여 이후 등장할 교통 터미널 운영사업의 획득에 대비하고자 한다. 시미즈 건설이 교통 터미널 의 운영에 강한 관심을 가진 배경에는 2020년 5월에 성립한 개정도로법이 있다.

개정법에서는 신주쿠역 남쪽 출입구에 고속버스 정류장을 집약하고 도로 구역 내에 상업시설을 병설하는 형태로 2016년에 개업한 '바스타 신주쿠(신주쿠 고속버스터미널)'와 같은 시설의 정비를 전국에서 추진하기 위하여 시설의 운영에 컨세션을 활용 가능 등을 규정하였다. 현재 도쿄 시나가와 역전 및 효고 산노미야 역전 등에서 '바스타' 프로젝트가 추진되고 있다.

시미즈 건설 도시 조성 추진실 프로젝트 영업부 3부의 미조구치 료타 부

---

1 컨세션(Consession) : 특정 지리적 범위나 사업 범위에 대해 사업자가 면허나 계약을 통해 독점적 운영권을 분양받아 실시하는 사업 방식을 말한다. 일본에서는 민간자금 등의 활용을 통해 공공시설 등의 정비 촉진에 관한 법률(PFI법)이 2011년 6월에 개정되어 공공시설 등 운영권이라는 권리가 처음 등장하였으며, 이후 컨세션 방식을 실시하기 위한 법제도가 처음으로 정비되었다. PFI법에는 공공시설 운영권은 공공시설 관리자 등이 소유권을 가지는 공공시설(이용요금을 징수하는 것에 한정)에 대해 운영을 실시하고, 이용요금을 자신의 수입으로 징수한다고 정의하고 있다(옮긴이).

장은 "컨세션으로 운영사업자로서 참가도 예상하여 노하우를 축적하고 있습니다. 토요스를 그 '실천장'으로 하고 싶습니다.", "건설 사업과 부동산 사업에 유지관리, PFI 및 PPP 등에 폭넓게 대처하고 종합적으로 이익을 최대화합니다. 스마트시티 사업에서는 이러한 관점이 필요합니다."라고 말했다.

현실공간과 가상공간에 정통한 '디지털 제네콘'

수익화와 마찬가지로 스마트시티를 구축하고 운영하는 경우, 문제는 디지털 데이터의 활용과 도시 조성 양쪽을 잘 아는 존재가 부족하다는 것이다.

예를 들면, 새로운 스마트시티를 건설하는 경우 어떤 도시를 조성할지 주민과 행정의 요구를 토대로 구상을 수립하여 그 실현을 위한 건축 및 토목 인프라, IT 시스템을 설계하거나 디지털 서비스를 개발하는 능력을 빼놓을 수 없다. 설비와 기기를 조달하거나 구조물을 시공하는 기능도 필요하다. 거리에서 수집한 데이터를 분석하고 도시운영에 활용되는 노하우도 요구되고 있다.

노무라종합연구소 컨설팅 사업본부 글로벌 인프라 컨설팅부의 마타키 타케마사 그룹 매니저는 이러한 여러 기능을 겸비한 업태를 '디지털 제네콘'이라고 정의한다. "현실공간에서 생산 활동을 하는 제네콘과 가상공간에서 시스템을 구축하는 시스템 인터그레이터 integrater의 능력을 겸비하고, 도시에서 다양한 서비스를 전개하는 경우, 최적의 팀구성이 가능한 기업이 스마트시티에서 중요한 역할을 하는 것이 아닌가"라고 마타키 그룹 매니저는 말한다.

디지털 제네콘에 가까운 3사

디지털 제네콘의 이미지에 가까운 것은 어떤 기업일까? 노무라종합연구소의 마타키 그룹 매니저는 실재하는 3사의 기업을 열거한다.

첫 번째 회사는 전술한 미국 사이드워크 랩이다. 캐나다 토론토의 도시 개발에서는 어쩔 수 없이 철수하게 되었지만 그 팀 구성은 참고할 만하다.

1,000명이 넘는 이 회사의 멤버는 형제 회사인 미국 구글로부터 파견근무, 이적한 IT계열의 인재 외에 도시개발 전문가나 행정대응 경험자, 교통사업에 정통한 인재 등 외부에서 고용한 다양한 인재로 구성된다. 다니엘 L. 닥터로프 Daniel L. Doctoroff CEO는 금융정보 서비스 대기업, 미국 블룸버그 CEO, 뉴욕시 부시장 등을 역임한 인물이다. 건설 분야에서는 캐나다와 미국에서 사업을 전개하는 건설 회사 출신으로 모듈 건축을 전문으로 하는 기술자 외에 미국에서 가장 높은 CLT(직교집성판) 건축인 '카본 12'의 설계를 지휘했던 설계자도 있다.

두 번째 회사는 싱가포르의 엔지니어링 대기업인 ST 엔지니어링. 일본으로 말하면 미쯔비시 중공업과 NEC를 더한 것과 같은 회사이다. 항공우주사업 및 방위사업에서 조선사업, 일렉트로닉스사업 그리고 스마트시티 사업까지 폭넓게 취급한다. 로봇의 개발부터 IoT 플랫폼의 구축, 애플리케이션의 개발까지 자사 및 그룹에서 대응 가능한 종합적인 능력을 보유하고 있다. 아시아의 스마트시티 개발로 존재감을 더하고 있다.

그리고 세 번째 회사는 종합건설 엔지니어링 대기업인 영국 에이럽사. 건축물 및 토목구조물 등의 구조설계, 도시개발 등에 강점을 가진 회사로서 건설업계에 그 이름을 떨쳐왔지만, 최근에는 BIM 및 ICT 인프라의 설계, 데이터 분석 등 디지털 영역에서의 서비스에 주력하고 있다(152쪽 참조).

아시아의 스마트시티 개발에 정통한 노무라 종합연구소의 이시가미 케이타로 대표는, "시스템 회사가 찾아와 이야기를 하지만, 도시 조성과 어떤 관계가 있는지 알 수 없습니다. 도시개발의 발주자 측에 이야기를 들어보면 그런 불만이 들려옵니다. 그러한 목소리에 대응하기 위해서는 도시 조성을 아는 제네콘 및 설계 사무소 등이 시스템을 이해하지 않으면 안 됩니다."라고 지적한다. 디지털 기술과 도시 조성의 최적의 조합을 실현하는 디지털 제네콘은 대기업 건설 회사 및 건축설계 사무소와 같은 건설 산업의 리더가 지향해야 할 '방식'의 하나로 볼 수 있을 것이다.

"이동의 변화는 이미 시작되고 있습니다"

도쿄대학대학원 공학연구과
하토 에이지 교수

전공은 토목계획학과 교통공학. 2012년부터 현직. 국토교통성이 2019년 7월에 기획한 '자율주행에 대응한 도로공간에 관한 검토회'에서 위원장을 맡았다.

사진 : 닛케이 컨스트럭션

일본에서는 도로 폭에 여유가 없는 제약으로 인하여 중국이나 미국 등과 비교해서 자율주행이 가능한 도로 전장이 짧습니다. 즉, 시민에게 있어서 자율주행차를 구매할 메리트를 느끼기 어려운 도시구조라고 할 수 있습니다. 그러한 상황에서 보급을 가속화하려면 도로의 환경정비가 선행될 필요가 있습니다. 현재 상태의 자율운전기술의 레벨에 대응 가능한 도로 공간의 개혁, 교통법규 정비, 인프라 측면에서의 정보제공, 사양의 정리 등을 하루빨리 추진해야 합니다.

예를 들면, 고속도로에 자율주행을 위한 전용 차선은 필수일 것입니다. 그 외에 타 교통수단과의 환승 포인트가 되는 터미널을 설계하는 등, 고속도로를 비롯한 기존의 인프라에 자율주행차의 주행에 적합한 도로 네트워크를 구축해 나갈 것으로 예상됩니다.

'이동의 미래'도 고려할 필요가 있습니다. 정보화의 발전과 함께 20년 만에 사람의 외출률은 저하하고 있습니다. 장보기는 식재 배달 서비스로 대체되고, 사람과 만날 일은 SNS상에서 주고받는 것으로 대체되고 있습니다. 게다가 텔레워크나 재택근무가 침투하면 출퇴근에 의한 교통수요도 격감합니다. 전쟁 후의 도시개발은 사람이 자택과 도심에 있는 직장을 오고 가는 것을 전제로 하였습니다. 그렇기에 종래의 도시와 그 주변을 환상도로 및 우회도로, 철도로 이어지는 형태로 교외가 발전하여 온 역사가 있습니다. 그러나 출퇴근의 전제가 뒤집히는 이상 도시의 바람직한 모습은 큰 전환을 하지 않을 수 없게 되었습니다.

새로운 시대의 도시상을 어떻게 그려내고 구축할까요? 도시의 기능을 유지하면서 새로운 도로 공간을 마련한다면 그 경험을 풍부하게 가지고 있는 것은 건설업계입니다. 역으로 말하면, 건설업계의 플레이어가 새로운 시대의 도시상을 그린다거나 그 가치를 내세우거나 하지 않는 한, 도시구조는 변하지 않습니다. 도시의 미래상에 관한 논의에 적극적으로 참가하여 주었으면 좋겠습니다.

출처

본서는 건축전문지 '닛케이 아키텍처', 토목전문지 '닛케이 컨스트럭션', 닛케이 크로스텍 (https://xtech.nikkei.com)에 게재한 기사 등을 교정하고 새로운 출판물을 추가하여 재구성하였다.

▌닛케이 아키텍처

2019년 6월 27일호	AI로 '폭속(Detonation Velocity) 건축'(木村駿, 坂本曜平)
	국내 최초, 'MR'로 완료검사(菅原由依子)
2019년 9월 12일호	경영동향조사 2019 건설 회사편 비등! 제네콘 연구 개발(木村駿, 森山敦子, 長谷川瑤子)
2019년 9월 26일호	3D 프린터, 중층주택의 제조 전망(谷口りえ)
2019년 10월 10일호	경보기보다 빨리 불씨를 발견하는 AI(森山敦子)
2020년 2월 13일호	BIM을 철골 전용 캐드로 자동변환(森山敦子)
2020년 2월 27일호	로봇이 현장에 오고 있다(谷口りえ)
2020년 3월 12일호	설계자가 술렁거리는 놀라운 건축재료(木村駿, 森山敦子, 石戸拓朗)
2020년 4월 9일호	토요타·NTT 연합, 조준은 스마트시티(木村駿)
2020년 4월 23일호	건축 확인에 BIM 사용 심사기관을 반감(川又英紀)
2020년 5월 14일호	BIM 재입문(森山敦子, 谷口りえ)
2020년 5월 28일호	After 코로나의 건축·도시(木村駿, 菅原由依子, 坂本曜平, 石戸拓朗, 島津翔)
2020년 7월 23일호	건축물은 '제품'에 가까워지다(木村駿)
	건축의 창조성을 풀어 줄 금속 3D 프린터(木村駿)
2020년 8월 13일호	나고야의 타워크레인을 오사카에서 조작(川又英紀)
	하네다공항 철거부지에 첨단기술과 문화의 거점(山本恵久)

2019년 6월 10일호	프리캐스트 '도입의 벽'을 깨자(瀬川滋, 安藤剛, 夏目貴之)
2019년 6월 24일호	어떻게 할래? 원칙 C-M화(青野昌行, 谷川博, 河合祐美)
2019년 7월 8일호	설계·시공을 쇄신할 건설 3D 프린터(長谷川瑤子, 奥野慶四郎)
2019년 9월 23일호	2주간의 지형 판독을 AI로 5분에(三ヶ尻智晴)
	미래의 도로(長谷川瑤子)
	중장비의 자동화는 목전에(浅野祐一, 奥野慶四郎)
2019년 10월 14일호	과도한 AI 도입이 부른 실패(三ヶ尻智晴)
2020년 3월 23일호	잘가세요 3K(真鍋政彦, 三ヶ尻智晴)
2020년 5월 25일호	방화기술 2020 치수 신시대(青野昌行, 三ヶ尻智晴)
2020년 7월 27일호	미래를 장악할 건설 스타트업(河合祐美, 奥山晃平, 奥野慶四郎)
2020년 8월 24일호	콘크리트 화상(분석)부터 박리·누수를 자동검출(真鍋政彦)

2019년 5월 14일	1시간에 응급 가설주택의 배치계획을 자동작성(坂本曜平)
2019년 7월 17일	건설 현장에서 대활약, 자율주행하는 '내뿜는 로봇' 놀라운 실력(坂本曜平)
2019년 9월 11일	제네콘 연구 개발 2.0(木村駿)
2019년 9월 27일	휴대전파가 들어오기 어려운 고층빌딩의 공사현장, 니시마츠 건설이 풀어낸 '비장의 무기'(森山敦子)
2019년 11월 29일	공사검사에도 AI 진출, 우선은 철골의 가스압접 이음대를 20초로 판정(三ヶ尻智晴)
2019년 12월 6일	'로봇의 시선'으로 건설 현장을 변화시키는 기계가 작업하기 쉬운 철골의 용접공법(木村駿)
2019년 12월 17일	AI로 세계 최초 택지자동구분 오픈 하우스(桑原豊)
2020년 2월 7일	'치쿠린건설' 및 '오오시미즈쿠미'가 탄생한 날, 학창시절의 망상이 현실미를 띠게 되었다?(木村駿)
2020년 5월 12일	컨테이너형 '레스큐 호텔' 50실이 처음 출동, 나가사키 크루즈선의 신종 코로나 대응에서(川又英紀)
2020년 6월 2일	드론 촬영 화상에서 AI가 외장재의 들뜸과 균열을 자동판정(谷口りえ)

지은이 및 옮긴이 소개

지은이 ··

키무라 슌(Shun Kimura)

일본 교토대학대학원에서 건축학 석사 학위를 받았으며 현재 「Nikkei xTech」, 「Nikkei Architecture」의 부편집장을 맡고 있다.

「Nikkei Construction」, 「Nikkei Architecture」의 기자로서 건설 산업의 디지털 트랜스포메이션, 인프라 노후화 문제, 자연재해, 원자력 발전소 사고 등을 취재하였다. 저서로는 『2025年の巨大市場』(공저, 2014), 『すごい廃炉 福島第1原発·工事秘録 〈2011~17〉』(2018), 『建設テック革命』(2018) 등이 있다.

닛케이 아키텍처(Nikkei Architecture)

1급 건축사를 비롯한 건설회사나 공무원 등 건축업계에 종사자들에게 의장·구조·시공 등의 전문영역뿐만 아니라, 건축계를 둘러싼 사회·경제 동향에서부터 경영 실무까지 다양한 정보를 전달하는 건축종합정보지이다. 사진이나 도표를 풍부하게 활용하여 월 2회 발행하면서 최신 건설 동향을 전하고 있다.

옮긴이···

조재용(Jaeyong Cho)
인하대학교 건축공학과를 졸업 후 일본 교토대학대학원에서 싱가포르 건설 제도를 주제로 건축학 박사 학위를 받았다. 대한건설정책연구원 미래전략실에서 책임연구원으로 재직 중이다. 우리나라 건설 정책의 방향성을 수립하는 데 참고가 될 수 있는 일본의 건설 정책 및 제도 연구에 집중하고 있다. 주요 보고서로는 「4차 산업혁명에 따른 일본 건설산업의 대응 전략 및 시사점」(2017년), 「일본 건설산업 생산시스템 분석 및 시사점」(2018년), 「일본 건설 현장의 안전 관리 체계 분석 및 시사점」(2019년), 「일본 공공공사 신기술 활용 시스템의 체계 및 시사점」(2021년) 등이 있다.

김정곤(Junggon Kim)
한국건설기술연구원 건설정보연구부에서 근무하다가 일본으로 건너가 교토대학 대학원에서 ICT 기술을 활용한 철골생산관리와 설계변경 대응 연구를 주제로 건축학 박사 학위를 받았다. 졸업 후 교토대학에서 건설과 관련된 사회시스템의 다양한 문제에 대해서 기술적 제도적 접근을 통한 합리적 해결방안을 연구했으며, 귀국 후 POSCO, 전자부품연구원 스마트센서연구센터에서 근무하다가 현재는 방재관리연구센터 연구실장 및 한국재난정보학회 부설 재난기술연구소 연구소장으로 일하고 있다.

김성현(Seounghyun Kim)
경기여자고등학교를 졸업하고 현재 일본 게이오대학 종합정책학부에 재학 중이다.

건설 디지털 트랜스포메이션

디지털이 가져온 건설 산업의 새로운 표준

초 판 발 행 2023년 3월 20일
초 판 2 쇄 2023년 12월 5일

지 은 이 키무라 슌, 닛케이 아키텍처
옮 긴 이 조재용, 김정곤, 김성현
펴 낸 이 김성배
펴 낸 곳 ㈜에이퍼브프레스

책 임 편 집 이민주, 신은미
디 자 인 송성용, 박진아, 김민수
제 작 책 임 김문갑

등 록 번 호 제25100-2021-000115호
등 록 일 2021년 9월 3일
주 소 (04626) 서울특별시 중구 필동로 8길 43(예장동 1-151)
전 화 번 호 02-2274-3666(출판부 내선번호 7005)
팩 스 번 호 02-2274-4666
홈 페 이 지 www.apub.kr

I S B N 979-11-981030-1-7 (93540)